Fritz Leonhardt

Vorlesungen über Massivbau

Teil 2
Sonderfälle der Bemessung
im Stahlbetonbau

Von F. Leonhardt und E. Mönnig

Dritte, völlig neubearbeitete
und erweiterte Auflage

Springer-Verlag
Berlin Heidelberg New York
London Paris Tokyo 1986

Dr.-Ing. Dr.-Ing. E. h. mult. Fritz Leonhardt
em. Professor am Institut für Massivbau der Universität Stuttgart

Dipl.-Ing. Eduard Mönnig
em. Professor am Institut für Massivbau der Universität Stuttgart

ISBN-13: 978-3-540-16746-4 Springer-Verlag Berlin Heidelberg New York
Springer-Verlag New York Heidelberg Berlin

ISBN-13: 978-3-540-16746-4   e-ISBN-13: 978-3-642-61643-3
DOI: 10.1007/978-3-642-61643-3

CIP-Kurztitelaufnahme der Deutschen Bibliothek
Leonhardt, Fritz: Vorlesungen über Massivbau / Fritz Leonhardt.
Berlin ; Heidelberg ; New York ; Tokyo : Springer
Teil 2. Sonderfälle der Bemessung im Stahlbetonbau / von F. Leonhardt u. E. Mönnig –
3., völlig neubearb. Aufl. – 1986.
ISBN 3-540-16746-3 (Berlin ...)
ISBN 0-387-16746-3 (New York ...)
Teilw. mit d. Erscheinungsorten Berlin, Heidelberg, New York

Das Werk ist urheberrechtlich geschützt. Die dadurch begründeten Rechte, insbesondere die der Übersetzung, des Nachdrucks, der Entnahme von Abbildungen, der Funksendung, der Wiedergabe auf photomechanischem oder ähnlichem Wege und der Speicherung in Datenverarbeitungsanlagen bleiben, auch bei nur auszugsweiser Verwertung, vorbehalten. Die Vergütungsansprüche des § 54, Abs. 2 UrhG werden durch die »Verwertungsgesellschaft Wort«, München, wahrgenommen.

Springer-Verlag Berlin Heidelberg New York
ein Unternehmen der BertelsmannSpringer Science+Business Media GmbH
© Springer-Verlag Berlin, Heidelberg, 1975 und 1986.
Softcover reprint of the hardcover 3rd edition 1986

Die Wiedergabe von Gebrauchsnamen, Handelsnamen, Warenbezeichnungen usw. in diesem Werk berechtigt auch ohne besondere Kennzeichnung nicht zur Annahme, daß solche Namen im Sinne der Warenzeichen- und Markenschutz-Gesetzgebung als frei zu betrachten wären und daher von jedermann benutzt werden dürften.

Offsetdruck: Mercedes-Druck, Berlin; Bindearbeiten: Lüderitz & Bauer, Berlin
SPIN: 10863719 68/3111 - 10 9 8 7 6 - Gedruckt auf säurefreiem Papier

Vorwort

Während im ersten Teil der "Vorlesungen über Massivbau" die Grundlagen zur Bemessung im Stahlbetonbau mit einer kurzen Übersicht über die Baustoffe und das Tragverhalten und die Bemessung von Stabtragwerken für Biegung, Querkraft, Torsion mit und ohne Längskraft sowie die Bemessung von Druckgliedern mit Knicksicherheitsnachweisen behandelt wurden, werden im zweiten Teil Sonderfälle der Bemessung dargelegt. Diese Sonderfälle kommen in der Praxis zwar laufend vor, werden aber meist unzulänglich gelöst, weil brauchbare Bemessungsverfahren z.T. erst in den letzten zehn Jahren entwickelt wurden und daher in den gängigen Handbüchern in veralteter Form oder gar nicht enthalten sind. Die neuen Bemessungsverfahren sind meist nur in Zeitschriften verstreut zu finden und daher vielen Praktikern kaum bekannt.

Wir haben uns in diesem zweiten Teil bemüht, durch Auswertung des Schrifttums, neuester Forschungsberichte und eigener Forschungsergebnisse den heutigen Stand unseres Wissens darzustellen, und zwar in einer Form, die für die Anwendung in der Praxis geeignet ist.

Das letzte Kapitel ist dem Leichtbeton gewidmet, wobei eine kurze Übersicht über die Leichtbetonarten gegeben wird, um dann den Leichtbeton für Tragwerke ausführlicher zu behandeln, da er mit Recht mehr und mehr angewandt wird. Seine besonderen Eigenschaften bedingen bei der Bemessung einige Abweichungen von den Regeln für den normalen Beton, die hier für die deutschen Verhältnisse angegeben werden.

Bei dem Stoff dieses Teils der "Vorlesungen" sind Hinweise auf das Schrifttum besonders wichtig, wobei wir uns bemüht haben, nur das Schrifttum anzuführen, das für den letzten Stand der Entwicklung wichtig oder für eine weitere Vertiefung in behandelte Probleme auch für den praktisch tätigen Ingenieur von Bedeutung ist.

Für die Sorgfalt und Mühe beim Schreiben und der Durchsicht des Textes sowie bei der Anfertigung der vielen Zeichnungen danken die Verfasser Frau I. Paechter, Frau V. Zander sowie den Studenten cand.ing. H. Lenzi und A. Hoch. Dem Verlag sei wieder besonders für sein Bemühen gedankt, den Preis dieser Vorlesungsumdrucke mäßig und damit für Studenten erschwinglich zu halten, ohne dabei seine Anforderungen an die Qualität zu senken.

Stuttgart, im Herbst 1974　　　　　　　　　　　　F. Leonhardt und E. Mönnig

Vorwort zur 3. Auflage

In der 3. Auflage wurden die einzelnen Kapitel überarbeitet und ergänzt. Mit Nachdruck wurde aufgezeigt, wie aus Trajektorienbildern gewonnene Fachwerkmodelle zur Vereinfachung benutzt werden können. Die Maße wurden auf SI-Einheiten umgestellt. Professor R. Eligehausen und Dr.-Ing. R. Mallée stellten die Ergebnisse der Forschungsarbeiten über die moderne Befestigungstechnik mit Dübeln zur Verfügung. Das Kapitel über Leichtbeton wurde in den ersten Teil vorgezogen.

Herr Dipl.-Ing. H. Schellwien (Büro Leonhardt, Andrä und Partner) hat sich der Mühe der Bearbeitung in seiner Freizeit unterzogen. Die Schreibarbeiten wurden von Frau U. Siebert mit großer Sorgfalt ausgeführt. Die Zeichnungen machte Frau Martenyi in vorbildlicher Weise. Dem Verlag sei dafür gedankt, daß er dieses Werk wieder zu dem für Studenten erschwinglichen niedrigen Preis herausbringt.

Stuttgart, im Juni 1986   F. Leonhardt

Inhaltsverzeichnis

1. Die Unterscheidung zwischen B- und D-Bereichen 1

2. Bewehrung schiefwinklig zur Richtung der Beanspruchung 9
   2.1 Zur Einführung 9
   2.2 Scheiben mit rechtwinkligem Bewehrungsnetz 11
      2.2.1 Kräfte und ihr Gleichgewicht am Scheibenelement 11
      2.2.2 Rißneigung φ bei Beanspruchung der Bewehrung im
            elastischen Bereich ($\bar{\sigma}_s < \beta_s$) 15
         2.2.2.1 Lösung mit dem Minimum der Formänderungsarbeit 15
         2.2.2.2 Lösung mit Hilfe der Verträglichkeit der Ver-
                 formungen 17
      2.2.3 Rißneigung φ nach Erreichen der Streckgrenze
            ($\varepsilon_s > \beta_s/E_s$) 18
   2.3 Scheiben mit nur einer Bewehrungsschar 19
   2.4 Platten mit rechtwinkligen Bewehrungsnetzen 19
   2.5 Bemessungsregeln 21
      2.5.1 Allgemeines 21
      2.5.2 Bemessung von Scheibentragwerken bei Bewehrungen
            schiefwinklig zu den Hauptspannungen 22
      2.5.3 Bemessung von biegebeanspruchten Platten bei Bewehrung
            schiefwinklig zu den Richtungen der Hauptmomente 26
   2.6 Bemessung der schiefen Bewehrung für Platten nach Ebner 27

3. Wandartige Träger, Konsolen, Scheiben 29
   3.1 Definition 29
   3.2 Verfahren zur Ermittlung der Spannungen im Zustand I 30
   3.3 Schnittgrößen und Spannungen in wandartigen Trägern 31
      3.3.1 Allgemeines 31
      3.3.2 Spannungen in einfeldrigen Wandträgern 31
         3.3.2.1 Gleichmäßig verteilte Lasten 31
         3.3.2.2 Einzellasten 35
         3.3.2.3 Einfluß von Auflagerverstärkungen 38
      3.3.3 Spannungen in mehrfeldrigen Wandträgern 39
         3.3.3.1 Gleichlast 39
         3.3.3.2 Einzellasten 42
         3.3.3.3 Einfluß von Auflagerverstärkungen 43
         3.3.3.4 Zur Ermittlung der Schnittgrößen in durch-
                 laufenden Wandträgern 45
      3.3.4 Ermittlung der Spannungen nach W. Schleeh 45
   3.4 Wandträger im Zustand II im Hinblick auf die Bemessung 46
      3.4.1 Unmittelbar gelagerte Wandträger 46
      3.4.2 Mittelbar gelagerte oder mittelbar belastete Wandträger ... 49

3.5 Bemessungsregeln für Wandträger 54
    3.5.1 Ermittlung der Zuggurtkräfte 54
    3.5.2 Begrenzung der Hauptdruckspannungen 56
    3.5.3 Aufhängebewehrung für unten angreifende Lasten 57
    3.5.4 Netzbewehrung in der Scheibe 58
    3.5.5 Modellvorstellung und Bemessung nach Nylander, Schweden ... 58

3.6 Spannungen in Konsolen und auskragenden Scheiben 59

3.7 Bemessungsregeln für Konsolen und auskragende Scheiben 63

4. Einleitung konzentrierter Lasten oder Kräfte 67

4.1 Beschreibung des Spannungsverlaufes 67

4.2 Methoden der Spannungsermittlung 70
    4.2.1 Theoretische Lösung 70
    4.2.2 Lösung mit finiten Elementen 70
    4.2.3 Spannungsoptische Ermittlung 70
    4.2.4 Spannungsermittlung durch Dehnungsmessung an Modellen 70
    4.2.5 Messungen an Betonkörpern 71
    4.2.6 Einfache Näherungslösungen 71

4.3 Bemessung für die Spaltkräfte bei zweidimensionaler Einleitung konzentrierter Lasten oder Kräfte 71
    4.3.1 Die mittige Einzellast 71
        4.3.1.1 Spaltkraft bei gleichmäßiger Lastpressung p 71
        4.3.1.2 Einfluß ungleichmäßig verteilter Lastpressung p ... 75
        4.3.1.3 Spannungen in den Randzonen (Eckbereiche) 78
    4.3.2 Die ausmittige Einzellast in x-Richtung 79
    4.3.3 Die ausmittige Einzellast mit Neigung zur x-Achse 82
    4.3.4 Mehrere konzentrierte Lasten oder Kräfte 83
    4.3.5 Zusammenwirken von Spannkraft und Auflagerkraft an Enden von Spannbetonbalken 85
    4.3.6 Zusammenwirken von Krafteinleitung und Balkenbiegung an Zwischenauflagern von Durchlaufträgern 87
    4.3.7 Die innerhalb der Scheibe angreifende Einzelkraft 90
    4.3.8 Durch Verbund an Stahlstäben eingeleitete Kräfte 92
    4.3.9 Einleitung einer Einzelkraft in einen Plattenbalken 94

4.4 Bemessungswerte für die Spaltkräfte bei räumlicher, dreidimensionaler Einleitung konzentrierter Lasten oder Kräfte 98
    4.4.1 Die mittige Einzellast 98
        4.4.1.1 Die Spaltspannungen und die Spaltkraft 98
        4.4.1.2 Die Randzonen - Zugkräfte 104
    4.4.2 Die ausmittige Einzellast 104

4.5 Begrenzung der Pressung in der Lastfläche 105

4.6 Einleitung von Kräften parallel zur Oberfläche eines Betonkörpers 108
    4.6.1 Krafteinleitung über Bolzen 108
    4.6.2 Kraftübertragung durch Anpreßdruck (Vorspannung) 112

4.7 Nachträgliche Befestigungen mit Metalldübeln 113
    4.7.1 Einleitung 113
    4.7.2 Tragverhalten von Dübeln 115
        4.7.2.1 Zentrische Zugbeanspruchung 115
        4.7.2.2 Querzugbeanspruchung 119
        4.7.2.3 Schrägzugbeanspruchung 120
    4.7.3 Bemessung von Dübelbefestigungen 120

5. Betongelenke 123

5.1 Beschreibung 123

5.2 Bemessungsregeln nach Mönnig - Netzel 125

            5.2.1 Für Linienlager mit Drehbewegungen um eine Achse 125
            5.2.2 Für Punktlager mit Drehbewegungen in beliebigen
                  Richtungen 130

6. Durchstanzen von Platten 133

   6.1 Vorbemerkung 133

   6.2 Stand der Kenntnisse 133

   6.3 Modelle des Durchstanzvorganges ohne Schubbewehrung
       bei mittig belasteten Innenstützen 134

       6.3.1 Allgemeines 134
       6.3.2 Durchstanzlast nach Kinnunen-Nylander (ohne Schubbewehrung). 137

   6.4 Durchstanzen bei Rand- und Eckstützen 140

   6.5 Bemessungsregeln nach DIN 1045 143

       6.5.1 Regelfall der Innenstützen 143
       6.5.2 Zur Schubbewehrung nach DIN 1045 145
       6.5.3 Rand- und Eckstützen nach DIN 1045 145
       6.5.4 Deckendurchbrüche, Installationsaussparungen nach DIN 1045.. 145
       6.5.5 Stützenkopfverstärkungen, Pilzdecken 145

   6.6 Konstruktive Sonderlösungen zur Sicherung gegen Durchstanzen 147

       6.6.1 Kopfbolzen-Dübelleisten 147
       6.6.2 Stahlkragen 153
       6.6.3 Erhöhter Durchstanz-Widerstand durch Vorspannung
             ohne Verbund 154

7. Bemessung bei schwingender oder sehr häufiger Belastung -
   Ermüdungsfestigkeit 159

   7.1 Grundregeln 159

   7.2 Bemessungsregeln 161

   7.3 Ermittlung von Spannungen unter Gebrauchslasten 162

   7.4 Nachweise bei schwingender Belastung nach DIN 1045 165

Schrifttumverzeichnis 169

1. Die Unterscheidung zwischen B- und D-Bereichen
nach J. Schlaich

Seit langem ist bekannt, daß die technische Biegelehre, die nach Bernoulli und Navier das Ebenbleiben der Querschnitte, also geradlinige Dehnungsdiagramme voraussetzt, nur bei schlanken Biegeträgern in den von der Einleitung von Kräften oder Lasten ungestörten Bereichen gilt. Dort verlaufen die Hauptspannungstrajektorien regelmäßig und kreuzen die Nullinie unter $45°$ (Bild 1.1). An Auflagern oder unter Einzellasten kommen zu den Biegespannungen σ_x und den die Richtung der Hauptspannungen σ_I und σ_{II} bestimmenden Schubspannungen τ_{xz} noch Spannungskomponenten σ_z hinzu, die den regelmäßigen Verlauf der σ_I und σ_{II} stören - man spricht von De St. Venant'schem Störbereich und von Störspannungen. (Das Prinzip von De St. Venant 1855 gefunden). Diese Störspannungen klingen in einem kurzen Bereich ab, dessen Länge in der Regel gleich der Trägerhöhe ist (Bild 1.2).

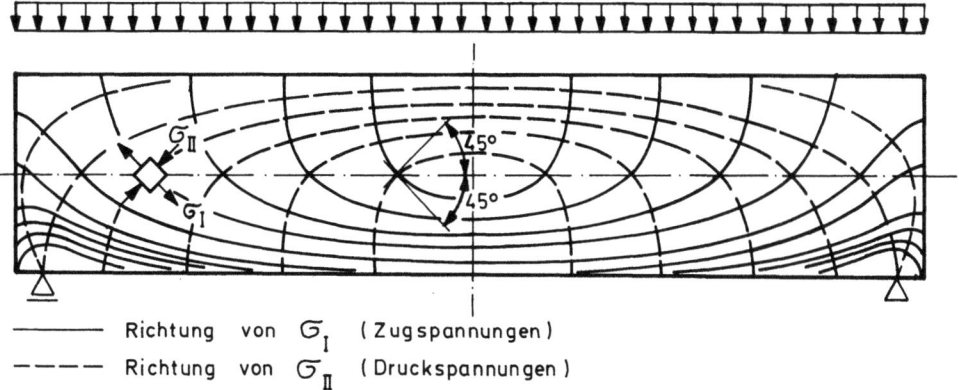

——— Richtung von σ_I (Zugspannungen)
- - - - Richtung von σ_{II} (Druckspannungen)

Bild 1.1 Hauptspannungstrajektorien in einem einfachen Balken unter Gleichlast, Einteilung in D- und B-Bereiche

Da vielen Ingenieuren in der Praxis die Behandlung dieser Störbereiche unklar war und auch DIN-Vorschriften wenig Hilfreiches hierzu aussagen, hat J. Schlaich in seiner Lehre die konsequente Unterscheidung zwischen B-Bereichen (B = Biegebereiche, in denen die Biegelehre gilt) und D-Bereichen, Störbereichen = Diskontinuitätsbereichen, eingeführt und ihre Behandlung mit der schon früher dafür angewandten Fachwerkanalogie dargestellt [2].

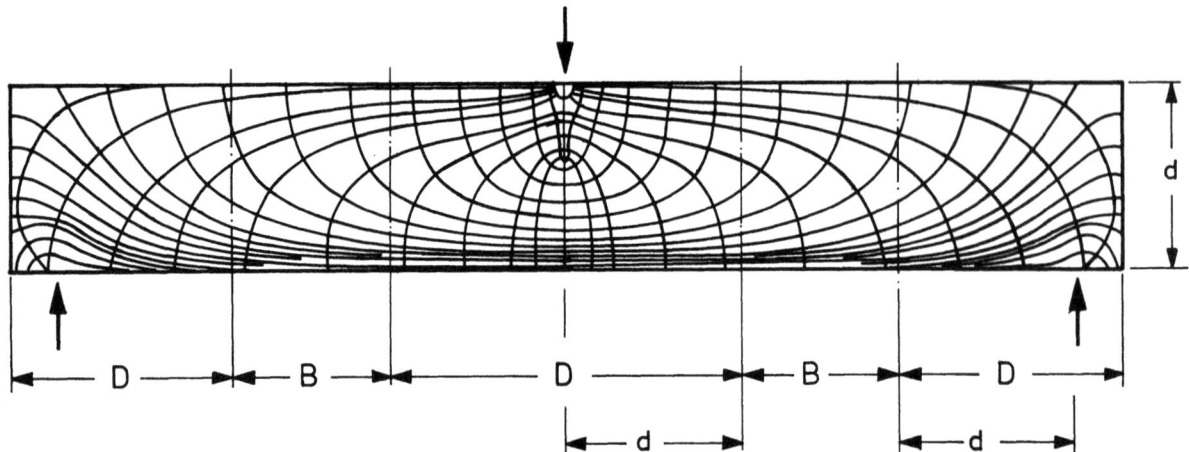

Bild 1.2 Hauptspannungstrajektorien eines Balkens mit Einzellast in $\ell/2$. Einteilung in D- und B-Bereiche

Auf die D-Bereiche wirken die an ihnen angreifenden Lasten und Auflagerkräfte sowie die Schnittkräfte am Rand der anschließenden B- oder D-Bereiche. Für den Verlauf der Fachwerkstäbe in D-Bereichen schlägt Schlaich vor, sich an Trajektorienbildern zu orientieren, die für den ungerissenen Zustand I mit Hilfe der Elastizitätstheorie gewonnen wurden. Die Druckstäbe folgen der mittleren Neigung der Drucktrajektorien, die Zugstäbe werden meist aus praktischen Gründen in x- oder z-Richtung angenommen, was die Größe der Druckstabkräfte natürlich beeinflußt. Die Stabkräfte müssen die Gleichgewichtsbedingungen erfüllen, wobei die Kräfte aus dem angrenzenden B-Bereich am besten auch mit Fachwerkstäben angesetzt werden. Bei der Bemessung muß bei den Druckstäben hauptsächlich auf die im Tragwerk verfügbare Stützfläche an Auflagern oder Knoten geachtet werden. Bei den Zugstäben muß auf die Verankerung und auf die zur Rißbreitenbeschränkung nötige Aufteilung der Bewehrungsstäbe auf die Zugzone geachtet werden.

Die D-Bereiche treten nicht nur an Auflagern oder unter Einzellasten in Balken auf, sondern auch an jeder Diskontinuität der Trägerachse, also an Knicken oder Ecken oder Stufen der Trägerachse, wie z.B. an Rahmenecken oder am Anschluß von Querbalken oder an abgesetzten Auflagern (Bild 1.3).

Aber auch an Scheiben, wandartigen Trägern oder anderen Flächentragwerken treten D-Bereiche auf (Bild 1.4). Wenn die Scheiben hoch sind, können zwischen den D-Bereichen Zonen liegen, in denen die Trajektorien geradlinig parallel verlaufen. Diese Zonen werden ungestörte U-Bereiche genannt.

1. Die Unterscheidung zwischen B- und D-Bereichen

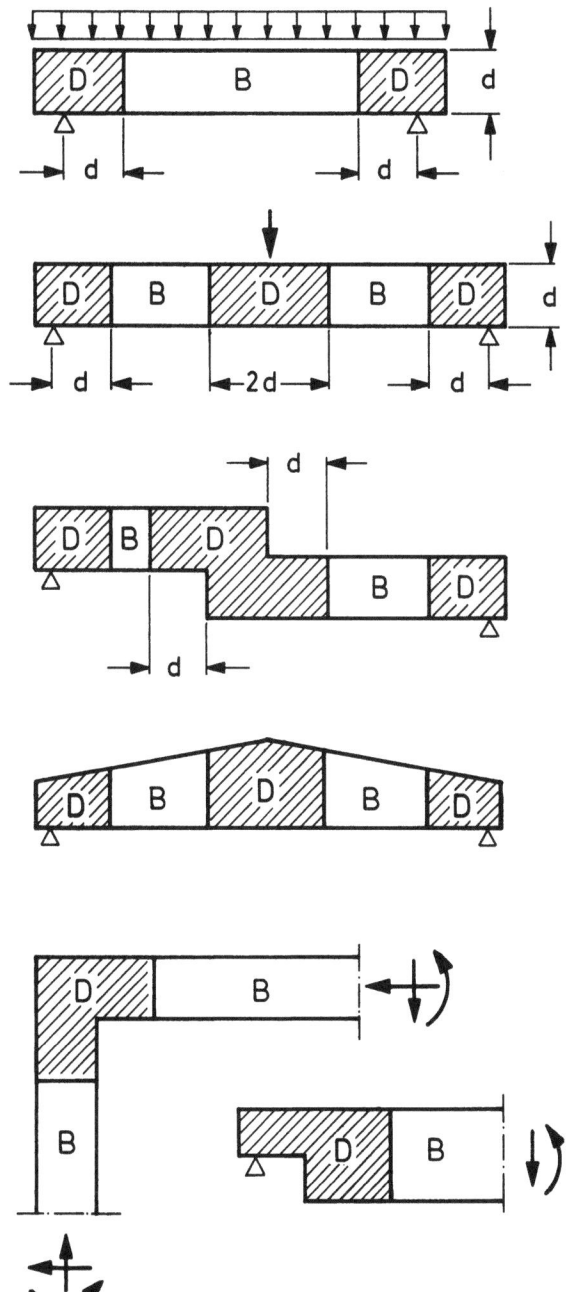

Bild 1.3 Unterteilung in D- und B-Bereiche bei stabwerkartigen Trägern

Die Querschnittsform hat Einfluß auf die Länge der D-Bereiche. Schon im Teil 1 der "Vorlesungen" [1 a], Kapitel 8.6, wurde gezeigt, wie mit Fachwerkmodellen die Einleitung der Kräfte in Gurtplatten von Plattenbalken erklärt werden kann. Der Störbereich D wird also um mindestens die halbe Breite b/2 der Gurtplatte verlängert (Bild 1.5). An Zwischenauflagern oder an Knikken von Plattenbalken wird die mitwirkende Breite eingeschnürt, was wiederum eine Störung verursacht (Bild 1.6).

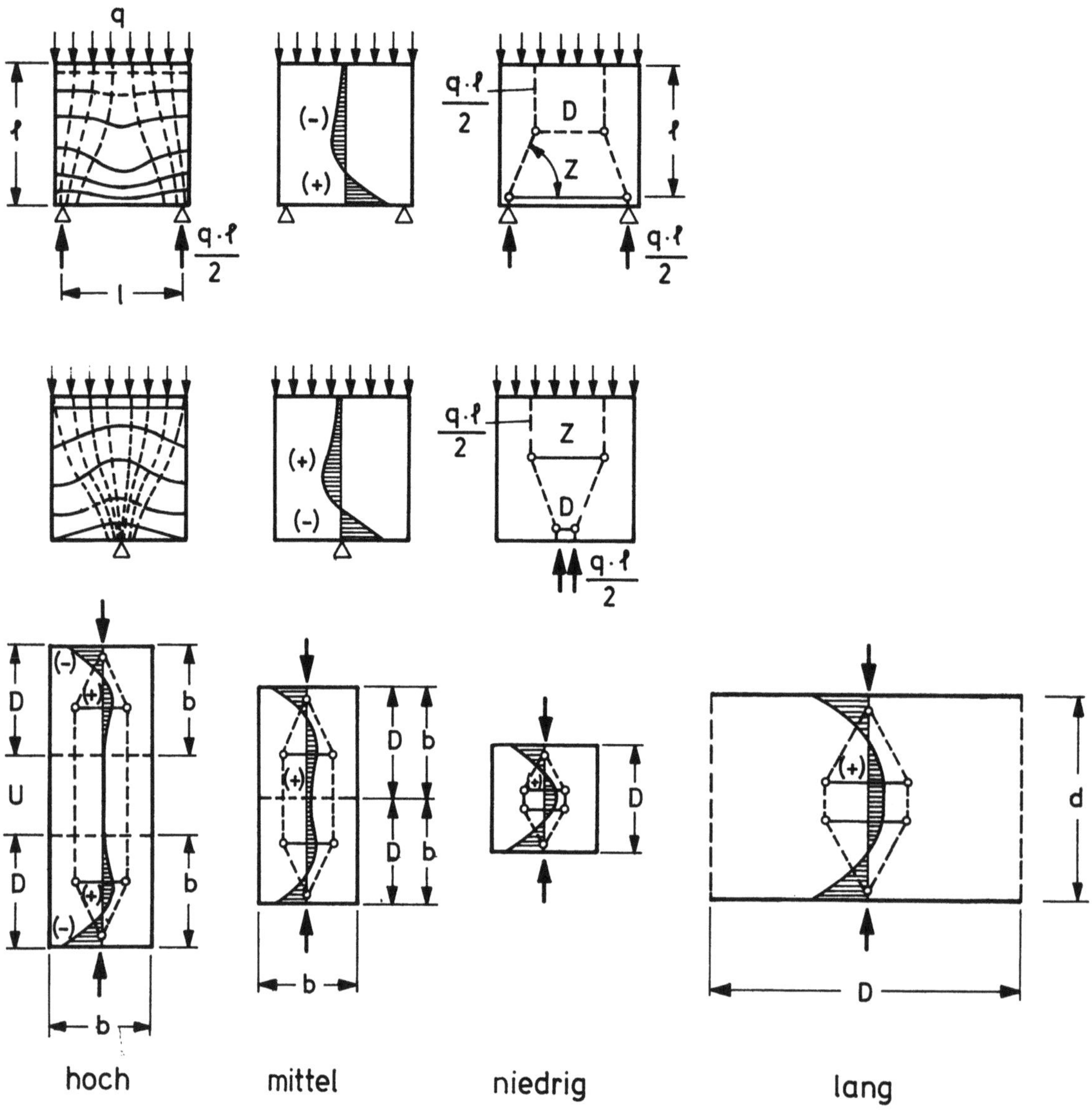

1. Die Unterscheidung zwischen B- und D-Bereichen

| hoch | mittel | niedrig | lang |

Bild 1.4 D-Bereiche und Stabwerke bei Scheiben und wandartigen Trägern

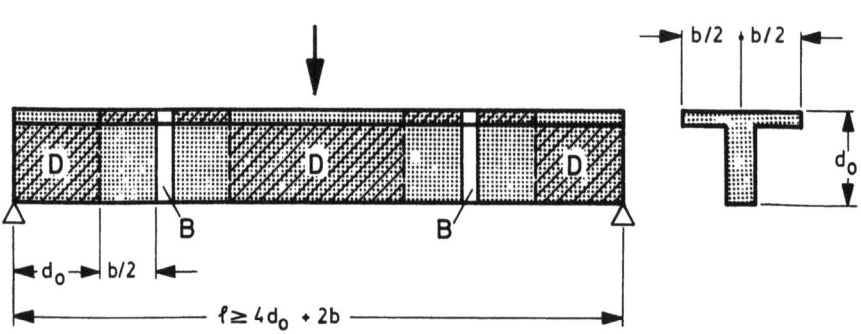

Bild 1.5 Einfluß des Querschnitts auf die Länge der D-Bereiche, hier gezeigt am Plattenbalken

1. Die Unterscheidung zwischen B- und D-Bereichen

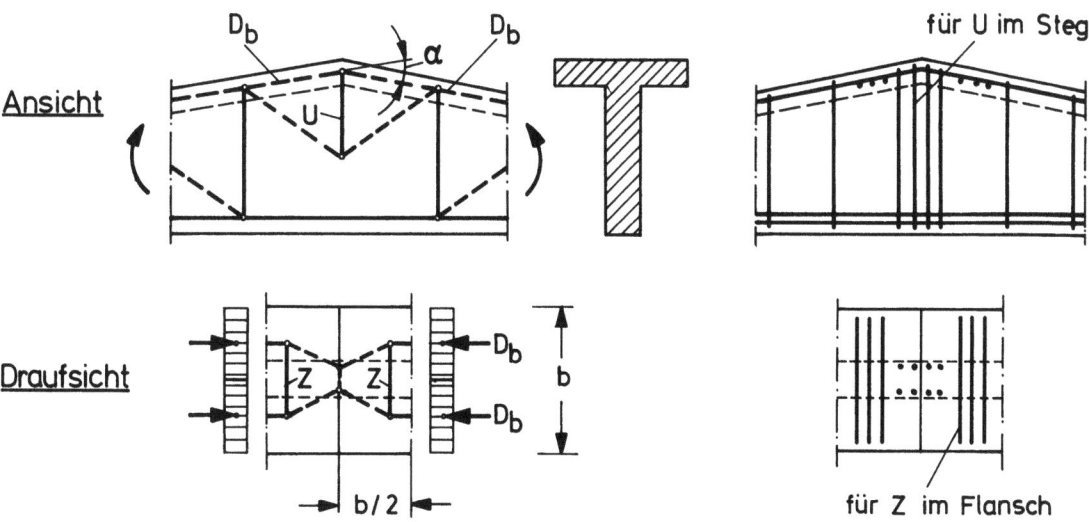

Bild 1.6 Die Einschnürung der mitwirkenden Plattenbreite am Knick bedingt eine Störung im Trajektorienverlauf, die Querzug in der Druckplatte ergibt. U = Umlenkkraft durch Knick des Druckgurtes

Der Trajektorienverlauf wurde in den letzten 30 Jahren für viele Fälle ermittelt und dargestellt, er läßt sich heute mit Hilfe der Computer auch rasch für Sonderfälle aufzeichnen, wobei es sinnvoll ist, die Elastizitätstheorie und Zustand I zugrunde zu legen, weil diese Trajektorienbilder aufzeigen, wo und in welche Richtung die ersten Risse auftreten werden, soweit diese nicht durch ungewollte Temperaturspannungen beeinflußt werden. Die Risse beeinträchtigen natürlich den Trajektorienverlauf im Zustand II, was bei den Stuttgarter Schubversuchen (siehe Teil 1 der "Vorlesungen", Kap. 8.4.2) sehr deutlich wurde und schon 1961 zu der erweiterten Fachwerkanalogie für Balken führte (Bild 1.7). Demnach ist die Neigung der Druckstrebe am Auflager von b/b_o des Balkenquerschnitts abhängig und darf bei Rechteckquerschnitten ($b : b_o = 1$) nur mit etwa $30°$, bei Plattenbalken mit $b : b_o = 6$ mit $40 - 45°$ - aber nicht steiler! - angenommen werden. Die Neigung der Druckstreben wird auch vom Schubbewehrungsgrad beeinflußt und stellt sich auf ein Minimum der Formänderungsarbeit im Zustand II ein (Bild 1.8).

Bei kurzen Balken und wandartigen Trägern kann diese Druckstrebenneigung je nach $\ell : d$ mit 50 bis $70°$ dem Trajektorienverlauf entsprechen. Die Länge der Einleitungsbereiche ist jedoch begrenzt, so daß auch in hohen Scheiben Druckstrebenneigungen steiler als $70°$ zu einer Unterschätzung der Querzugkräfte führen, mit $60°$ Neigung liegt man sicherer.

Wenn man alle Störeinflüsse beachten wollte, käme man kaum mehr zur Anwendung der so einfachen und üblichen Biegebemessung. Man

1. Die Unterscheidung zwischen B- und D-Bereichen

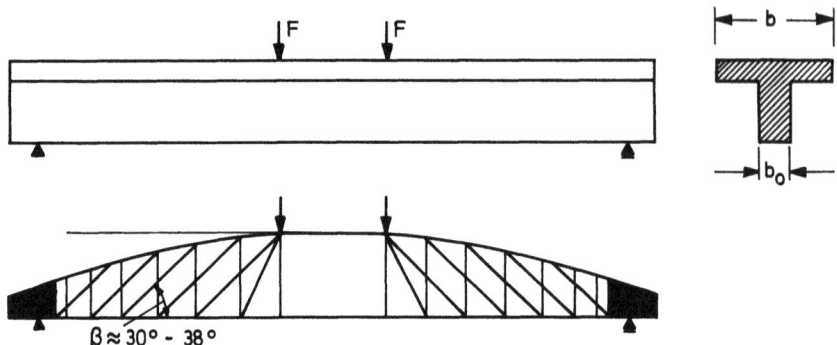

a) Fachwerk bei dicken Stegen ($b/b_0 = 2 \div 5$; erf. $\eta = 0{,}3 \div 0{,}6$)

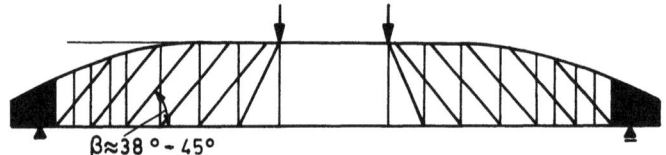

b) Fachwerk bei dünnen Stegen ($b/b_0 = 6 \div 12$; erf. $\eta = 0{,}6 \div 1{,}0$)

Bild 1.7 Erweiterte Fachwerkanalogie für Balken und Plattenbalken nach Leonhardt mit dem Einfluß von $b : b_0$ auf die Neigungen der Druckstreben und Druckgurte

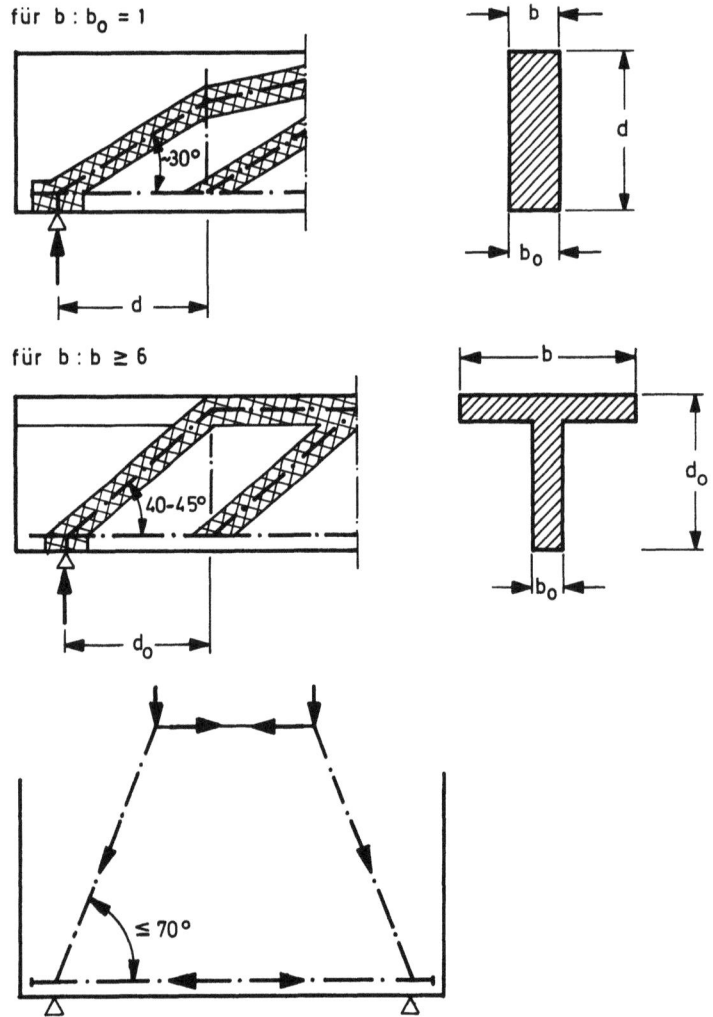

Bild 1.8 Grenzen der Druckstrebenneigung an Auflagern

1. Die Unterscheidung zwischen B- und D-Bereichen 7

braucht hier nicht zu übertreiben. Die bewußte Unterteilung in
B- und D-Bereiche mit "konsistenter" Anwendung der Fachwerkmodelle ist jedoch in vielen Fällen hilfreich, um zu einer sicheren und einfachen Bemessung für die Tragfähigkeit zu kommen.
Für die Gebrauchsfähigkeit sollte jedoch der Verlauf der Zugspannungen beachtet werden, um die Bewehrung zur Rißbeschränkung richtig entwerfen zu können.

Dieser zweite Teil der "Vorlesungen" war und ist der Bemessung
der Sonderfälle, die nun meist D-Bereiche genannt werden, gewidmet. Auch in der neuen Auflage wird die ausführliche Darstellung
des Spannungsverlaufs im Zustand I beibehalten, weil dieser zeigt,
auf welche Zonen Bewehrungen zur Rißbeschränkung verteilt werden
müssen, was aus grobgliedrigen Fachwerkmodellen nicht abzulesen
ist.

2. Bewehrung schiefwinklig zur Richtung der Beanspruchung

2.1 Zur Einführung

Im Teil 1 der "Vorlesungen", Abschn. 5, wurde dargelegt, daß die Bewehrung am besten wirkt, wenn die Stahlstäbe den Trajektorien der Hauptzugspannungen oder der Hauptmomente folgen. Sie kreuzen dann die entstehenden Risse rechtwinklig und können die Betonzugkraft unmittelbar übernehmen. Aber in fast allen Tragwerken haben wir Bereiche, in denen diese ideale Bewehrungsführung aus praktischen Gründen nicht verwirklicht werden kann.

Während die Bemessung der Bewehrung in Balkenstegen, wo die Richtung der Hauptzugspannungen für die Lastfälle Querkraft und Torsion von derjenigen der Bewehrung abweicht, bereits in Abschn. 8 und 9 im Teil 1 der "Vorlesungen" gezeigt wurde, sollen hier Bemessungsregeln für schiefwinklig zur Beanspruchungsrichtung verlegte Bewehrungen in Flächentragwerken (Scheiben, Platten, Schalen) angegeben werden.

In den ersten Arbeiten zu diesem Problem von E. Suenson [3] und vor allem von H. Leitz [4, 5] wurden die Risse rechtwinklig zur Bewehrung angenommen und nur Gleichgewichtsbedingungen angesetzt. Ergänzungen brachten u.a. W. Flügge [6] und G. Scholz [7]. Bei diesen Lösungen ergab sich mit der Annahme, daß die Betondruckkraft in der Winkelhalbierenden der beiden Bewehrungsscharen liege, der Widerspruch, daß nach der Rißbildung in gewissen Fällen Druckkräfte im Beton über die Risse hinweg wirken müßten.

J. Peter [8] bzw. F. Ebner [9, 10] gingen für Scheiben bzw. für Platten richtig davon aus, daß die ersten Risse sich unabhängig von der Bewehrungsrichtung etwa rechtwinklig zur Richtung der Hauptzugspannung einstellen (Bild 2.1). Aus den Verträglichkeitsbedingungen ergaben sich Schubkräfte längs der Risse, die bei Scheiben durch Verzahnung und Dübelwirkung der groben Zuschläge und der Bewehrung, bei Platten von der

2. Bewehrung schiefwinklig zur Richtung der Beanspruchung

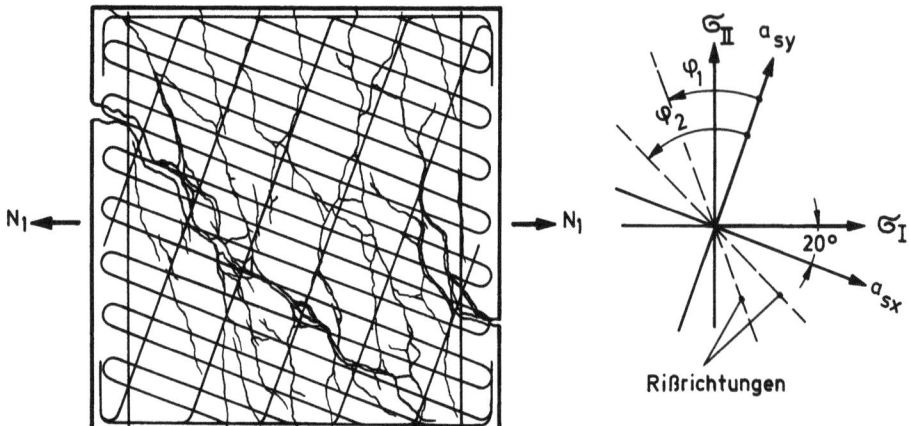

Bild 2.1 Entwicklung der Risse in einer schiefwinklig zur Hauptzugrichtung bewehrten und einachsig mit Zug beanspruchten Scheibe nach J. Peter [8]

Biegedruckzone über den Rissen übertragen werden. Diese Schubkräfte in den Rissen bedingen sekundäre Zugspannungen im Beton und weitere Risse, die gegenüber den ersten Rissen eine Neigung haben und sich oft zwischen den ersten Rissen einstellen.

R. Lenschow und M. Sozen [11] sowie später G. Wästlund mit L. Hallbjörn [12] betrachteten in ihren Beiträgen nur den Bruchzustand, für den sie die Gleichgewichtsbedingungen ansetzten und die Richtung der Bruchrisse mit Hilfe des Prinzips vom Minimum der Formänderungsarbeit erhielten.

Erst Th. Baumann [13, 14] gelang es 1972, eine befriedigende Lösung anzugeben. Er verwendet dabei die Gleichgewichts- und die Verträglichkeitsbedingungen als auch das Gesetz vom Minimum der Formänderungsarbeit. Er unterscheidet dabei den Zustand mit Stahlspannungen im elastischen Bereich $\sigma_s < \beta_s$ und den Bruchzustand mit $\sigma_s > \beta_s$ (Streckgrenze der Bewehrung ist überschritten) und erhält für beide Zustände unterschiedliche Rißneigungen. Die nachstehenden Ausführungen folgen den Beiträgen von Th. Baumann.

Im allgemeinen Fall können ein-, zwei- oder dreibahnige Bewehrungen zur Aufnahme schief gerichteter Kräfte angeordnet werden, wobei bei zwei- und dreibahnigen Bewehrungen die zwischen den Scharen auftretenden Winkel beliebig sein können. In den folgenden Abschnitten sollen zunächst zweibahnige rechtwinklige Bewehrungen behandelt werden. Für die schief zueinander liegenden dreibahnigen Bewehrungen wird auf die Arbeiten [13, 14] von Th. Baumann verwiesen.

2.2 Scheiben mit rechtwinkligem Bewehrungsnetz

2.2.1 Kräfte und ihr Gleichgewicht am Scheibenelement

Wir betrachten ein rechteckiges Element einer Scheibe mit einem engmaschigen, rechtwinkligen Bewehrungsnetz in ihrer Mittelebene (Bild 2.2). Die Kanten des Scheibenelementes sind den Richtungen der Hauptspannungen σ_I und $\sigma_{II} = k \cdot \sigma_I$ parallel, während die Bewehrung dazu schiefwinklig angeordnet ist. Zur Kennzeichnung der Winkel werden 2 rechtwinklige Koordinatensysteme eingeführt:

a) mit den Achsen (1) und (2) entsprechend den Richtungen der Hauptspannungen σ_I und σ_{II}, Zug positiv, Druck negativ;

b) mit den Achsen x und y entsprechend den Richtungen der Bewehrungen a_{sx} und a_{sy}.

σ_I sei hier immer eine Zugspannung und größer als σ_{II}, so daß $k \leq 1$ gilt. Der Winkel zwischen der Achse (1) und der x-Achse wird mit α bezeichnet, und es wird vereinbart, daß das x-y-Achsensystem so gelegt ist, daß $\alpha \leq 45°$ bleibt.

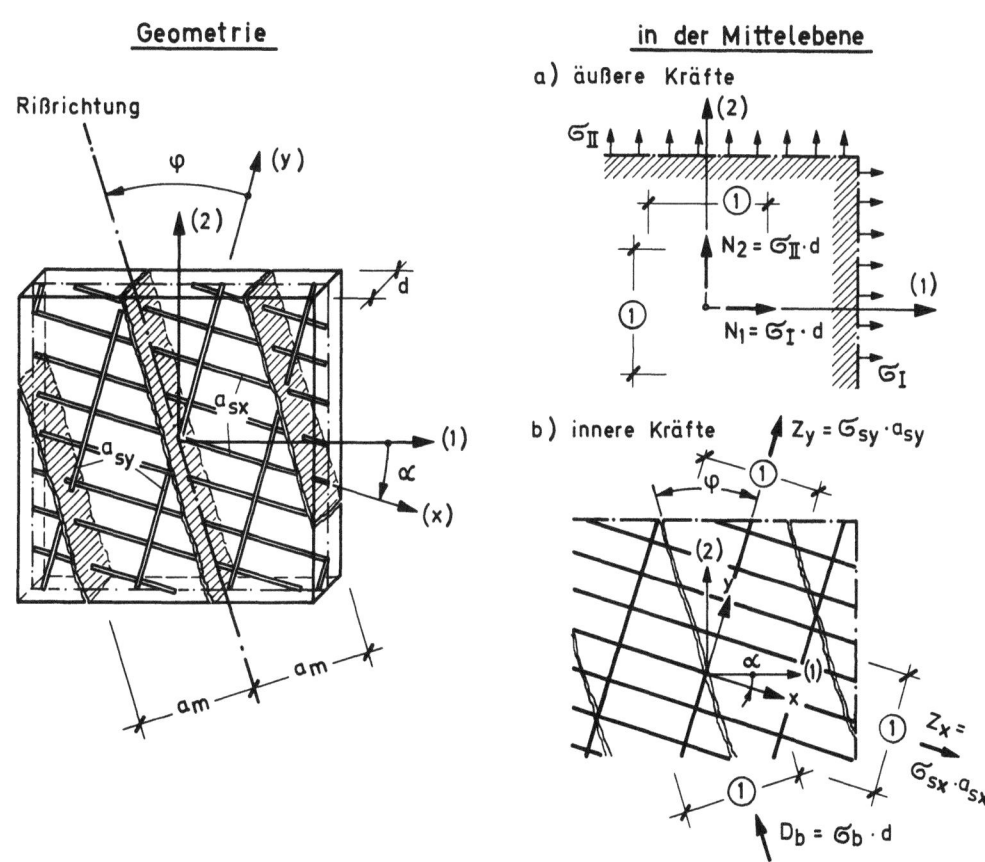

Bild 2.2 Geometrie und Kräfte am Scheibenelement mit rechteckigem Bewehrungsnetz

2. Bewehrung schiefwinklig zur Richtung der Beanspruchung

Die Scheibe sei mit parallelen und annähernd geraden Rissen im Abstand a_m durchsetzt, deren Richtung um den zunächst unbekannten Winkel φ von der Bewehrungsrichtung y abweiche.

Die angreifenden Kräfte, auf die Längeneinheit 1 bezogen, sind

$$N_1 = \sigma_I d \cdot 1 \quad \text{und} \quad N_2 = \sigma_{II} d \cdot 1 = k \cdot N_1 \qquad (2.1)$$

In den Betonstreifen zwischen den Rissen werden gleichmäßig verteilte Druckspannungen σ_b angenommen, die einer mittigen Druckkraft D_b entsprechen, bezogen auf die Breite = 1

$$D_b = \sigma_b d \cdot 1 \qquad (2.2)$$

Wenn die Risse und die eine Bewehrungsrichtung nicht rechtwinklig zur Richtung (1) der σ_I sind, also α und φ nicht gleich Null sind, können in den Rissen unter gewissen Umständen Schubkräfte H wirken. Solange die Rißbreiten klein sind, können diese Schubkräfte über die Verzahnung der Rißufer durch grobe Zuschläge und zusätzlich über die Dübelwirkung der die Risse kreuzenden Bewehrungsstäbe übertragen werden (Bild 2.3). Die Schubkräfte H bedeuten, daß die Druckkräfte D_b benachbarter Betonstreifen unterschiedlich groß sind, oder daß D_b leicht gegenüber dem Riß geneigt und damit eine kleine Querzugspannung im Beton vorhanden ist (Bild 2.4).

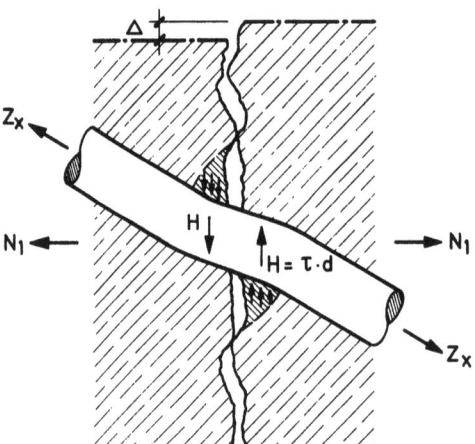
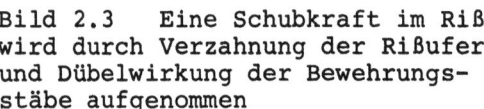
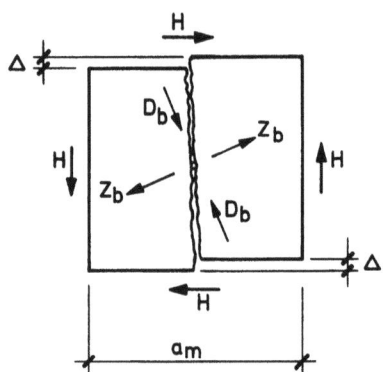

Bild 2.3 Eine Schubkraft im Riß wird durch Verzahnung der Rißufer und Dübelwirkung der Bewehrungsstäbe aufgenommen

Bild 2.4 Am Riß gelegenes Scheibenelement mit der durch die Verschiebung Δ schief gerichteten Druckkraft D_b und zugehöriger Querzugkraft Z_b

Auch die Verzahnungs- und Dübelkräfte verursachen Zugspannungen im Beton, die für die Tragfähigkeit nicht in Rechnung gestellt

2.2 Scheiben mit rechtwinkligem Bewehrungsnetz

werden sollen. Die Schubkraft H muß auch mit größer werdender Rißbreite und örtlichen Betonzerstörungen in den Verdübelungsbereichen abnehmen und kann mit Ausnahme restlicher Dübelkräfte verschwinden. Deshalb wird bei den folgenden Ableitungen zugunsten einer sicheren Bemessung H = 0 und damit auch Δ = 0 gesetzt. Meistens werden Verschiebungen Δ in Rißrichtung auch durch am Rißende anstehende Druckzonen verhindert. Bei Platten läßt die Biegedruckzone solche Verschiebungen nicht zu.

Bezeichnet man die Bewehrungsquerschnitte je Längeneinheit mit a_{sx} und a_{sy}, dann sind ihre Zugkräfte je Längeneinheit

$$Z_x = \sigma_{sx} \cdot a_{sx} = \sigma_{sx} \cdot \mu_x \cdot d$$
$$Z_y = \sigma_{sy} \cdot a_{sy} = \sigma_{sy} \cdot \mu_y \cdot d \qquad \text{mit } \mu_{x,y} = \frac{a_{sx,y}}{d}$$

Sind die Hauptspannungen σ_I und σ_{II} (bzw. N_1 und N_2) sowie die Bewehrungen a_{sx} und a_{sy} bekannt, dann bleiben 4 unbekannte Größen:

σ_{sx}, σ_{sy}, σ_b (bzw. Z_x, Z_y, D_b) und der Winkel φ für die Richtung der Risse. Mit den Gleichgewichtsbedingungen können aber nur 3 Größen ermittelt werden. Als überzählige wird der Winkel φ gewählt, er ist aus Verträglichkeitsbedingungen zu bestimmen.

Nimmt man zunächst an, der Winkel φ sei bekannt, dann läßt sich für das Gleichgewicht an einem Schnitt parallel zu einem Riß das Krafteck nach Bild 2.5 zeichnen. Aus ihm folgen die Gleichungen

$$N_1 b_1 - Z_x b_x \cos \alpha - Z_y b_y \sin \alpha = 0$$
$$N_2 b_2 - Z_y b_y \cos \alpha + Z_x b_x \sin \alpha = 0$$

Die Breiten b_1 bis b_y, auf die die Kräfte N_1 bis Z_y wirken, lassen sich ebenfalls in Funktion von φ und α ausdrücken, (s. Bild 2.5). Damit ergeben sich aus diesen Gleichungen die Kräfte Z_x und Z_y

$$Z_x = N_1 \cos^2\alpha \, (1 + \tan\alpha \tan\varphi) + N_2 \sin^2\alpha \, (1 - \cot\alpha \tan\varphi)$$
$$Z_y = N_1 \sin^2\alpha \, (1 + \cot\alpha \cot\varphi) + N_2 \cos^2\alpha \, (1 - \tan\alpha \cot\varphi)$$
(2.3)

Betrachtet man nun einen Schnitt von der Breite 1 rechtwinklig zu den Rissen, wie in Bild 2.6 angegeben, so erhält man ein

2. Bewehrung schiefwinklig zur Richtung der Beanspruchung

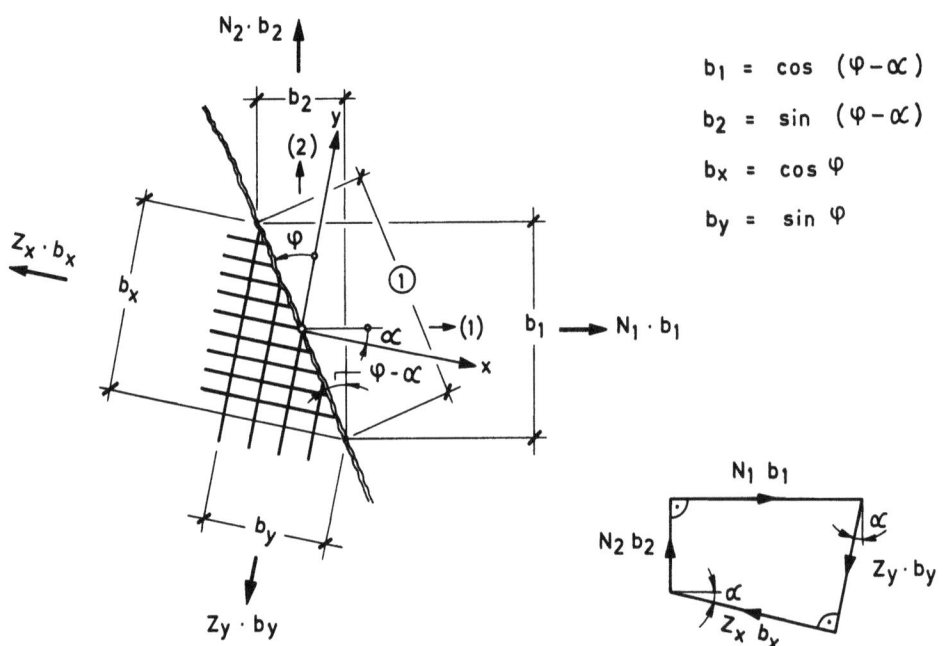

Bild 2.5 Kräfte, die über eine Rißlänge 1 im Gleichgewicht stehen und zugehöriges Krafteck (Schubkraft H im Riß zu Null angenommen)

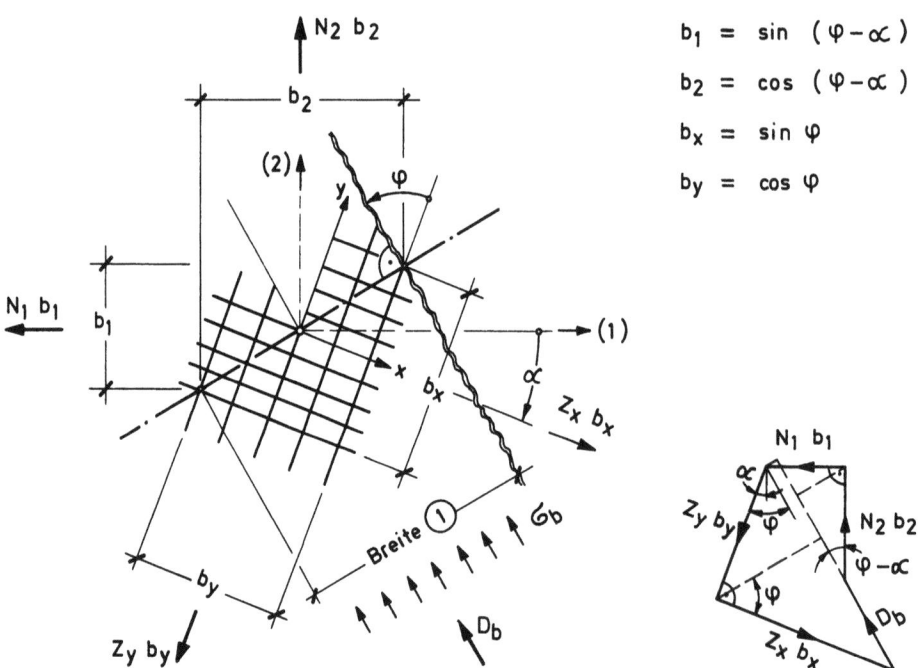

Bild 2.6 Kräfte, die für die Breite 1 einer Druckstrebe zwischen 2 Rissen im Gleichgewicht stehen und zugehöriges Krafteck (Schubkraft H im Riß zu Null angenommen)

Krafteck, das auch die Betondruckkraft D_b enthält. Da jetzt Z_x und Z_y bereits nach Gl. (2.3) bekannt sind, kann man D_b wie folgt ausdrücken:

$$D_b = -N_1 b_1 \sin(\varphi - \alpha) - N_2 b_2 \cos(\varphi - \alpha) + Z_x b_x \sin\varphi + Z_y b_y \cos\varphi$$

2.2 Scheiben mit rechtwinkligem Bewehrungsnetz

Nach Einsetzen von Z_x und Z_y aus Gl. (2.3) und der in Bild 2.6 angegebenen Breiten b_1 bis b_y ergibt sich nach einigen trigonometrischen Umrechnungen

$$D_b = (N_1 - N_2) \frac{\sin 2\alpha}{\sin 2\varphi} \qquad (2.4)$$

Bildet man die Summe der inneren Kräfte aus Gl. (2.3) und (2.4), dann erhält man eine weitere Gleichung, die eine leichte Rechenkontrolle erlaubt

$$Z_x + Z_y - D_b = N_1 + N_2 \qquad (2.5)$$

2.2.2 Rißneigung φ bei Beanspruchung der Bewehrung im elastischen Bereich ($\sigma_s < \beta_s$)

Zur Bestimmung der noch unbekannten Rißneigung φ kann entweder das Gesetz vom Minimum der Formänderungsarbeit oder die Verträglichkeitsbedingung der Verformungen im Scheibenelement verwendet werden. Beide Wege sollen hier gezeigt werden.

2.2.2.1 Lösung mit dem Minimum der Formänderungsarbeit

Die Formänderungsarbeit eines Körperelementes aus elastischem Material ist nach den Regeln der Mechanik bei Außerachtlassung von Schubverformungen und der Querdehnung in den Druckstreben

$$W = \frac{E}{2}(\varepsilon_x^2 + \varepsilon_y^2 + \varepsilon_z^2) = \frac{1}{2E}(\sigma_x^2 + \sigma_y^2 + \sigma_z^2)$$

Mit den Größen der auf die Längeneinheit bezogenen Kräfte und Stahlquerschnitte gilt für das Volumen $\mu_x d \cdot 1$ bzw. $d \cdot 1$

$$W = \frac{Z_x^2}{2 E_s \mu_x d} + \frac{Z_y^2}{2 E_s \mu_y d} + \frac{D_b^2}{2 E_b d}$$

Zur Vereinfachung wird eingeführt

$$\lambda = \frac{a_{sx}}{a_{sy}} = \frac{\mu_x}{\mu_y}; \quad \nu = \mu_x \cdot \frac{E_s}{E_b} = n\mu_x; \quad k = \frac{N_2}{N_1}$$

Damit wird

$$W \cdot 2 E_s \mu_x d = Z_x^2 + \lambda Z_y^2 + \nu D_b^2 \qquad (2.6)$$

Die rechte Seite der Gleichung enthält in jedem Glied den unbekannten Winkel φ. Man erhält das Minimum der Arbeit bzw. einen zur Berechnung von φ geeigneten Ausdruck, wenn man

Gl. (2.6) nach φ differenziert und gleich Null setzt:

$$\frac{\partial W}{\partial \varphi} 2 E_s \mu_x N_1^2 = 0 = 2 \frac{Z_x}{N_1} \frac{\partial \left(\frac{Z_x}{N_1}\right)}{\partial \varphi} + 2\lambda \frac{Z_y}{N_1} \frac{\partial \left(\frac{Z_y}{N_1}\right)}{\partial \varphi} + 2\nu \frac{D_b}{N_1} \frac{\partial \left(\frac{D_b}{N_1}\right)}{\partial \varphi} \quad (2.7)$$

Mit den Gl. (2.3) und (2.4) können die einzelnen Differentialfaktoren wie folgt ausgedrückt werden

$$\frac{\partial \left(\frac{Z_x}{N_1}\right)}{\partial \varphi} = (1-k) \frac{\sin \alpha \cos \alpha}{\cos^2 \varphi} \; ; \quad \frac{\partial \left(\frac{Z_y}{N_1}\right)}{\partial \varphi} = (1-k) \frac{\sin \alpha \cos \alpha}{\sin^2 \varphi}$$

$$\frac{\partial \left(\frac{D_b}{N_1}\right)}{\partial \varphi} = (1-k) \sin \alpha \cos \alpha \left(\frac{1}{\cos^2 \varphi} - \frac{1}{\sin^2 \varphi} \right)$$

Nach Einsetzen dieser Größen und Division mit den gemeinsamen Faktoren $(1-k)\, 2 \sin \alpha \cos \alpha$ erhält man den rechten Teil der Gl. (2.7) in folgender Form

$$\frac{Z_x}{N_1} \cdot \frac{1}{\cos^2 \varphi} - \lambda \frac{Z_y}{N_1} \cdot \frac{1}{\sin^2 \varphi} + \nu \frac{D_b}{N_1} \left(\frac{1}{\cos^2 \varphi} - \frac{1}{\sin^2 \varphi}\right) = 0 \quad (2.8)$$

Nach Multiplikation mit $\frac{N_1}{Z_x} \sin^2 \varphi$ ergibt sich daraus ein Ausdruck für das Verhältnis der Stahlspannungen σ_{sy} und σ_{sx}

$$\lambda \frac{Z_y}{Z_x} = \frac{\sigma_{sy}}{\sigma_{sx}} = \tan^2 \varphi + \nu \frac{D_b}{Z_x} (\tan^2 \varphi - 1)$$

oder

$$\frac{\sigma_{sy}}{\sigma_{sx}} = \tan^2 \varphi \left[1 + \nu \frac{D_b}{Z_x} (1 - \cot^2 \varphi) \right] \quad (2.9)$$

Multipliziert man andererseits Gl. (2.8) mit $\cos^2 \varphi$, so erhält man

$$\frac{Z_x}{N_1} - \lambda \frac{Z_y}{N_1} \cot^2 \varphi + \nu \frac{D_b}{N_1} (1 - \cot^2 \varphi) = 0 \quad (2.10)$$

und nach einigen weiteren Rechengängen und Einsetzen der Größen Z_x, Z_y und D_b aus Gl. (2.3) und (2.4) die Bestimmungsgleichung für den Winkel φ:

$$\cot^4 \varphi + \cot^3 \varphi \frac{\tan \alpha + k \cdot \cot \alpha}{1-k} - \cot \varphi \frac{\cot \alpha + k \cdot \tan \alpha}{\lambda (1-k)} - \frac{1}{\lambda} =$$

$$= \frac{\nu}{\lambda} (1 - \cot^4 \varphi) \quad (2.11)$$

2.2 Scheiben mit rechtwinkligem Bewehrungsnetz

Der Winkel der dieser Gleichung genügt, wird mit φ_1 bezeichnet. Er führt ohne Inanspruchnahme der Betonzugfestigkeit bei Stahlspannungen σ_{sx} und $\sigma_{sy} < \beta_S$ zum Minimum der Formänderungsarbeit. Wird dieser Winkel φ_1 in den Gl. (2.3) und (2.4) für φ eingesetzt, dann liefern sie die zugehörigen Kräfte in den Bewehrungen und im Beton.

2.2.2.2 Lösung mit Hilfe der Verträglichkeit der Verformungen

Betrachtet man am Riß eine Strecke der Breite 1 und trägt die zugehörigen Richtungen der Bewehrungen an, dann entsteht das in Bild 2.7 mit ausgezogenen Linien dargestellte rechtwinklige Dreieck.

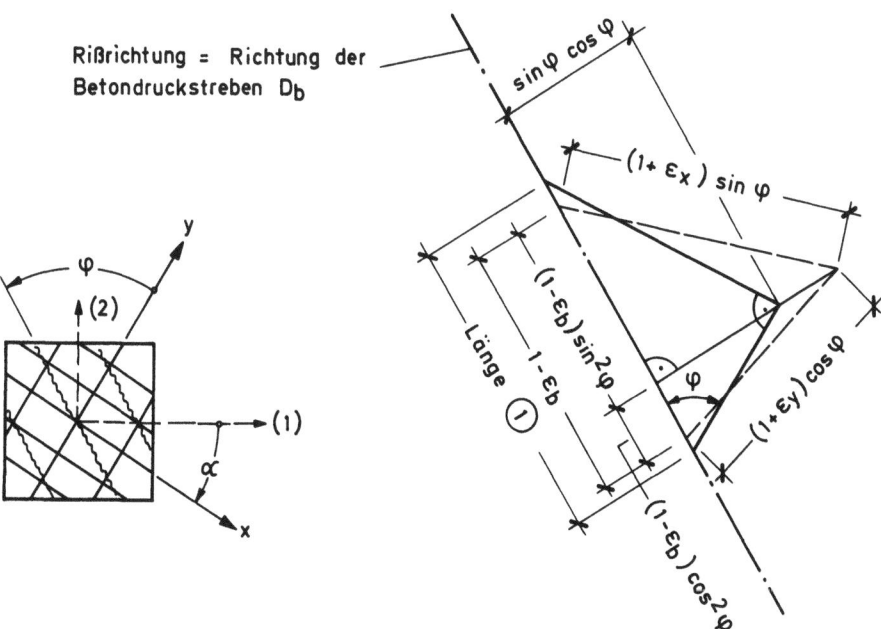

Bild 2.7 Verformungen in einem Scheibenelement, ausgehend von der Länge 1 in der Druckstrebe

Infolge der Druckkraft D_b verkürzt sich die Strecke "1" des Betonstreifens um $\varepsilon_b = \dfrac{\sigma_b}{E_b}$; gleichzeitig verlängern sich die Bewehrungen bzw. die Katheten des Dreiecks um die Dehnungen $\varepsilon_x = \dfrac{\sigma_{sx}}{E_s}$ und $\varepsilon_y = \dfrac{\sigma_{sy}}{E_s}$.

Da keine Schubkraft am Riß in Rechnung gestellt werden soll, also auch keine Verschiebung parallel zum Riß zu berücksichtigen ist, bildet sich infolge der Verformungen das in Bild 2.7 gestrichelt gezeichnete Dreieck. Die Seitenlängen ergeben sich aus den geometrischen Beziehungen.

Außer acht gelassen wurden hier die Verringerung der Stahldehnungen durch Mitwirkung des Betons sowie die zur Betonkürzung ε_b gehörende Querdehnung des Betons.

Die Verformungen sind miteinander verträglich, wenn sich aus beiden Teilen des Dreiecks die gleiche neue Höhe ergibt, was durch folgende Gleichung ausgedrückt werden kann

$$\left[(1+\varepsilon_x)\sin\varphi\right]^2 - \left[(1-\varepsilon_b)\sin^2\varphi\right]^2 = \left[(1+\varepsilon_y)\cos\varphi\right]^2 - \left[(1-\varepsilon_b)\cos^2\varphi\right]^2$$

Löst man diese Gleichung nach $\varepsilon_y/\varepsilon_x$ auf, so erhält man nach einigen Umformungen und bei Vernachlässigung der Glieder 2. Ordnung

$$\frac{\varepsilon_y}{\varepsilon_x} = \tan^2\varphi \left[1 + \frac{\varepsilon_b}{\varepsilon_x}(1-\cot^2\varphi)\right]$$

Werden nun die Dehnungen durch Spannungen mit $\varepsilon_y/\varepsilon_x = \sigma_{sy}/\sigma_{sx}$ bzw. $\frac{\varepsilon_x}{\varepsilon_b} = \frac{Z_x}{\nu D_b}$ ersetzt, so ergibt sich wie vorher

$$\frac{\sigma_{sy}}{\sigma_{sx}} = \tan^2\varphi \left[1 + \nu\frac{D_b}{Z_x}(1-\cot^2\varphi)\right] \qquad (2.9)$$

Die beiden in Abschn. 2.2.2.1 und 2.2.2.2 eingeschlagenen Wege führen also zum gleichen Ergebnis, d.h. der aus dem Minimum der Formänderungsarbeit in Gl. (2.11) gefundene Wert für den Winkel φ_1 der Rißneigung erfüllt auch die Verträglichkeitsbedingung.

Danach wird in der Regel $\varphi_1 \neq \alpha$ sein, also der Riß nicht rechtwinklig zur Richtung der (größten) Hauptzugspannung verlaufen. Wohl werden sich die ersten Risse so bilden, aber mit steigender Beanspruchung werden die weiteren Risse die Neigung φ_1 annehmen. Dies wurde auch in Versuchen beobachtet.

2.2.3 Rißneigung φ nach Erreichen der Streckgrenze ($\varepsilon_s > \beta_S/E_s$)

Gerät eine Stabschar der Bewehrung ins Fließen, dann ändern sich die Verformungen so, daß weitere Risse mit einer veränderten Rißneigung $\varphi_2 \neq \varphi_1$ entstehen müssen, um die Verträglichkeit zu erhalten. Je nach den Gegebenheiten können nach entsprechenden plastischen Stahldehnungen auch beide Stabscharen mit $\sigma_s = \beta_S$ beansprucht werden.

Für die Bemessung sollte man die Zustände mit $\varepsilon_s > \beta_S/E_s$ nicht ausnützen, so daß die neue Rißneigung φ_2, die nach Baumann in vielen Fällen erheblich von φ_1 abweicht, hier nicht interessiert.

2.3 Scheiben mit nur einer Bewehrungsschar

Ist die kleinere Hauptspannung σ_{II} eine Druckspannung ausreichender Größe, dann kann auf die 2. Bewehrungsschar verzichtet werden. Für einen solchen Fall zeigt Bild 2.8 die Kräfte auf die Länge 1 entlang einem Riß mit der Richtung φ_{oy} gegenüber der Achse (1). Das im Bild angegebene Krafteck führt zur Gleichgewichtsbeziehung

$$-\frac{N_2 b_2}{N_1 b_1} = k \cdot \tan(\varphi_{oy} - \alpha) = \tan\alpha$$

Aus dieser Winkelbeziehung folgt nach Umformung für die Rißneigung φ_{oy}:

$$\cot\varphi_{oy} = \frac{\tan\alpha + k\cot\alpha}{k - 1} \qquad (2.12)$$

Mit diesem Winkel ergeben Gl. (2.3) und (2.4) die zugehörigen Größen Z_x und D_b bei nur einer Bewehrungsschar.

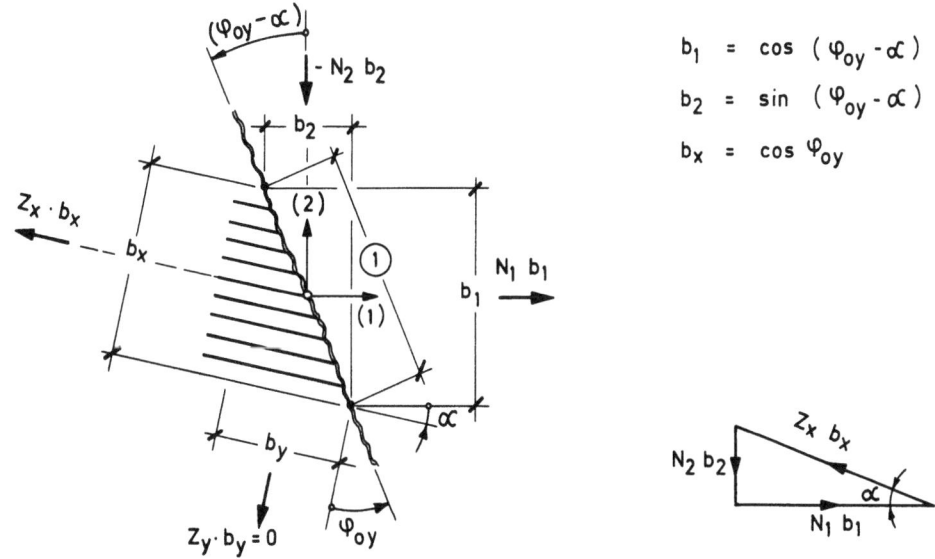

Bild 2.8 Kräfte bei einbahniger Bewehrung (σ_{II} bzw. N_2 = Druck) und Ermittlung der zugehörigen Rißneigung φ_{oy}

2.4 Platten mit rechtwinkligen Bewehrungsnetzen

Im allgemeinen Fall wird ein Element einer Platte durch die auf die Längeneinheit bezogenen Hauptmomente m_1 und $m_2 = k \cdot m_1$ beansprucht.

Im folgenden wird unter m_1 immer das dem Betrag nach größere der beiden Hauptmomente verstanden. Erzeugt m_2 nicht an den gleichen Plattenseiten Biegedruck und Biegezug wie m_1, dann gilt es als negativ (k < 0). Ein solches Moment m_2 erzeugt in der Biegedruckzone (aus m_1) Zugspannungen und in der Biegezugzone (aus m_1) Druckspannungen. Die Biegezugzone liegt dort, wo m_1 Zug erzeugt, die Biegedruckzone dort, wo m_1 Druck erzeugt.

Die Biegezugzone kann als Scheibe nach Abschn. 2.2 oder 2.3 behandelt werden, wenn man die Längskräfte über einen mittleren Hebelarm aus den Momenten errechnet und auf die Scheibe wirken läßt (Bild 2.9):

$$N_1 = \frac{m_1}{z_m} \; ; \quad N_2 = \frac{m_2}{z_m} = k \cdot N_1$$

Für z_m kann man mit Näherungswerten rechnen, z.B.

$$z_m \approx 0{,}9 \; \frac{h_x + h_y}{2}$$

Diese Annahmen berechtigen uns in Analogie zu Gl. (2.3) und (2.4) anzuschreiben:

$$m_x = Z_x \cdot z_x = m_1 \cos^2\alpha \, (1 + \tan\alpha \tan\varphi) + m_2 \sin^2\alpha \, (1 - \cot\alpha \tan\varphi)$$

$$m_y = Z_y \cdot z_y = m_1 \sin^2\alpha \, (1 + \cot\alpha \cot\varphi) + m_2 \cos^2\alpha \, (1 - \tan\alpha \cot\varphi)$$

$$D_b \cdot z_m = (m_1 - m_2) \; \frac{\sin 2\alpha}{\sin 2\varphi} \qquad (2.13)$$

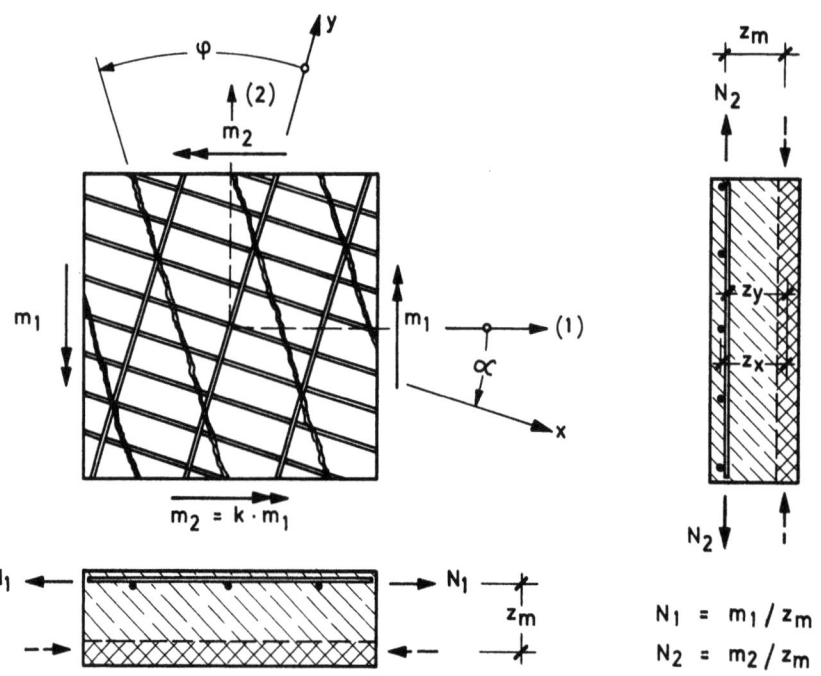

Bild 2.9 Beanspruchung einer Platte durch die Momente m_1 und m_2; Rißbildung in der Biegezugzone

2.5 Bemessungsregeln

Dabei gelten für α und φ die in Abschnitt 2.2 getroffenen Vereinbarungen. Ist k negativ ($k<0$), dann ist in der Biegedruckzone neben der Druckkraft $N_{2D} = - m_1/z_m$ auch eine Zugkraft $N_{1D} = - m_2/z_m$ wirksam, die eine Zugbewehrung in dieser Druckzone erfordert. Die Gl. (2.3) und (2.4) gelten dann entsprechend, wenn man diese Kraft N_2 nun als Zugkraft (anstelle von N_1) einsetzt und die Rechnungen konsequent weiter ausführt mit $k_D = 1/k$.

Die Nachweise zur Verträglichkeit der Verformungen können ebenfalls aus Abschn. 2.2 und 2.3 übernommen werden, wobei der Einfluß der unterschiedlichen Hebelarme und Dicken der Druckzonen zu berücksichtigen ist. Es werden dazu eingeführt:

$$\lambda = \frac{a_{sx} \cdot z_x}{a_{sy} \cdot z_y} \approx \frac{a_{sx} \cdot h_x}{a_{sy} \cdot h_y}$$

und bei grober Annahme für die Höhe der Druckzone $\sim z_m/3$ und $z_m \sim 0,9\, h_x$

$$\nu = 3,3\mu_x \frac{E_s}{E_b} = 3,3 n \mu_x$$

Bei Anwendung der für Scheiben gewonnenen Beziehungen für Kräfte und Winkel auf Platten wurde damit gleichzeitig die dortige Bedingung übernommen, daß weder in der Biegedruckzone noch in der Biegezugzone eine Übertragung von Schubkräften über die Risse hinweg zugelassen wird, d.h. daß auch bei der Bemessung von Platten nach diesem Verfahren keine sekundären Betonzugspannungen in Rechnung gestellt werden. Man bleibt also auf der sicheren Seite.

2.5 Bemessungsregeln

2.5.1 Allgemeines

Wir beschränken die Bemessung auf den elastischen Bereich der Stahlspannungen $\sigma_s < \beta_S$ und benützen daher die Herleitungen in Abschnitt 2.2.1 und 2.2.2.

Die Ermittlung des Winkels φ_1 für die Rißrichtung läßt sich aber noch stark vereinfachen, wenn man die beiden Bewehrungsscharen in x- und y-Richtung so bemißt, daß sie beide gleich ausgenützt sind. Damit wird für Gebrauchslast

$$\sigma_{sx} = \frac{\beta_S}{1,75} \;;\; \sigma_{sy} = \frac{\beta_S}{1,75} \qquad (2.14)$$

Aus Gl. (2.9) erhält man $\sigma_{sx} = \sigma_{sy}$ bei Vernachlässigung des nur geringen Beitrages aus $v \cdot D_b/Z_x$ die einfache Beziehung:

$$\frac{\sigma_{sy}}{\sigma_{sx}} = 1 = \tan^2 \varphi_1$$

woraus folgt: $\varphi_1 = \pi/4 = 45°$ \hfill (2.15)

Dieser Winkel $\varphi_1 = 45°$ ist also der wirtschaftlichsten Lösung zugeordnet: beide Bewehrungsscharen werden mit zulässiger Spannung ausgenützt. Würde man eine Bewehrungsaufteilung anstreben, bei der $\sigma_{sx} < \sigma_{sy}$ ist, - was unsinnig wäre, weil dann die der größten Zugspannung nächstgelegene Bewehrung unnötig großen Stahlquerschnitt haben müßte -, dann würde φ größer, im umgekehrten Fall (was sinnvoll sein kann, wie noch gezeigt wird) wird φ kleiner als $45°$.

Für den Beton muß nachgewiesen werden, daß die Druckspannungen aus D_b nicht das zulässige Maß überschreiten. Nach DIN 1045 könnte gelten:

$$\sigma_b = \frac{D_b}{d} \leq \frac{\beta_R}{2,1}$$

Dabei wäre aber nicht berücksichtigt, daß die Druckstreben durch die sie quer durchdringenden Bewehrungsstäbe gestört sind und Querzugspannungen infolge Dübelwirkung und Verbund erfahren (vgl. Bilder 2.3 und 2.4). Aus den Untersuchungen über die Festigkeit des Betons bei Zug-Druckbeanspruchung geht hervor, daß hier nur mit einer effektiven Festigkeit von rund 80% von β_R gerechnet werden sollte. Demgemäß ist unter Gebrauchslast zu fordern

$$\text{zul}\,\sigma_b = \text{zul}\,\frac{D_b}{d} \leq \frac{0,8\,\beta_R}{2,1} \tag{2.16}$$

2.5.2 Bemessung von Scheibentragwerken bei Bewehrungen schiefwinklig zu den Hauptspannungen

Setzt man den in Gl. (2.15) angegebenen Winkel $\varphi_1 = \pi/4$ für die Rißrichtung in Gl. (2.3) und (2.4) ein, dann erhält man vereinfachte Gleichungen zur Bestimmung der inneren Kräfte bei <u>zweibahnigen, rechtwinkligen Bewehrungsnetzen</u> (beide Richtungen ausgenützt) <u>für Gebrauchslast</u>

$$Z_x = N_1 + \frac{N_1 - N_2}{2} \sin 2\alpha\,(1 - \tan \alpha)$$

$$Z_y = N_2 + \frac{N_1 - N_2}{2} \sin 2\alpha\,(1 + \tan \alpha) \tag{2.17}$$

$$D_b = (N_1 - N_2) \sin 2\alpha$$

2.5 Bemessungsregeln

Aus diesen Kräften ergeben sich die folgenden Bewehrungen zu

$$a_{sx} = \frac{Z_x}{\beta_S / 1,75} \quad ; \quad a_{sy} = \frac{Z_y}{\beta_S / 1,75} \tag{2.18}$$

und die Betondruckspannung wird

$$\text{vorh } \sigma_b = \frac{D_b}{d} \leq \frac{0,8 \, \beta_R}{2,1} \tag{2.16}$$

In allen Fällen gilt zur Rechenkontrolle

$$Z_x + Z_y - D_b = N_1 + N_2 \tag{2.5}$$

Für $k \leq 0,2$ kann sich bei kleinen Winkeln α aus den für $\varphi_1 = \pi/4$ geltenden Bemessungsgleichungen (2.17) und (2.18) unter Umständen $a_{sy} < 0,2 \, a_{sx}$ ergeben. Nach DIN 1045 muß aber in der Regel $a_{sy} \geq 0,2 \, a_{sx}$ sein. In solchen Fällen ist $\sigma_{sy} < \sigma_{sx}$, und der die Verträglichkeitsbedingungen Gl. (2.9) erfüllende Winkel muß kleiner als 45° werden.

Mit $\sigma_{sx} = Z_x/a_{sx}$ und $\sigma_{sy} = Z_y/a_{sy} = Z_y/0,2 a_{sx}$ erhält man aus Gl. (2.9) bei gleichzeitiger Vernachlässigung des Anteils aus $\nu D_b/Z_x$ als Bestimmungsgleichung für den nun $\varphi_{0,2}$ genannten Winkel

$$\frac{\sigma_{sy}}{\sigma_{sx}} = \frac{Z_y \cdot a_{sx}}{0,2 a_{sx} \cdot Z_x} = \tan^2 \varphi_{0,2}$$

und daraus

$$\tan^2 \varphi_{0,2} \cdot \frac{Z_x}{Z_y} = 5$$

Setzt man die Größen Z_y und Z_x aus den Gleichgewichtsbedingungen nach Gl. (2.3) ein, so erhält man nach einigen Umformungen folgende Beziehung:

$$(1-k) \tan^4 \varphi_{0,2} + \tan^3 \varphi_{0,2} (\cot \alpha + k \tan \alpha) - 5 \tan \varphi_{0,2} (\tan \alpha + k \cot \alpha) = 5(1-k) \tag{2.19}$$

In Bild 2.10 sind für einige Verhältnisse $k = N_2/N_1$ diese Winkel $\varphi_{0,2}$ in Abhängigkeit vom Neigungswinkel α aufgetragen. Daraus ist erkennbar, daß im allgemeinen der Winkel $\varphi_1 = 45°$ (für $\sigma_{sx} = \sigma_{sy}$) nach Gl. (2.15) und nur bei jeweils relativ kleinem α und kleinem Verhältnis k der Winkel $\varphi_{0,2} < 45°$ (für $a_{sy} = 0,2 \, a_{sx}$) nach Gl. (2.19) anzuwenden ist.

Mit den im Bild 2.10 dargestellten Winkeln φ_1 und $\varphi_{0,2}$ hat Th. Baumann zweckmäßige Bemessungsdiagramme aufgestellt, die hier in Bild 2.11 wiedergegeben sind.

2. Bewehrung schiefwinklig zur Richtung der Beanspruchung

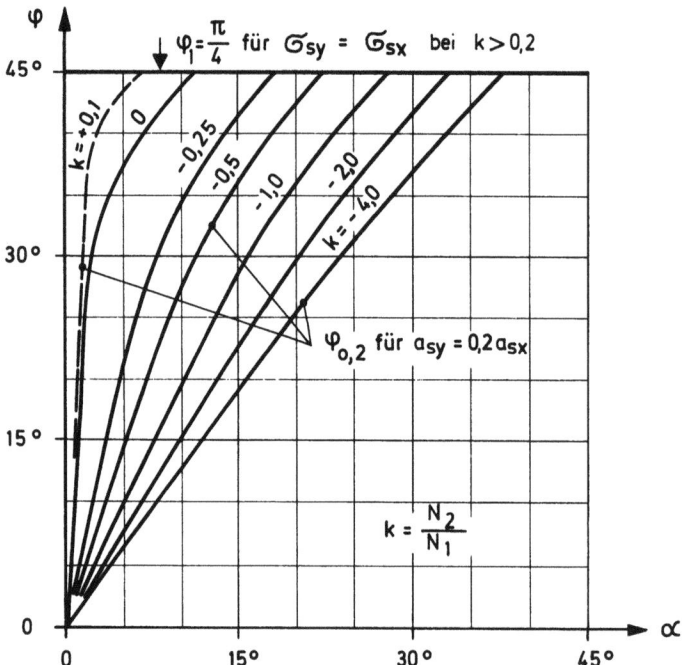

Bild 2.10 Winkel φ, die für 2-bahnige, rechtwinklige Bewehrungsnetze verwendet werden

Die Diagramme erlauben das einfache Ablesen der bezogenen Bewehrungsquerschnitte a_{sx}/a_1 und a_{sy}/a_1 sowie der bezogenen Druckkraft im Beton D_b/N_1. Die Bezugsgröße a_1 ist die bei $\alpha = 0$ zur Aufnahme von N_1 erforderliche Bewehrung

$$a_1 = \frac{N_1}{\beta_S / 1,75}$$

Die Bewehrungen a_{sx} und a_{sy} erhält man also über die Ansätze

$$a_{sx} = \frac{N_1}{\beta_S / 1,75} \left(\frac{a_{sx}}{a_1}\right), \quad a_{sy} = \frac{N_1}{\beta_S / 1,75} \left(\frac{a_{sy}}{a_1}\right) \qquad (2.20a)$$

Die auftretende Betondruckspannung ist entsprechend

$$\text{vorh}\, \sigma_b = \frac{N_1}{d} \left(\frac{D_b}{N_1}\right) \qquad (2.20b)$$

Bild 2.11 Diagramme zur Ermittlung der erforderlichen Bewehrungen a_{sx} und a_{sy} und der auftretenden Druckkraft D_b bei rechtwinkligen Bewehrungsnetzen [13] und [14]

2.5 Bemessungsregeln

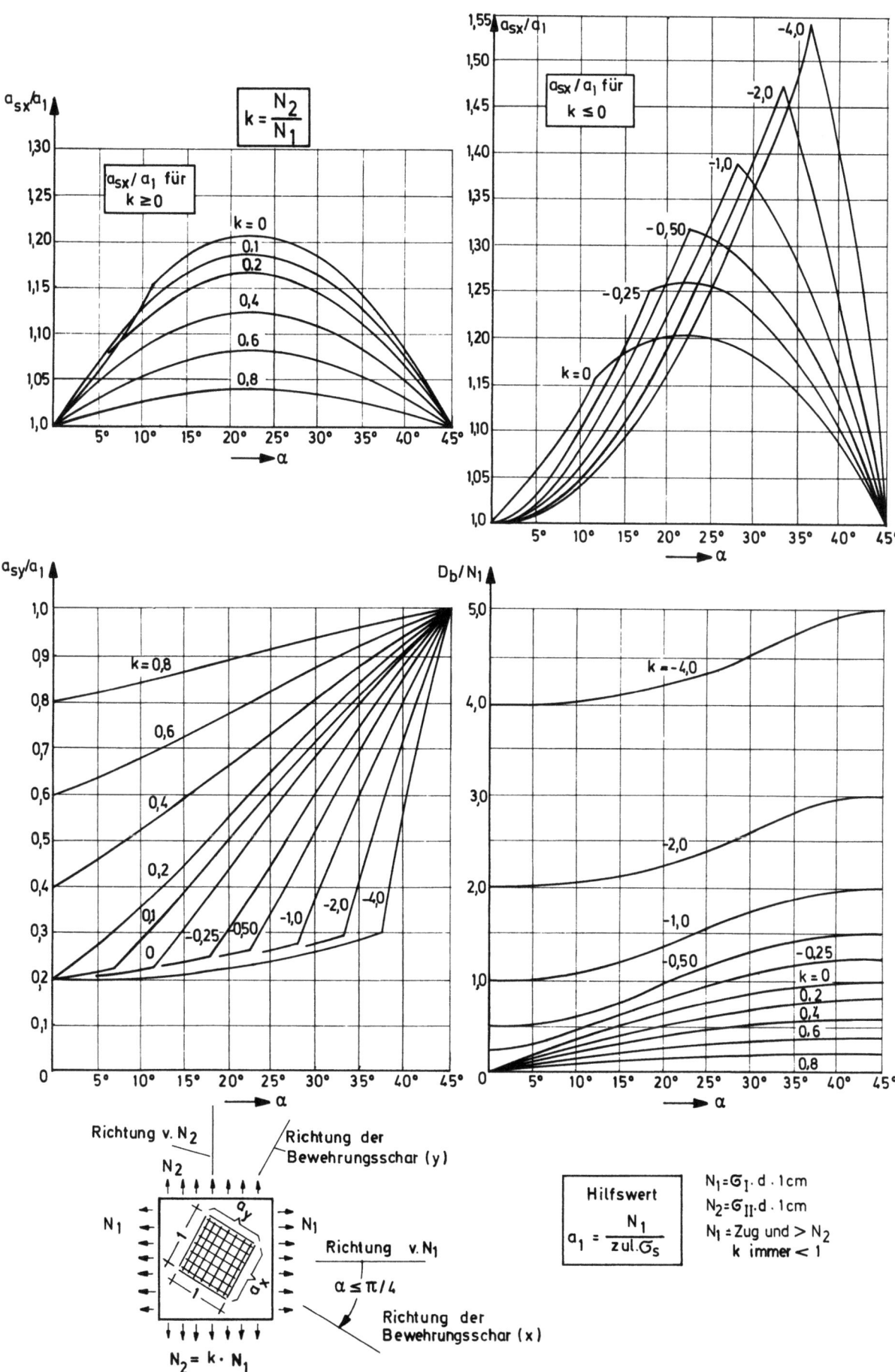

2.5.3 Bemessung von biegebeanspruchten Platten bei Bewehrung schiefwinklig zu den Richtungen der Hauptmomente

Die in Abschn. 2.5.2 für Scheiben angegebenen Gleichungen und Diagramme des Bildes 2.11 können unmittelbar zur Bemessung von Platten, die durch die Hauptmomente m_1 und $m_2 = k \cdot m_1$ beansprucht sind, verwendet werden. Dazu ist nur anstelle der Gl. (2.20a) anzusetzen:

$$a_{sx} = \frac{m_1}{z_x \beta_S/1,75} \left(\frac{a_{sx}}{a_1}\right) \quad \text{bzw.} \quad a_{sy} = \frac{m_1}{z_y \beta_S/1,75} \left(\frac{a_{sy}}{a_1}\right) \quad (2.21)$$

Der Nachweis, daß die zulässige Druckbeanspruchung nicht überschritten wird, ist wegen der in Abschn. 2.5.1 nach Gl. (2.16) angegebenen Einschränkung der Rechenfestigkeit β_R auf 80 % mit den üblichen Bemessungshilfen nur schwer möglich.
Th. Baumann hat deshalb seinem Bemessungsdiagramm eine Tafel mit k_h-Werten beigefügt (vgl. dazu Teil 1 der "Vorlesungen", Abschn. 7.2.2.4). Es werden darin - (Bild 2.12) - Grenzwerte $\bar{k}_h$ angegeben, die nicht unterschritten werden dürfen, und zwar für 2 geschätzte Größen von $z_m/h_m = 0,8$ bzw. $= 0,9$, für 2 Stahlgüten St III und St IV mit zul $\sigma_s = 240$ N/mm² und 286 N/mm² und für die Betongüten B 25 bis B 55 (Nachweis in [13]).

Zu beachten ist, daß bei gleichgerichteten Momenten, also $k = m_2/m_1 \geq 0$ (positiv) der Wert vorh $k_h = h_m/\sqrt{m_1}$ zu ermitteln ist. Dagegen ist bei gegensinnig wirkenden Momenten, also

$z_x/h_x = z_y/h_y = z_m/h_m$		$\beta_S/1,75$ [N/mm²]	$\bar{k}_h$ für			
			B 25	B 35	B 45	B 55
Für $k = m_2/m_1 \geq 0$	≤ 0,8	240	1,8	1,6	1,5	1,4
$k_h = h_m/\sqrt{m_1}$ [1)]		286	1,9	1,6	1,5	1,4
max $\sigma_{bu} \leq \beta_R$	≤ 0,9	240	2,7	2,3	2,1	2,0
		286	2,6	2,2	2,1	2,0
Für $k = m_2/m_1 < 0$	≤ 0,8	240	2,0	1,8	1,6	1,5
$k_h = h_m/\sqrt{m_1 - m_2}$ [1)]		286	2,1	1,8	1,7	1,6
max $\sigma_{bu} \leq 0,8 \beta_R$	≤ 0,9	240	3,0	2,6	2,4	2,4
		286	2,9	2,5	2,3	2,2
[1)] h_m in cm; m_1 und m_2 in kNm/m						

Bild 2.12 Tabelle der zulässigen Kleinstwerte $\bar{k}_h$ zum Nachweis, daß Betondruckspannungen in zulässigen Grenzen bleiben [14]

2.6 Bemessung der schiefen Bewehrung für Platten

$k = m_2/m_1 < 0$ (negativ) auszugehen von

$$\text{vorh } k_h = \frac{h_m}{\sqrt{m_1 - m_2}}$$

2.6 Bemessung der schiefen Bewehrung für Platten nach Ebner

Bei Platten führt die Bemessung nach Ebner [10] zu kleineren Querbewehrungen a_y/a_1, die für die erforderliche Tragfähigkeit ausreichen. G. Franz verteidigt die Bemessung nach Ebner. Hier sei deshalb auf [15] und [16] verwiesen.

3. Wandartige Träger, Konsolen, Scheiben

3.1 Definition

Scheiben (disks) sind plattenartige Tragwerke, die in ihrer Ebene belastet oder beansprucht werden. Scheiben, die wie Balken gelagert sind, sind wandartige Träger oder kurz Wandträger (deep beams). Die Abgrenzung zwischen schlanken Balken und wandartigen Trägern wird nach dem Verlauf der Dehnungen ε_x getroffen, der bei Schlankheiten von $\ell/d \gtrsim 2$ bei Einfeldbalken, $\ell/d \gtrsim 4$ bei Innenfeldern von Durchlaufbalken noch etwa geradlinig ist, so daß die σ_x mit Hilfe der technischen Biegelehre (Bernoulli-Navier) berechnet werden können (B-Bereiche). Alle kleineren Schlankheiten fallen nach Kap. 1 unter den Begriff der D-Bereiche. Konsolen (corbels, brackets) sind kurze Kragträger (cantilevers) mit $\ell_k/d \leq 1$ (Bild 3.1). Bei großen Bauteilen (Wandscheiben über mehrere Geschosse) kommen auch Schlankheiten $\ell_k/d < 0,5$ vor - man spricht dann von "konsolartigen Wandscheiben".

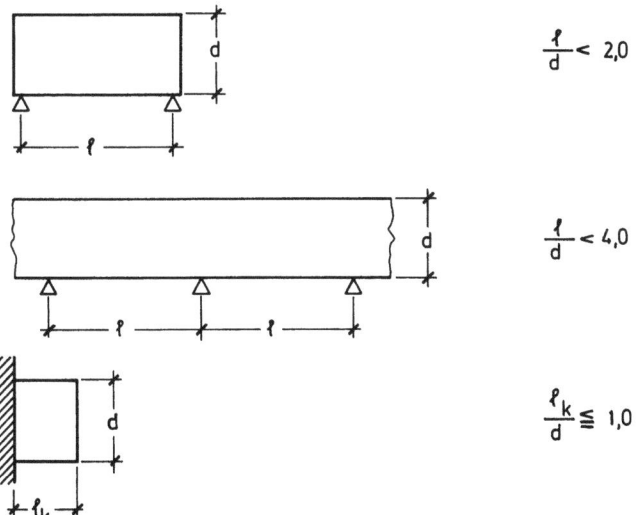

Bild 3.1 Wandartige Träger werden durch Schlankheiten unter obigen Grenzwerten definiert - D-Bereiche

3.2 Verfahren zur Ermittlung der Spannungen im Zustand I

Die technische Biegelehre mit σ_x = M/W usw. ist bei wandartigen Trägern und Konsolen nicht mehr anwendbar, weil bei Belastung die Querschnitte nicht eben bleiben (Hypothese von Bernoulli, geradliniges ε-Diagramm) und deshalb selbst bei idealelastischem Baustoff die Spannungen σ_x nicht geradlinig verlaufen. Auch sind die von äußeren Kräften ausgehenden Spannungskomponenten σ_y und die Schubspannungen τ_{xy} nicht mehr vernachlässigbar. Daher müssen die Spannungen in Scheiben und wandartigen Trägern unter Beachtung aller Gleichgewichts- und Verträglichkeitsbedingungen der inneren Kräfte ermittelt werden.

Folgende Verfahren stehen zur Verfügung:

1. Die Scheibentheorie mit der Airy'schen Spannungsfunktion, dargestellt in [17, 18, 19],

2. Finite Elementmethoden, bevorzugt mit dreieckigen Scheibenelementen [20, 21],

3. Modellstatik [22]

    3.1 Spannungsoptik, die für Scheibenprobleme besonders geeignet ist

    3.2 Araldit-Modelle mit Dehnungsrosetten

    3.3 Mikrobeton-Modelle,

4. Für wandartige Träger hat W. Schleeh gefunden, daß das Spannungsbild für Lasten durch Überlagerung der reinen Scheibenspannungen infolge Krafteinleitung mit den nach der Biegelehre gerechneten Biege- und Schubspannungen infolge der Schnittkräfte M und Q gefunden werden können [23, 24, 25, 26].

Alle diese Verfahren setzen in der Regel homogenen isotropen und rein elastischen Baustoff voraus. Mit finiten Elementen kann auch ein von der Geraden abweichendes σ-ε-Verhalten und (in Ansätzen) auch schon Rißbildung verfolgt werden.

Für praktische Zwecke genügt zur Bemessung von Scheiben aus Stahlbeton eine näherungsweise Kenntnis der Spannungen im Zustand I, insbesondere Richtung und Größe der Hauptspannungen. Für die Bemessung der Bewehrungen genügen sogar Faustformeln und Regeln für ihre Verteilung, die aus umfangreichen Versuchen an Stahlbetonkörpern mit Belastung bis zum Bruch gewonnen wurden [27].

3.3 Schnittgrößen und Spannungen in wandartigen Trägern

3.3.1 Allgemeines

Die Schnittgrößen werden für wandartige Träger in gleicher Weise berechnet wie für andere Tragwerke. Auch wenn die technische Biegelehre hier nicht angewandt werden kann, so helfen die Biegemomente bei der Ermittlung der Gurtkräfte der Fachwerke, wobei der richtige innere Hebelarm aus Spannungsdiagrammen anzusetzen ist. Querkräfte ergeben insbesondere die Auflagerkräfte. Bei statisch unbestimmt gelagerten Trägern ist zu beachten, daß schon sehr <u>geringe lotrechte Verformungen</u> (auch elastische!) <u>der Lager</u> die Stützkräfte infolge der großen Steifigkeit der Wandträger stark verändern können, so daß bei der Bemessung Zuschläge zu den errechneten Schnittgrößen zu empfehlen sind. Auch ist zu beachten, daß die Feldmomente größer, die Stützmomente kleiner werden als bei schlanken Balken konstanter Biegesteifigkeit.

<u>Der Ort des Lastangriffes und die Art der Lagerung</u> haben erheblichen Einfluß auf die Spannungen, so daß z.B. Last von oben, angehängte Last, unmittelbare oder mittelbare Lagerung usw. für die Bemessung und Bewehrungsführung unterschieden werden müssen.

Von den Spannungen in wandartigen Trägern und damit vom inneren Kräfteverlauf und der Tragwirkung bekommt man am besten anhand von Beispielen eine Vorstellung. Dabei werden sowohl Spannungskomponenten σ_x, σ_y und τ_{xy}, Trajektorien der Hauptspannungen σ_I und σ_{II} und resultierende Zugkräfte dargestellt.

3.3.2 Spannungen in einfeldrigen Wandträgern

3.3.2.1 Gleichmäßig verteilte Lasten

Die Abhängigkeit des Verlaufs der Spannungskomponente σ_x von der Schlankheit ℓ/d unmittelbar gelagerter Wandträger zeigt Bild 3.2. Die resultierenden Zug- und Druckkraft-Komponenten in x-Richtung Z_x und D_x, kurz Z und D genannt, sind nach Grösse und Lage eingezeichnet; ihre Veränderlichkeit mit ℓ/d ist in Bild 3.3 dargestellt. Zum Vergleich sind die Werte nach der technischen Biegelehre (Navier) dünn eingetragen. Die Abweichungen für den Hebelarm z beginnen spürbar bei $\ell/d = 2$. Für $\ell/d \leq 1$ ändern sich trotz weiter abnehmendem Hebelarm die

3. Wandartige Träger, Konsolen, Scheiben

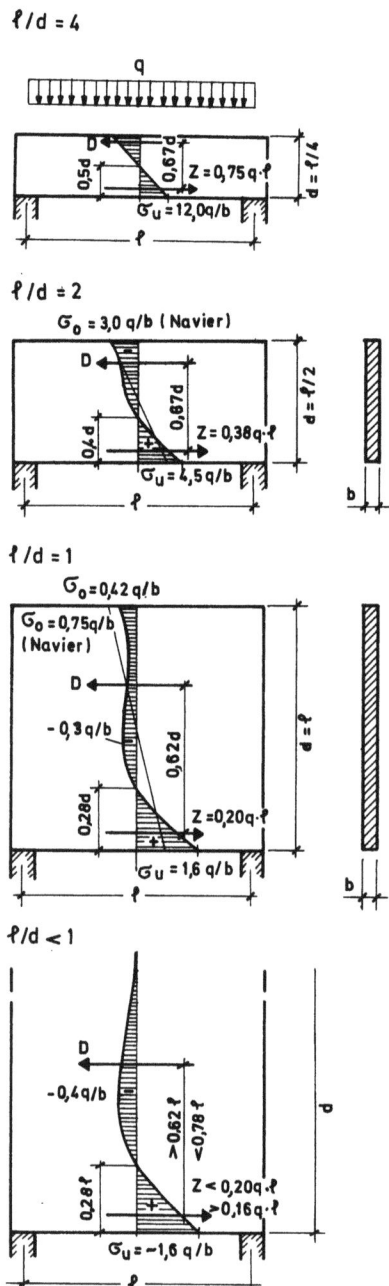

Bild 3.2 Spannungen σ_x, Größe und Lage der daraus resultierenden Kräfte in Feldmitte von einfeldrigen, von oben gleichmäßig belasteten Trägern im Zustand I bei verschiedenen ℓ/d und $c/\ell = 0,1$ (c = Auflagerbreite)

Werte von Z nur noch wenig, d.h. nur der untere Teil der Wand mit einer Höhe ~ ℓ trägt, der darüber liegende Teil wirkt wie eine gleichmäßig verteilte Last.

Für den Wandträger mit $\ell/d = 1$ zeigt Bild 3.4 den Einfluß unterschiedlicher Lasteintragung auf die Spannungen und die Spannungstrajektorien. Die σ_x und τ_{xy} bleiben bei beiden Lastarten gleich, lediglich die σ_y sind verschieden, und sie ver-

3.3 Schnittgrößen und Spannungen in wandartigen Trägern

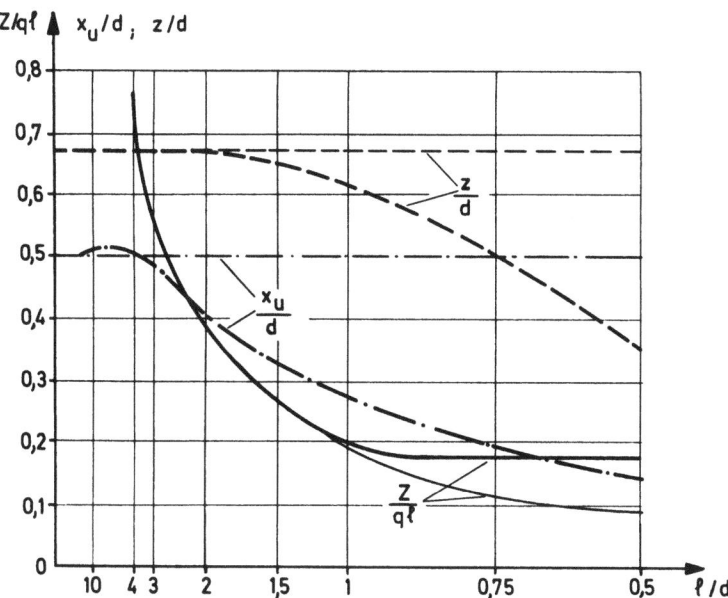

Bild 3.3 Bezogene Größen der Zugkraft $Z/q \cdot \ell$, des inneren Hebelarmes z/d und des Abstandes x_u/d der Nullinie vom unteren Rand in Einfeldscheiben mit rechteckigem Querschnitt nach Navier (dünne Linien) und nach Scheibentheorie (kräftige Linien) in Abhängigkeit von der Schlankheit ℓ/d.

ändern den Verlauf der σ_I und σ_{II} und damit das Tragverhalten grundlegend.

Die Rißbilder (Bild 3.5) bestätigen den Verlauf der Hauptspannungen. Bei Last von oben sind Zugspannungen nur unten und sehr flach geneigt. Bei angehängter Last sind die Zugspannungen steil und reichen fast über die ganze Wandhöhe. Die Last muß mit lotrechter Bewehrung in die Druckgewölbe eingehängt werden, wie dies für alle unten an Trägern hängenden Lasten gilt.

Das Eigengewicht der Wand führt zu einem Spannungsverlauf, der zwischen den beiden Fällen des Bildes 3.4 liegt, d.h. daß im unteren Bereich lotrecht positive σ_y Zug erzeugen. Der Wandteil etwa unterhalb einer Parabel durch die Auflagerpunkte mit dem Stich $y = 1,5 \, x_u$ (1,5 · Nullinienhöhe von unten) muß daher angehängt werden, so daß eine lotrechte Bewehrung stets nötig ist (Bild 3.6).

Bei den Darstellungen in Bild 3.2 bis 3.4 erstreckte sich die Last q auf die theoretische Spannweite ℓ. Wird die ganze Länge L des Wandträgers belastet, dann vergrößert sich Z, und die Druckspannung am oberen Rand wird kleiner, weil die Lastteile an den Rändern Zug erzeugen (Bild 3.7).

3. Wandartige Träger, Konsolen, Scheiben

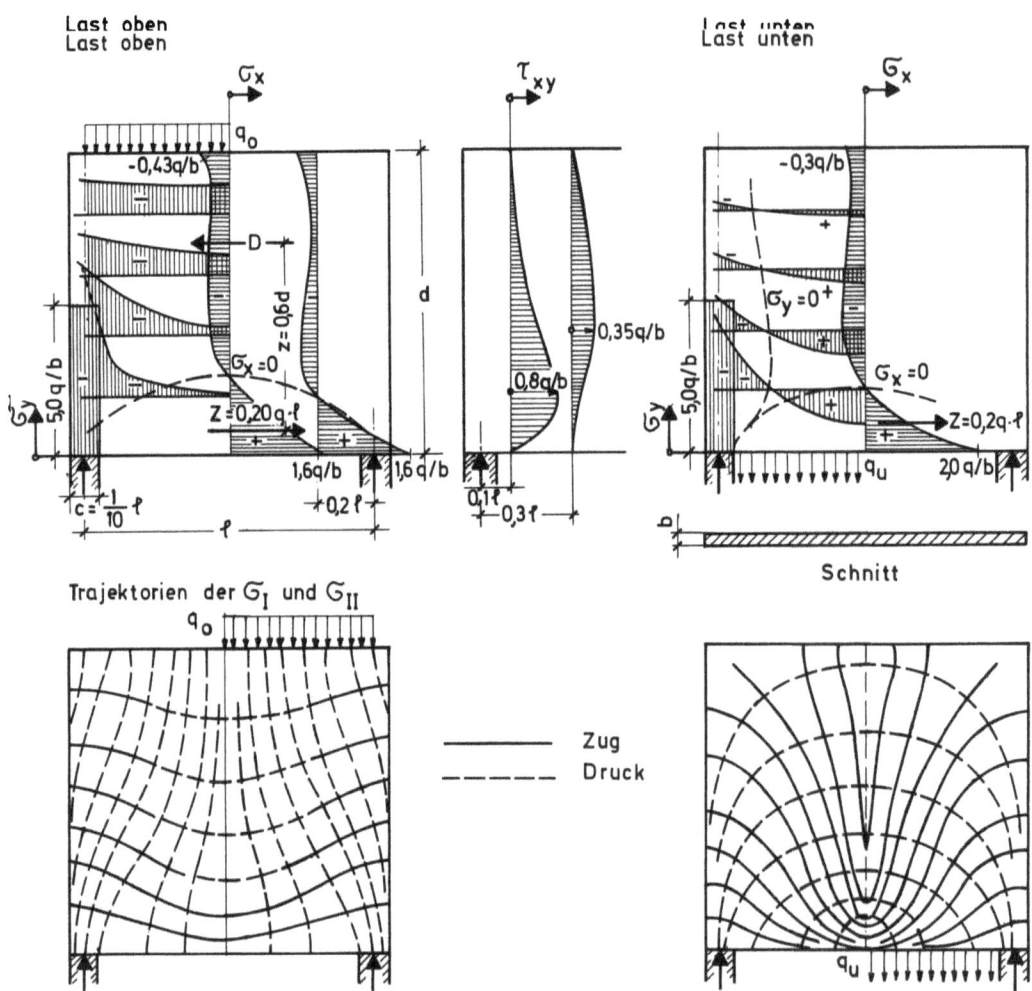

Bild 3.4 Verlauf der Spannungskomponenten σ_x, σ_y, τ_{xy} und Hauptspannungstrajektorien beim einfeldrigen wandartigen Träger mit $\ell/d = 1$ und $c/\ell = 0,1$ unter Last von oben bzw. Last von unten

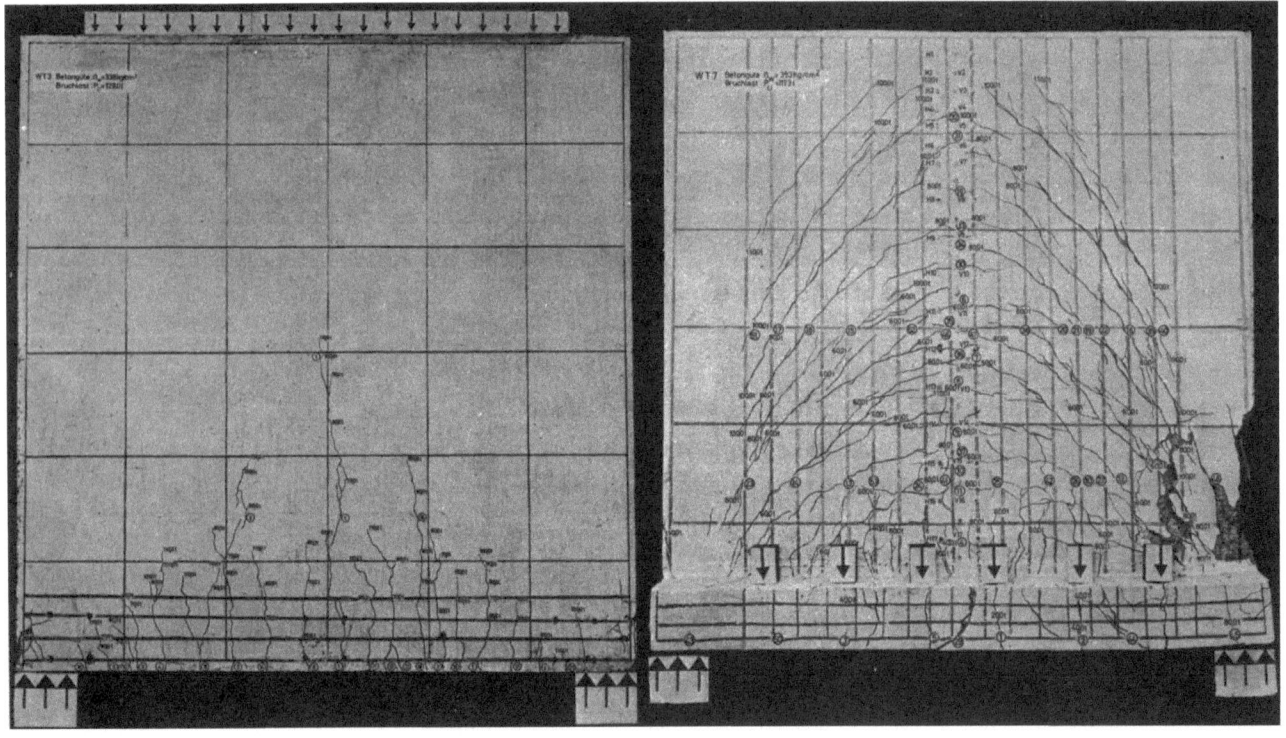

Bild 3.5 Die Rißbilder kurz vor dem Bruch bestätigen die Aussagekraft der Hauptspannungstrajektorien für das Tragverhalten

3.3 Schnittgrößen und Spannungen in wandartigen Trägern

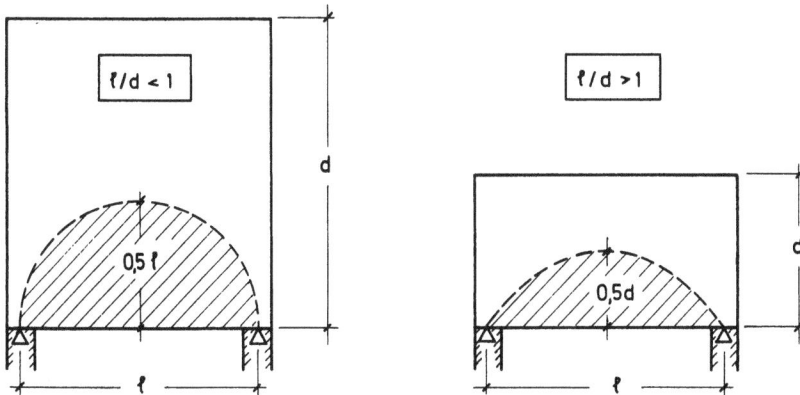

Bild 3.6 Das Eigengewicht der Scheibe unterhalb des Halbkreises bzw. der Parabel muß an den oberen Scheibenteil angehängt werden

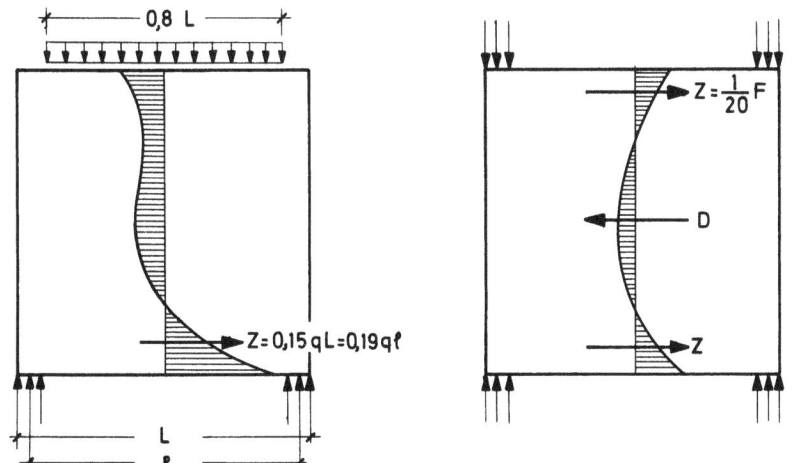

Bild 3.7 Einfluß von Lasten q an den Rändern unmittelbar über den Stützen auf die Spannungen σ_x in Feldmitte (bei $\ell/d = 1$ und $c/\ell = 0,1$)

3.3.2.2 Einzellasten

Für eine Einzellast am oberen Trägerrand erhalten wir nach H. Bay [19] für den Schnitt in Feldmitte bei $\ell/d = 1$ eine Verteilung der σ_x-Spannungen nach Bild 3.8. Unter der Last entstehen Spaltspannungen, wie wir sie in Abschn. 4 aus der Einleitung von Kräften kennenlernen. Bei $\ell/d > 1,2$ wird die Spaltspannung mit zunehmender Schlankheit mehr und mehr von den Biegedruckspannungen σ_x überdrückt. Bei sehr hohen Wandträgern, z.B. $\ell/d = 0,5$, bildet sich nach der Einleitung der Einzellast eine Zone gleichmäßiger Lastverteilung mit konstantem σ_y. Unterhalb $d_o = \ell$ gleicht dann das Spannungsbild dem des oben gleichmäßig belasteten Wandträgers.

3. Wandartige Träger, Konsolen, Scheiben

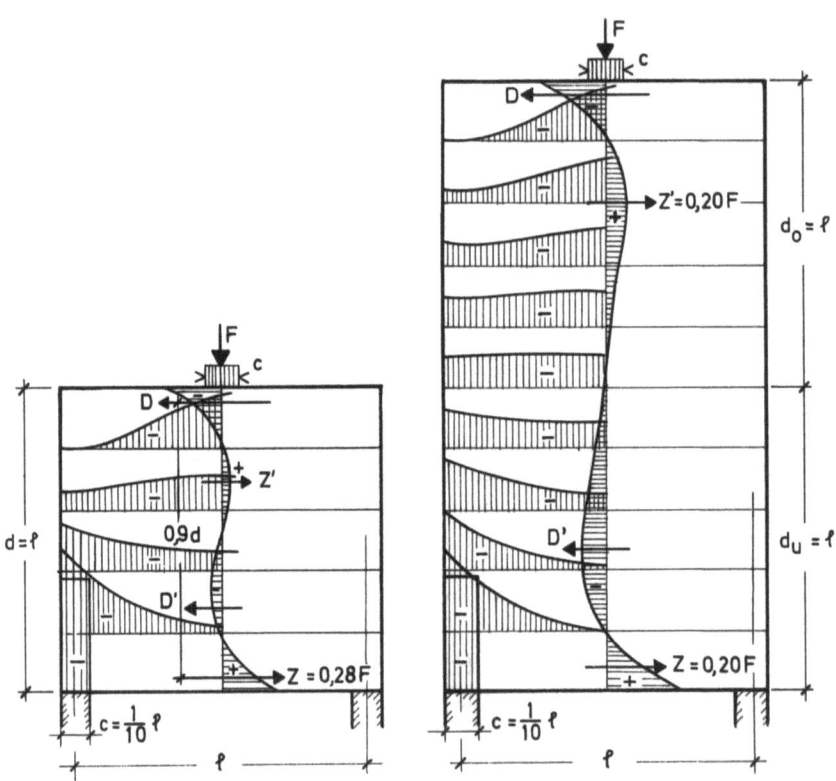

Bild 3.8 Verlauf der Spannungen σ_x in Feldmitte und σ_y in verschiedenen waagerechten Schnitten bei oben angreifender Einzellast auf Scheiben mit $\ell/d = 1$ und $\ell/d = 0,5$ ($c/\ell = 0,1$)

Für eine Einzellast im Mittelpunkt der Scheibe ergibt sich der in Bild 3.9a dargestellte Verlauf der Hauptspannungsrichtungen (nach S. El-Behairy [28]). Unterhalb der Last bilden sich zunächst steile Druckstreben aus, die sich dann zum Auflager hin krümmen. Über der Last entsteht ein radiales Hängewerk, das in Druckgewölben hängt. Die σ_y sind in der Lastlinie unmittelbar über der Last (Zug) fast so groß wie unter der Last (Druck) (Bild 3.9b). Die σ_x zeigen in der Lastlinie unter der Last die typischen Spaltzugspannungen (Bild 3.9c) - vgl. Abschn. 4. Hier ist aber erneut zu beachten, daß dieses Spannungsbild nur gilt, wenn die Dehnsteifigkeit und die Festigkeit der Scheibe nach allen Richtungen für Zug und Druck gleich groß sind, was bei Beton nicht der Fall ist. Nach dem ersten Querriß hinter der Last hängt die Aufteilung in den nach unten gehenden Druckstrebenanteil und den Anteil des Hängewerkes ganz von der Steifigkeit des Hängewerkes ab, die in der Regel auch bei reichlicher Aufhängebewehrung kleiner sein wird als die Steifigkeit des Druckstreben-Sprengwerkes. Für Stahlbetonträger müssen diese Steifigkeitsverhältnisse, die durch die Bemessung beeinflußt werden können, beachtet werden.

3.3 Schnittgrößen und Spannungen in wandartigen Trägern

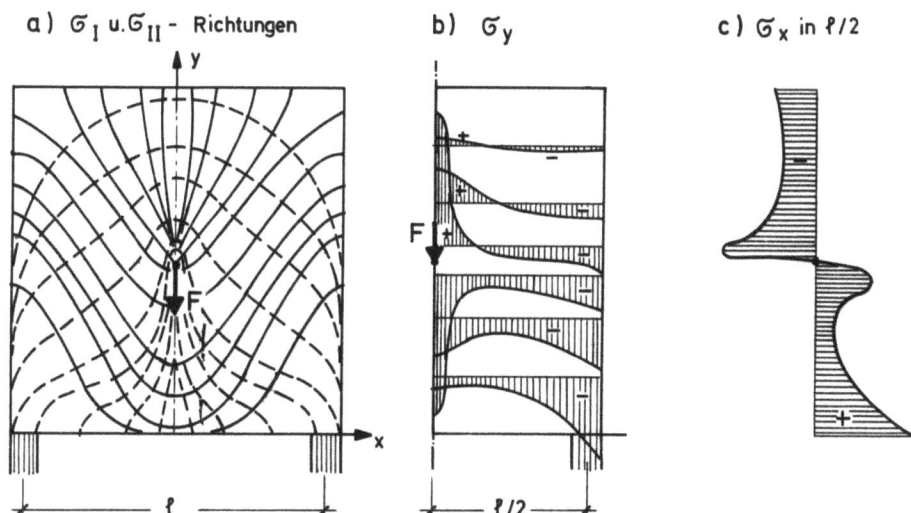

Bild 3.9 Hauptspannungstrajektorien und Spannungskomponenten σ_y und σ_x bei einer quadratischen Scheibe mit im Innern angreifender Einzellast [28]

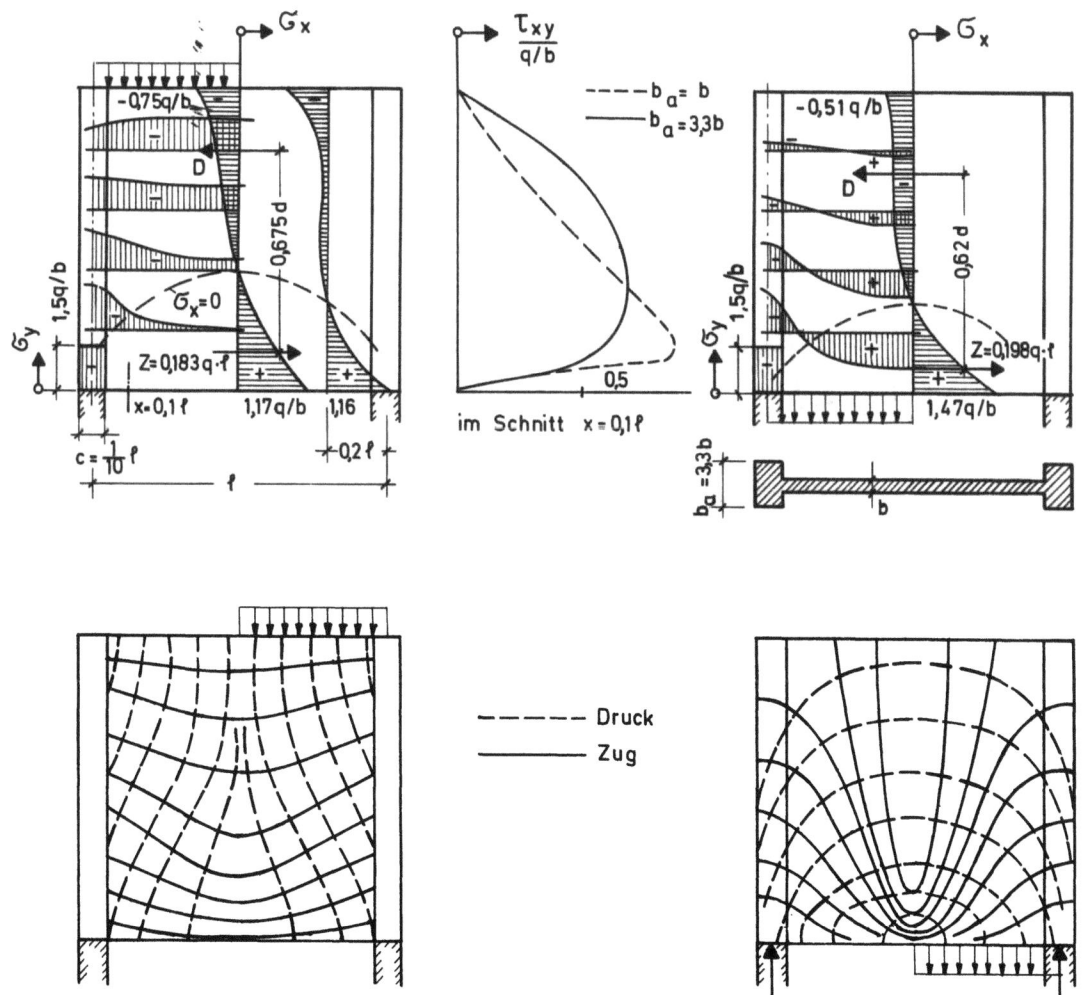

Bild 3.10 Verlauf der Spannungskomponenten σ_x, σ_y und τ_{xy} und Hauptspannungstrajektorien bei einfeldrigen durch Randstützen mit $b_a = 3{,}3\,b$ verstärkten wandartigen Trägern mit $\ell/d = 1$ und $c/\ell = 0{,}1$ unter Last von oben bzw. Last von unten (vgl. Bild 3.4)

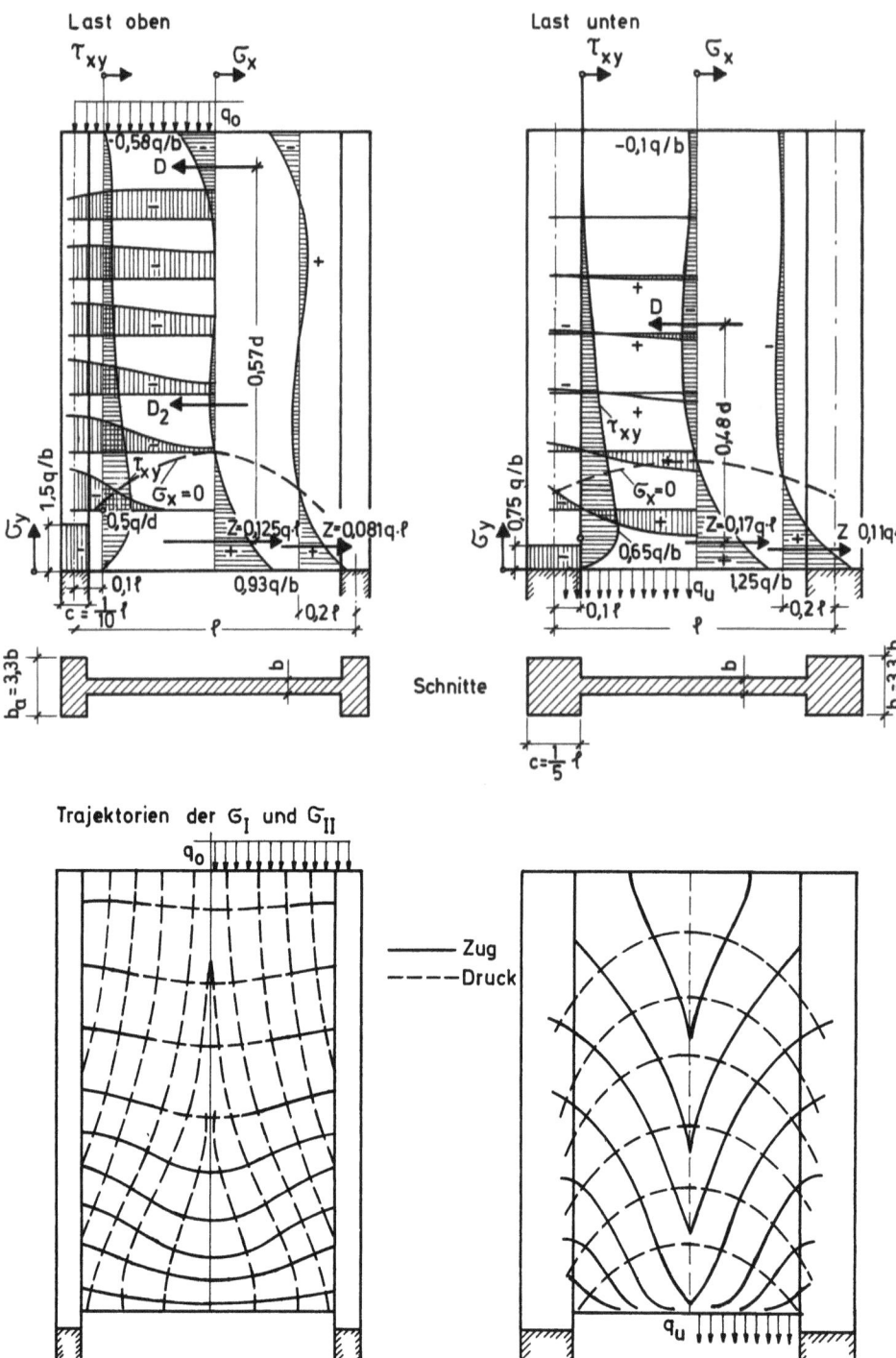

Bild 3.11 Spannungen und Hauptspannungstrajektorien wie Bild 3.10, jedoch an Trägern mit $\ell/d = 0{,}67$ und Randstützen mit $b_a = 3{,}3\ b$ und $c/\ell = 0{,}1$ und $0{,}2$

3.3.2.3 Einfluß von Auflagerverstärkungen

Auflagerverstärkungen, Randstützen oder Lisenen, wie sie bestehen, wenn ein Wandträger an Stützen oder an Querwänden angeschlossen wird, beeinflussen je nach ihrer Steifigkeit den Spannungsverlauf stark, indem die Wandträger innerhalb ihrer

3.3 Schnittgrößen und Spannungen in wandartigen Trägern   39

Höhe Last an die Randstützen abgeben. Bild 3.10 zeigt den Verlauf der Spannungen und resultierenden Zugkräfte für mittelstarke Randstützen bei $\ell/d = 1$ für Belastungen von oben und von unten. Die Nullinie in $x = \ell/2$ liegt wesentlich höher, die Zuggurtkräfte verteilen sich auf eine größere Höhe, zum Ausgleich werden die maximalen Zugspannungen kleiner. In Auflagernähe ($x = 0,1 \ell$) sind die Schubspannungen unten kleiner als ohne Randstütze, sie erstrecken sich aber auch hier weiter nach oben, d.h. die Hauptspannungen bleiben am Rand auf grössere Höhe geneigt, weil die Randstütze schon im oberen Bereich Lasten von der Wand abnehmen muß (bedingt durch Verträglichkeit der ε_y-Verformungen).

Bild 3.11 zeigt das gleiche für kräftigere Randstützen und $\ell/d = 0,67$. Die Zugzone der σ_x wird noch höher, die resultierende Zugkraft wird aber nur wenig kleiner. Auf die ganze Höhe ist mit Querzug zwischen Wand und Randstütze zu rechnen. Bei unten angehängter Last bewirken die Randstützen eine Verlagerung der Druckgewölbe nach oben, die positiven σ_y reichen höher hinauf. Die Darstellungen beruhen auf den Arbeiten von H. Linse [29], S. Rosenhaupt [30] und H. Bay [31].

3.3.3 Spannungen in mehrfeldrigen Wandträgern

3.3.3.1 Gleichlast

Bei mehrfeldrigen Wandträgern (starre Auflager vorausgesetzt) haben wir im Feld, je in $\ell/2$, ähnliche Spannungsbilder wie beim einfeldrigen Träger. Über der Stütze zeigt sich eine mit abnehmender Schlankheit abnehmende Höhe der Biegedruckzone mit hohen Druckspannungen σ_x und σ_y. Auch die Schubspannungen drängen sich in der Auflagerzone zusammen, so daß die Hauptspannungen nur dort größere Neigung haben. Bild 3.12 zeigt für ein Innenfeld eines vielfeldrigen Trägers der Reihe nach die σ_x, τ_{xy}, σ_y und die resultierenden Z_x- und D_x-Kräfte mit den inneren Hebelarmen für verschiedene ℓ/d.

Bild 3.13 veranschaulicht den Verlauf der Hauptspannungen für $\ell/d = 1$ bei Gleichlast von oben und unten. Die Darstellungen beruhen im wesentlichen auf der Arbeit von R. Thon [32].

An den Zwischenlagern mehrfeldriger Scheibenträger kommt es also auf die max. Druckspannungen am Auflager an, die in Stützenachse mit max $\sigma_{II} \approx \sigma_y = \dfrac{\ell \cdot q}{c \cdot b}$ ihren Größtwert erreichen. Die Länge c des Auflagers und die Scheibendicke b müssen also so gewählt werden, daß dort der Beton auf Druck genügend Si-

3. Wandartige Träger, Konsolen, Scheiben

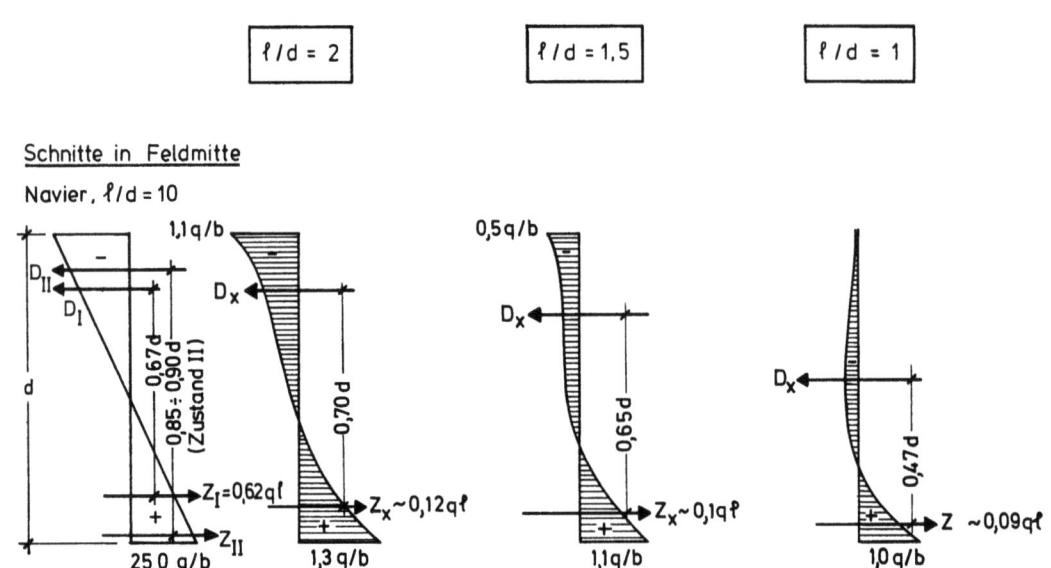

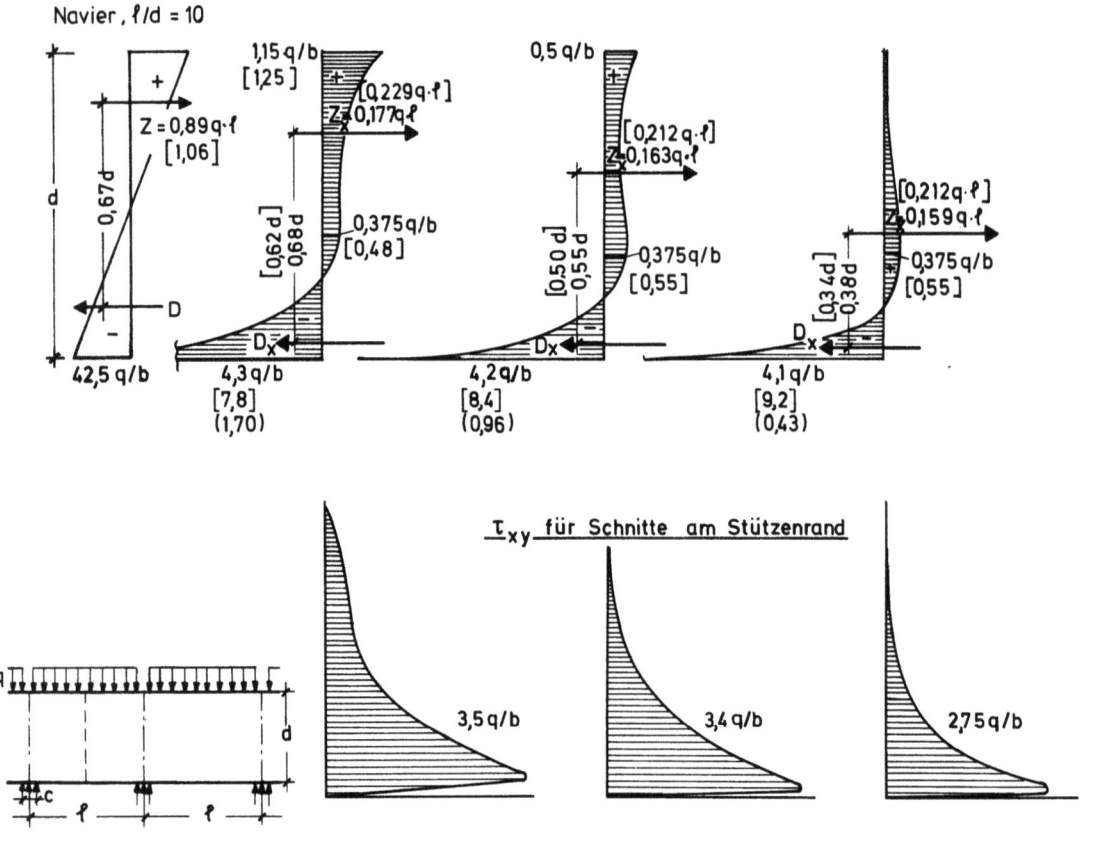

Bild 3.12 a Spannungskomponenten σ_x und τ_{xy} sowie Größe und Lage der inneren Kräfte in Feldmitte und am Stützenrand im Innenfeld von durchlaufenden wandartigen Trägern unter gleichmäßiger Last von oben für verschiedene Schlankheiten ℓ/d ($c/\ell = 0,1$)

3.3 Schnittgrößen und Spannungen in wandartigen Trägern

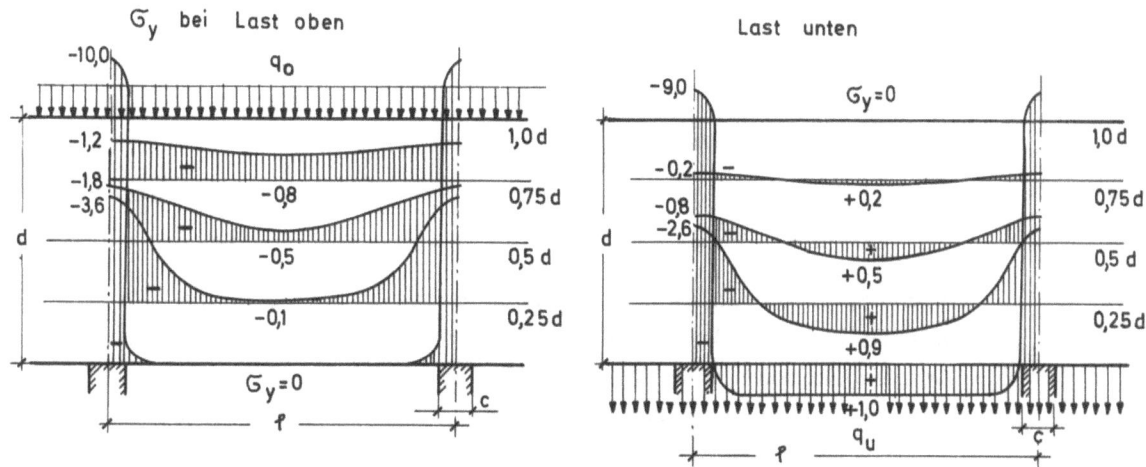

Bild 3.12 b   Spannungen $\bar{\sigma}_y$ zu Bild 3.12 a von durchlaufenden wandartigen Trägern für $\ell/d = 1{,}5$ mit Last von oben bzw. Last von unten

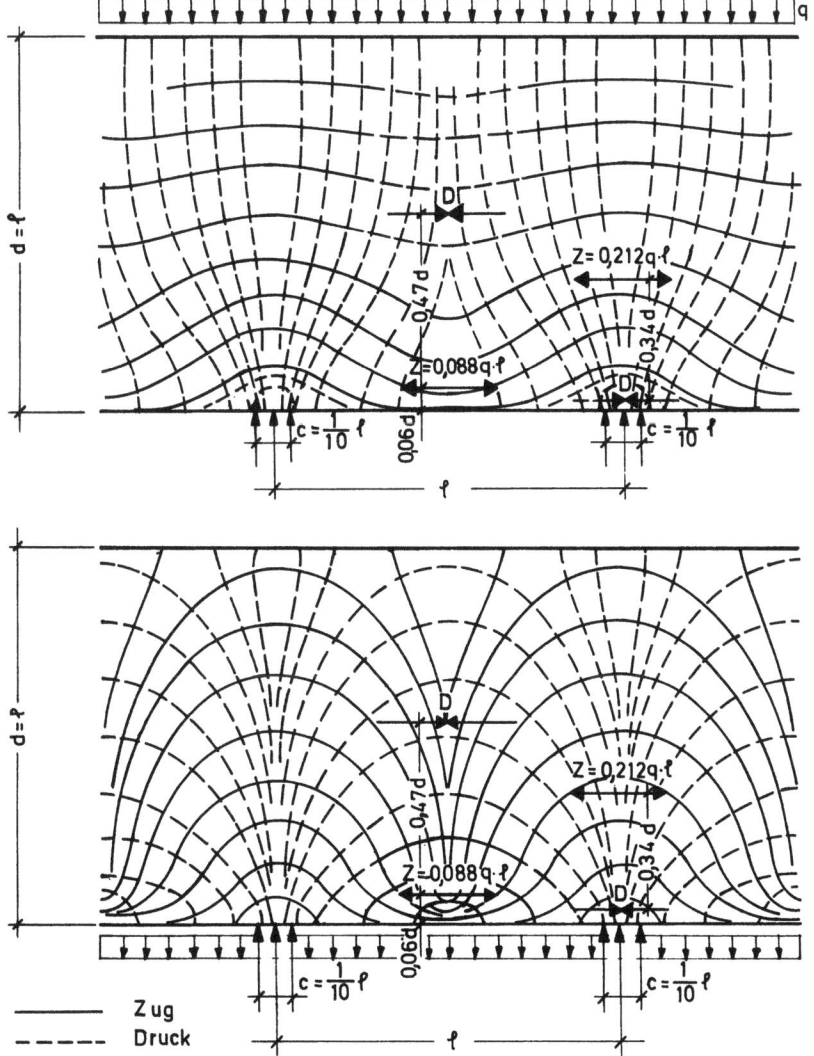

Bild 3.13   Hauptspannungstrajektorien im Innenfeld eines durchlaufenden wandartigen Trägers mit $\ell/d = 1$ und $c/\ell = 0{,}1$ für Gleichlast von oben bzw. von unten [32]

cherheit hat. Die Zugzone über der Stütze erstreckt sich auf einen großen Teil der Trägerhöhe, sie hat ihre maximale Zugspannung unterhalb d/2, wenn $l/d \leq 1,5$ ist. Dies muß bei der Verteilung der Biegebewehrung beachtet werden.

3.3.3.2 Einzellasten

Für Einzellasten in Feldmitte ermittelte F. Dischinger [18] die in Bild 3.14 dargestellten σ_x-Diagramme für die Feldmitte bei verschiedenen l/d. Sie gelten mit umgekehrten Vorzeichen für den Schnitt in der Stützenachse, wenn $c = c'$ ist.

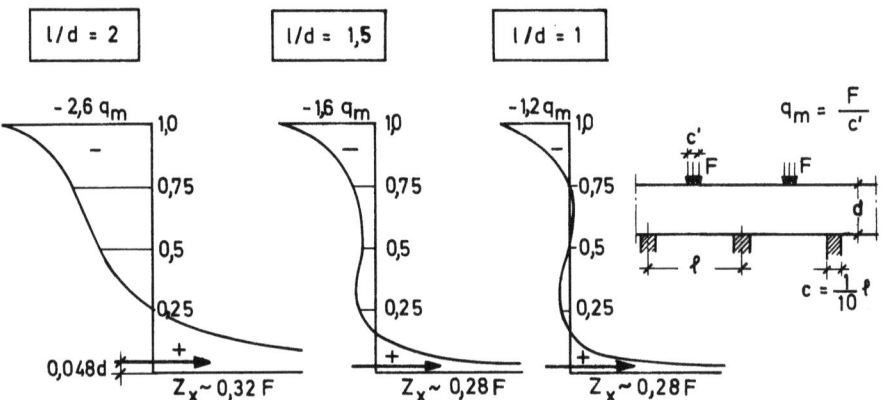

Bild 3.14 Spannungskomponenten σ_x sowie Lage und Größe der Zugkräfte Z_x in Feldmitte von durchlaufenden wandartigen Trägern mit verschiedenem Verhältnis l/d unter Einzellasten oben in Feldmitte. (Für den Spannungsverlauf in der Stützenachse sind die Diagramme umzukehren [18])

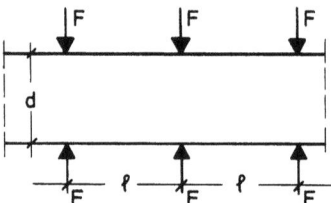

Bild 3.15 Wandartiger Träger, der durch gegenüberliegende Einzellasten beansprucht wird

Eine Belastung durch gegenüberliegende Einzelkräfte kommt vor, wenn Stützenlasten durch Wände hindurchgeführt werden sollen (Bild 3.15). Dabei entstehen Querzugkräfte, die als Spaltkräfte aus Einleitung von Kräften nach Abschn. 4 ermittelt werden können. F. Dischinger [18] gibt den Verlauf der Querzugspannungen σ_x für $c/l = 0,05$ für verschiedene l/d an. Die für die Randfaser 1,0 d angegebenen Druckspannungen sind theoretische Spitzenwerte, die in Wirklichkeit durch plastisches Verhalten stark abgebaut werden. Daraus können Größe und Lage der erforderlichen Querbewehrung ermittelt werden (Bild 3.16).

3.3 Schnittgrößen und Spannungen in wandartigen Trägern

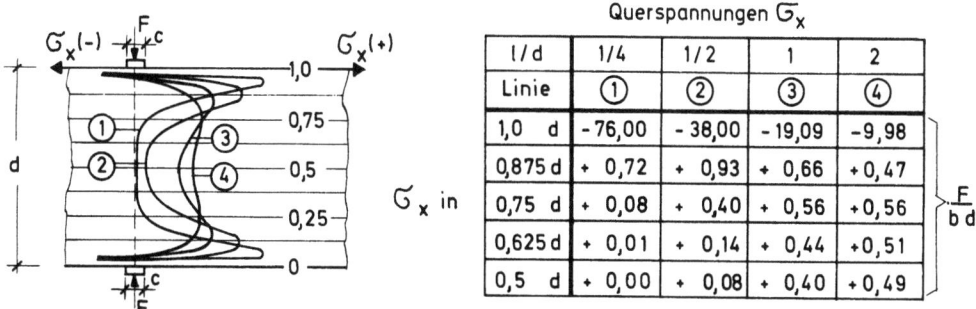

Bild 3.16 Verlauf der Querzugspannungen σ_x in wandartigen Trägern mit gegenüberliegenden Einzellasten bei verschiedenen Verhältnissen ℓ/d und $c/\ell = 0,05$ [18]

3.3.3.3 Einfluß von Auflagerverstärkungen

Auflagerverstärkungen mit durchgehenden Stützen oder Lisenen nehmen auch bei mehrfeldrigen Wandträgern der Wand schon innerhalb der Trägerhöhe um so mehr Last ab, je größer der relative Stützenquerschnitt ist. G. Pfeiffer [33] gibt hierzu nützliche Kurven an, die den Verlauf des Anteils der Stützenlast F_L von der Gesamtlast $F - q \cdot \ell$ über die Trägerhöhe bei verschiedenen d/ℓ ablesen lassen (Bild 3.17). Aus diesen Werten

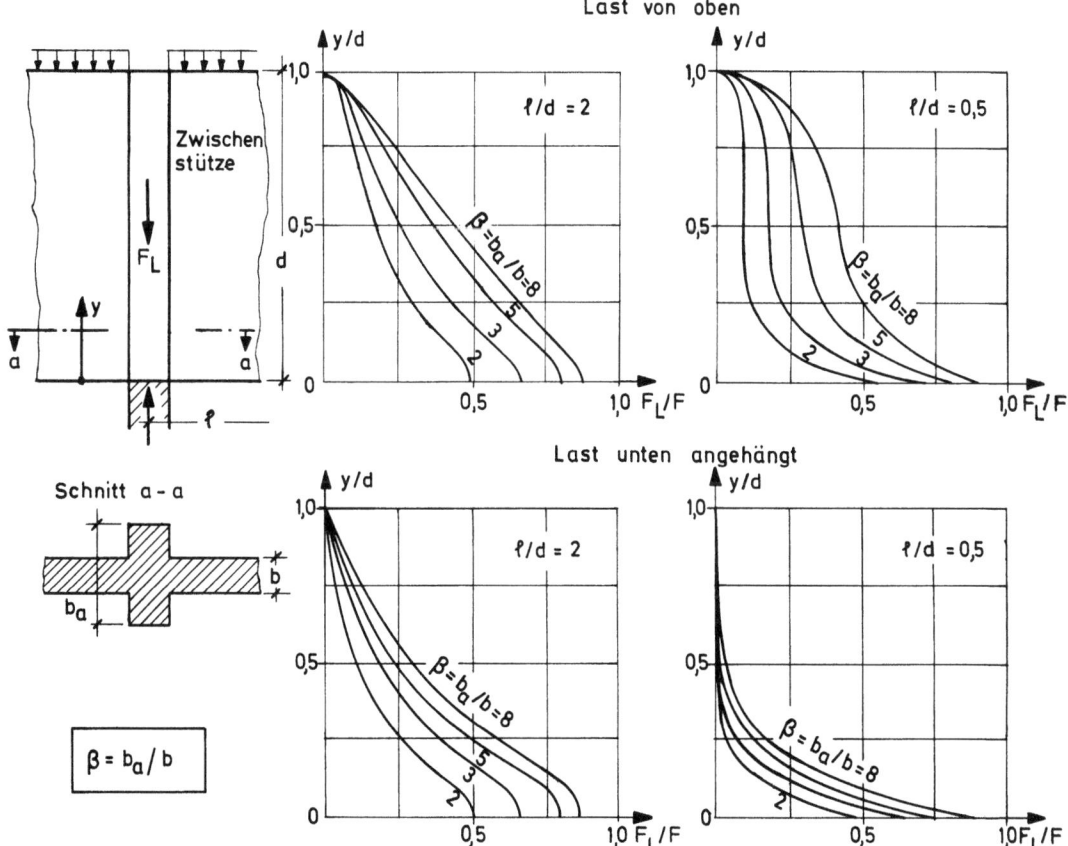

Bild 3.17 Lastanteil F_L, den die Lisenen von der Gesamtlast $F = q \cdot \ell$ in Abhängigkeit von der Schlankheit ℓ/d und dem Verhältnis $\beta = b_a/b$ der Lisenendicke zur Scheibendicke aufnehmen [33]

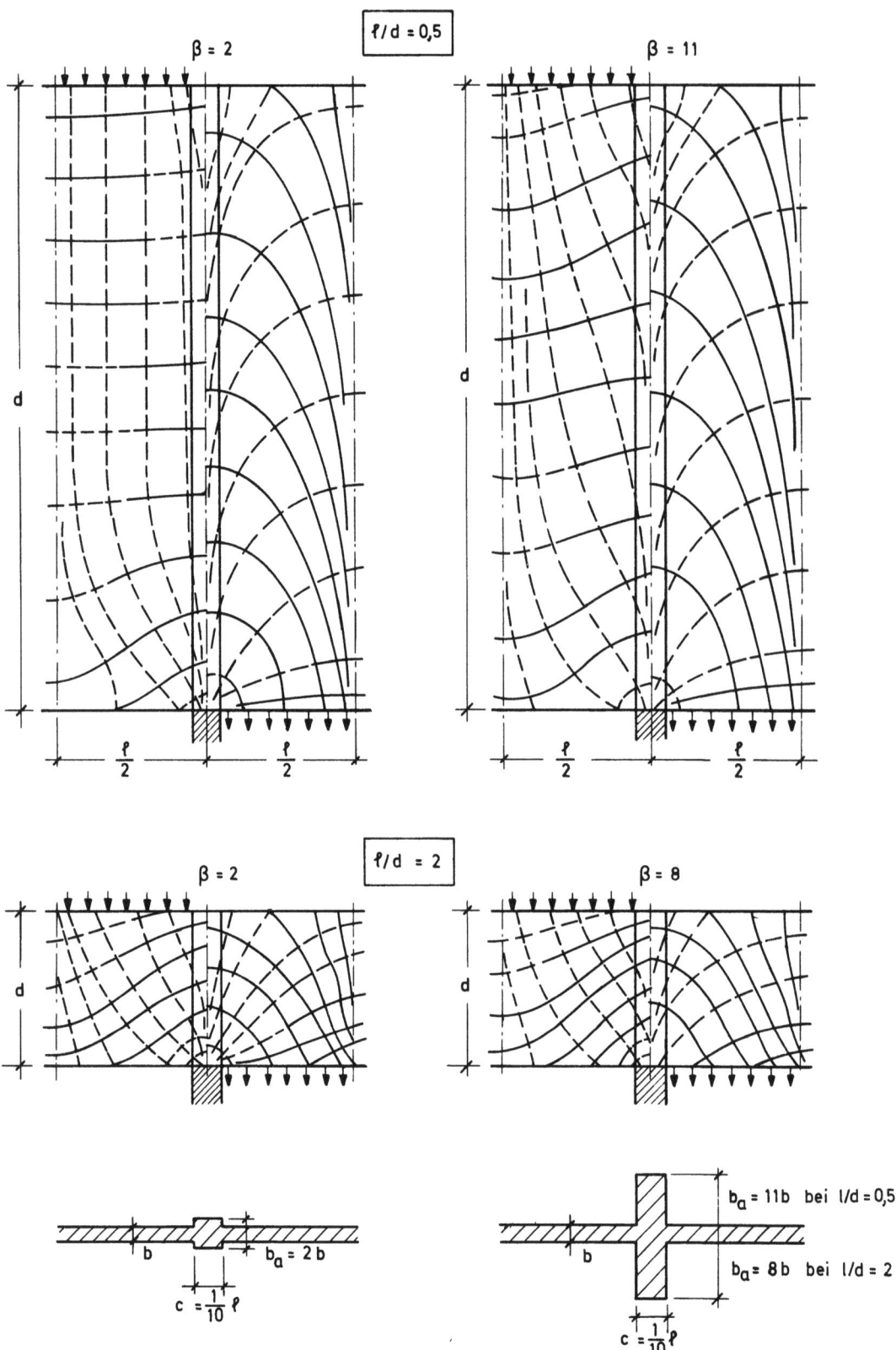

Bild 3.18 Hauptspannungstrajektorien in durchlaufenden wandartigen Trägern mit $\ell/d = 0,5$ und $\ell/d = 2$ und verschiedenen $\beta = b_a/b$ für oben bzw. unten angreifende gleichmäßig verteilte Last [33]

3.3 Schnittgrößen und Spannungen in wandartigen Trägern

kann man die Reduktion der schiefen Hauptdruckspannung in der Scheibe am unteren Rand herleiten, die ohne solche Lisenen leicht kritisch wird. Bei unten angehängter Last erstreckt sich die Lastübernahme auf einen kürzeren Bereich. Bild 3.18 zeigt an den Trajektorien der Hauptspannungen anschaulich den großen Einfluß des relativen Stützenquerschnitts.

3.3.3.4 Zur Ermittlung der Schnittgrößen in durchlaufenden Wandträgern

Zur Schnittkraftverteilung gibt eine Untersuchung von H. Bay [19] am zweifeldrigen Träger wertvolle Hinweise (Bild 3.19). Die Stützmomente werden für $\ell/d \leq 1$ und Gleichlast nur etwa halb so groß wie bei schlanken Balken mit konstantem E J. Die Feldmomente müssen aus der Gleichgewichtsbedingung heraus entsprechend größer werden. Bei den Querkräften ist der Unterschied kleiner. Ursache sind die Verformungen durch σ_y und τ_{xy} der kleineren und höher beanspruchten Biegedruckzone über der Zwischenstütze, die sich dadurch stärker verformt als die entsprechende Zone im Feld. Bei Stahlbetonträgern kann diese Abminderung der Stützenmomente zu Lasten der Feldmomente je nach der Bemessung und Art der Bewehrung über der Stütze noch größer werden. Diese Erscheinung ist bei der Bemessung mehrfeldriger Wandträger zu beachten. Insbesondere muß daran gedacht werden, daß Endauflager durchlaufender Scheiben höher belastet werden als die von schlanken Durchlaufträgern (vgl. Bild 3.19).

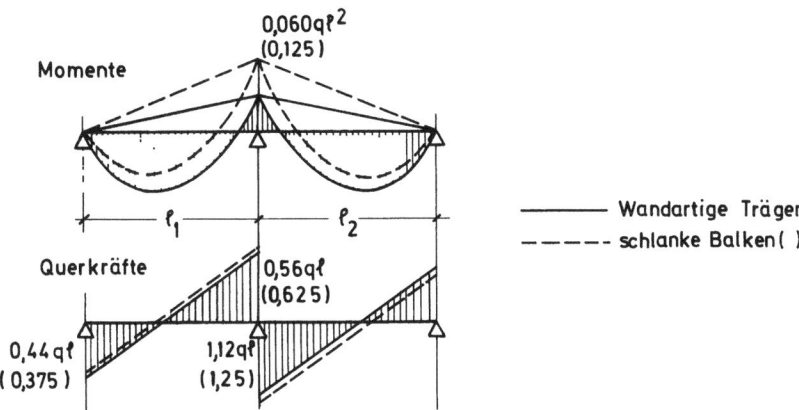

Bild 3.19 Momenten- und Querkraftbilder beim schlanken Balken und beim wandartigen Träger auf 3 Stützen mit $\ell/d \leq 1$ [19]

3.3.4 Ermittlung der Spannungen nach W. Schleeh

W. Schleeh [24] hat 1964 einen Weg angegeben, auf dem man die Spannungen in wandartigen Trägern oder Scheiben in einfacher

Weise berechnen kann. Das Verfahren beruht auf der Erkenntnis, daß man den Spannungszustand in der Scheibe (σ_x, σ_y, τ_{xy}) aus einem Balken-Spannungszustand nach Navier und einem Zusatzspannungszustand ($\Delta\sigma_x$, $\Delta\sigma_y$, $\Delta\tau_{xy}$) zusammensetzen kann.

Der Balken-Spannungszustand erfüllt alle Rand- und Gleichgewichtsbedingungen. Er wird unabhängig von der Schlankheit ℓ/d nach den üblichen Regeln der Stab-Biegetheorie ermittelt, d.h. es wird geradlinige Verteilung der Spannungen σ_x^o, Vernachlässigung der Spannungen σ_y^o und parabolischer Verlauf der Schubspannungen τ_{xy}^o angenommen.

Die Zusatzspannungen stehen wie Eigenspannungen für sich allein im Gleichgewicht, sind nur vom Verlauf der Randbelastung abhängig und werden durch die Schlankheit ℓ/d nicht beeinflußt. Sie klingen nach dem Prinzip von de Saint-Venant im Abstand von etwa 1,0 d vom Angriffspunkt der Last auf Null ab.

3.4 Wandträger im Zustand II im Hinblick auf die Bemessung

3.4.1 Unmittelbar gelagerte Wandträger

Die Rißbildung in Stahlbeton-Wandträgern, die dadurch bedingte Veränderung der inneren Kräfte und damit die Sicherheit können nur durch Versuche geklärt werden. Über solche Versuche, besonders über die umfangreichen Stuttgarter Versuche, wurde im Heft 178 des DAfStb. [27] berichtet. Die wesentlichen Ergebnisse sind folgende:

Die ersten Risse sind in der Regel Biegerisse, die vom Rand an der Stelle des größten Feldmomentes ausgehen und deren Richtung den Hauptspannungen entspricht (Bild 3.5). Bei Lasten von oben und gut verankerter und verteilter unterer Bewehrung zeigt sich fast keine Schrägneigung der Risse, also auch kein Schubriß und keine Schubbruchgefahr, so daß aufgebogene Stäbe oder sonstige Schubbewehrungen, wie sie früher üblich waren, sinnlos sind.

Die bei einigen Versuchen mit Randstützen aufgetretenen Scherrisse zwischen Wand und Stütze (Bild 3.20) beruhen auf unzulänglicher und nicht ausreichend verankerter Querbewehrung - sie sind leicht zu vermeiden, da die dortigen Querzugkräfte klein und nur leicht geneigt sind.

Auch bei Last von unten bilden sich zuerst Biegerisse, dann folgen den Hauptspannungen entsprechend gewölbeartige Risse,

3.4 Wandträger im Zustand II im Hinblick auf die Bemessung

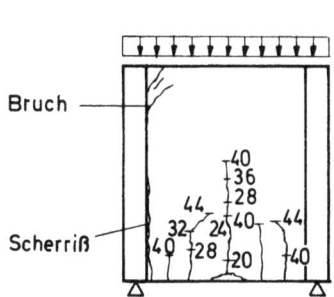
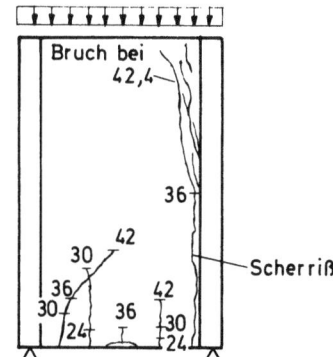

Bild 3.20 Charakteristische Riß- und Bruchbilder der Versuchskörper von Schütt mit nicht ausreichender Querbewehrung [34]

zunächst im unteren Bereich, danach infolge der Dehnung der Aufhängebewehrung zunehmend auch im oberen Bereich. Sie gehen am Rand in eine steile Neigung über.

Bei mehrfeldrigen Wandträgern treten zuerst die Biegerisse im Feld auf. Die Risse über den Zwischenstützen beginnen ziemlich tief in der Scheibe und zeigen, bei Einzellasten von oben, eine Neigung zur Last hin, besonders wenn die Zwischenstütze als Verstärkung auf die ganze Höhe durchgeht (Bild 3.21).

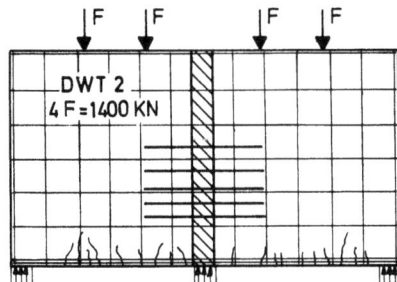
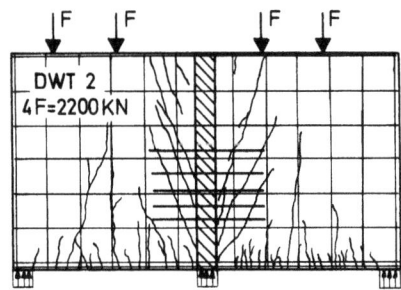

Bild 3.21 Rißbild (4 F = 1400 kN) und Bruchbild (4 F = 2200 kN) des zweifeldrigen Trägers DWT 2 mit Lisene über dem Innenauflager [27]

Brucharten

Wandträger können aus folgenden Ursachen versagen:

1. durch <u>Überschreiten der Streckgrenze</u> der Zuggurtbewehrung (Längsbewehrung). Die gemessenen Spannungen bleiben zwar unter den für Zustand I gerechneten, weil schon mit den ersten Biegerissen die Nullinie nach oben wandert und der Hebelarm z der inneren Kräfte größer wird. Dennoch wird in der Regel zum Schluß die Gurtbewehrung vor dem Beton des Druckgurtes versagen, solange $\mu = A_s/b \cdot d$ nicht größer gewählt

wird als sich bei der Bemessung mit $\varepsilon_s = 5$ ‰ und $\varepsilon_b < 3,5$ ‰ ergibt. Die Bewehrung kann bis zu einer Höhe von 0,1 d verteilt sein, unter der Traglast werden dennoch alle Lagen voll ausgenützt (Bild 3.22).

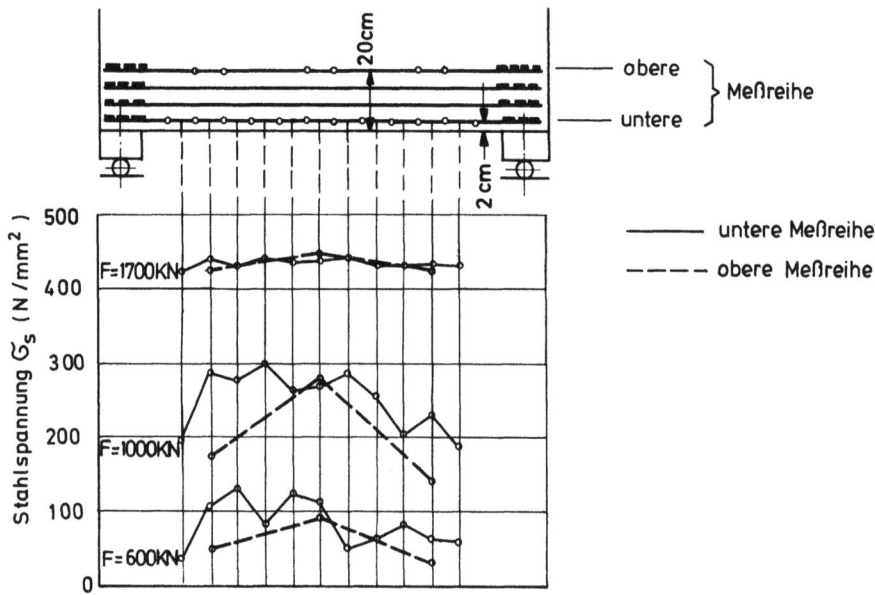

Bild 3.22 Stahlspannungen σ_s entlang der Gurtbewehrung des Trägers WT 4 (Gleichlast von oben, $\ell/d = 1$) mit $\mu = 0,268$ %
[27]

2. durch <u>Versagen der Verankerung</u> der Gurtbewehrung. Man muß dabei beachten, daß durch die fachwerkartige Wirkung die Zuggurtkraft bei hohen Belastungsgraden bis nahe zum Auflager fast konstant verläuft, also keine Abnahme entsprechend der Momentenlinie eintritt (Bild 3.22). Die Verankerung muß daher für die volle Stahlbeanspruchung des ungeschwächten Zugbandes innerhalb der Auflagerlänge ausreichen. Kurze Verankerungslängen bedingen dann meist eine Aufteilung der Gurtbewehrung in dünne Stäbe und in mehrere Lagen mit liegenden Haken oder mit Ankerplatten.

3. durch <u>Überschreiten der Druckfestigkeit</u> des Betons in den geneigten Druckstreben nahe am Auflager. Diese Bruchart kann auch auftreten, wenn die Auflager durch Lisenen oder Stützen verstärkt sind. Die Versuche zeigten, daß diese Druckspannungen im Zustand II bis zu zweimal so groß werden können wie die für Zustand I gerechneten Hauptdruckspannungen. Die errechneten σ_{II} müssen daher mit einem Zuschlag versehen werden.

4. durch Versagen der <u>zur Krafteinleitung nötigen Bewehrung</u>, besonders der Aufhängebewehrung (Bügel) für angehängte Lasten, wenn diese zu schwach bemessen oder nicht genügend

3.4 Wandträger im Zustand II im Hinblick auf die Bemessung

weit nach oben verankert war. Die gemessenen Bügelspannungen blieben jedoch stets im Rahmen der gerechneten.

5. durch Kräfteumlagerungen infolge ungleicher Nachgiebigkeit von Lagern bei statisch unbestimmter Lagerung.

Aus dem Bruchverhalten von Wandträgern kann man für die Bemessung folgende qualitative Regeln ableiten:

1. Die Zuggurtbewehrung wird bei den kleinen Schlankheiten relativ schwach - es ist daher nicht sinnvoll, sie durch Wahl des im Zustand II größeren Hebelarmes noch schwächer zu bemessen, man würde damit nur die Rißbreiten vergrößern und die Bedingungen für die Verankerung verschlechtern. Für die Bemessung genügen also grobe Faustformeln, wobei der Hebelarm z der Kräfte Z und D etwa nach Zustand I gewählt wird.

2. Die Gurtbewehrung muß ungeschwächt durchgeführt und für die volle Zugkraft innerhalb des Auflagerbereiches oder hinter dem Auflager verankert werden.

3. Die schiefen Hauptdruckspannungen müssen besonders in Auflagernähe vorsichtig begrenzt werden. Die Biegedruckspannungen σ_x werden in der Regel nicht kritisch, solange $b \gtrsim \ell/20$ ist. Ist b kleiner $\ell/20$, dann wird in der Regel ein Druckflansch mit $b_D \gtrsim \ell/20$ nötig, schon um den gedrückten Rand gegen Beulen oder Kippen zu sichern.

4. Aufhängebewehrungen für unten angreifende Lasten müssen für die vollen Lasten bemessen und ganz oben im Wandträger verankert werden.

5. Bei statisch unbestimmt gelagerten Wandträgern sind die Nachgiebigkeit der Lager und mögliche Zwangskräfte in ihrer Auswirkung auf die Schnittkräfte zu beachten. In der Regel sollten Zuschläge für mögliche Umlagerungen gemacht werden.

Vollständige Bewehrungsrichtlinien: siehe Teil 3 der "Vorlesungen" [1 b], Abschn. 12.

3.4.2 Mittelbar gelagerte oder mittelbar belastete Wandträger

Bei Bauwerken mit tragenden Wänden kommt es gelegentlich vor, daß eine Wand über eine andere Wand auf gleicher Höhe abgestützt (indirekte oder mittelbare Lagerung) oder belastet wird. Durch Versuche wurde überprüft, wie sich Wandträger dabei verhalten (vergl. hierzu [27], S. 113 ff.). Die Versuchskörper zeigt Bild 3.23.

3. Wandartige Träger, Konsolen, Scheiben

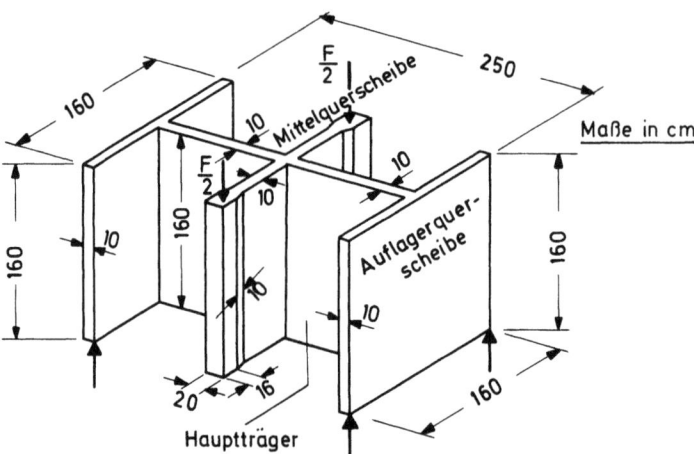

Bild 3.23 Ausbildung und Abmessungen der Versuchskörper von wandartigen Trägern mit mittelbarer Lasteintragung und mittelbarer Lagerung

Die Bewehrung war bei IWT 1 orthogonal (x- und y-Richtung) angeordnet mit einer erheblichen Zahl zusätzlicher unter ~ 60° aufgebogener Stäbe als Teil der nötigen Aufhängebewehrung für die Knotenkraft, vgl. Teil 1 der "Vorlesungen", Abschn. 8.4.2.3.

Bei IWT 2 war die gesamte Bewehrung horizontal und vertikal, die Aufhängebewehrung bestand aus Bügeln.

Die Rißbilder (Bilder 3.24 und 3.25) zeigen keinen großen Unterschied. Bei IWT 1 trat der Bruch an der Aufbiegestelle eines aufgebogenen Stabes Ø 8 mm trotz Biegerollendurchmesser $d_{br} = 15\ d_s$ durch Spalten des Betons bei $F_u = 1275$ kN ein, was mit schrägen Bügeln leicht vermieden werden kann. Bei IWT 2 versagte die Hauptträgerscheibe unten am indirekten Auflager im Querträger bei $F_u = 1200$ kN auf Druck, weil die Druckstrebenkräfte laut Fachwerkanalogie mit lotrechten Bügeln größer werden als bei schrägen Aufhängestäben.

Das wesentliche Ergebnis dieser Versuche ist aus den Rißbildern der Auflager-Querscheiben abzulesen, die ganz denen von Wandträgern mit unten angehängter Last gleichen. Die Risse sind gewölbeartig, in der Mitte also waagerecht. Dies bedeutet, daß der Hauptträger seine Last bevorzugt über die unteren Druckstreben an die Querscheibe abgibt und damit <u>auch bei Wandträgern eine Aufhängebewehrung für die volle Last erforderlich</u> ist.

Dieses Ergebnis rührt daher, daß Druckstrebensysteme viel steifer sind als Hängewerke und damit die Kräfte bevorzugt aufnehmen müssen. Um den großen Einfluß der Steifigkeiten anschaulich zu machen, <u>vergleichen wir die Steifigkeiten der in Bild 3.26</u>

3.4 Wandträger im Zustand II im Hinblick auf die Bemessung

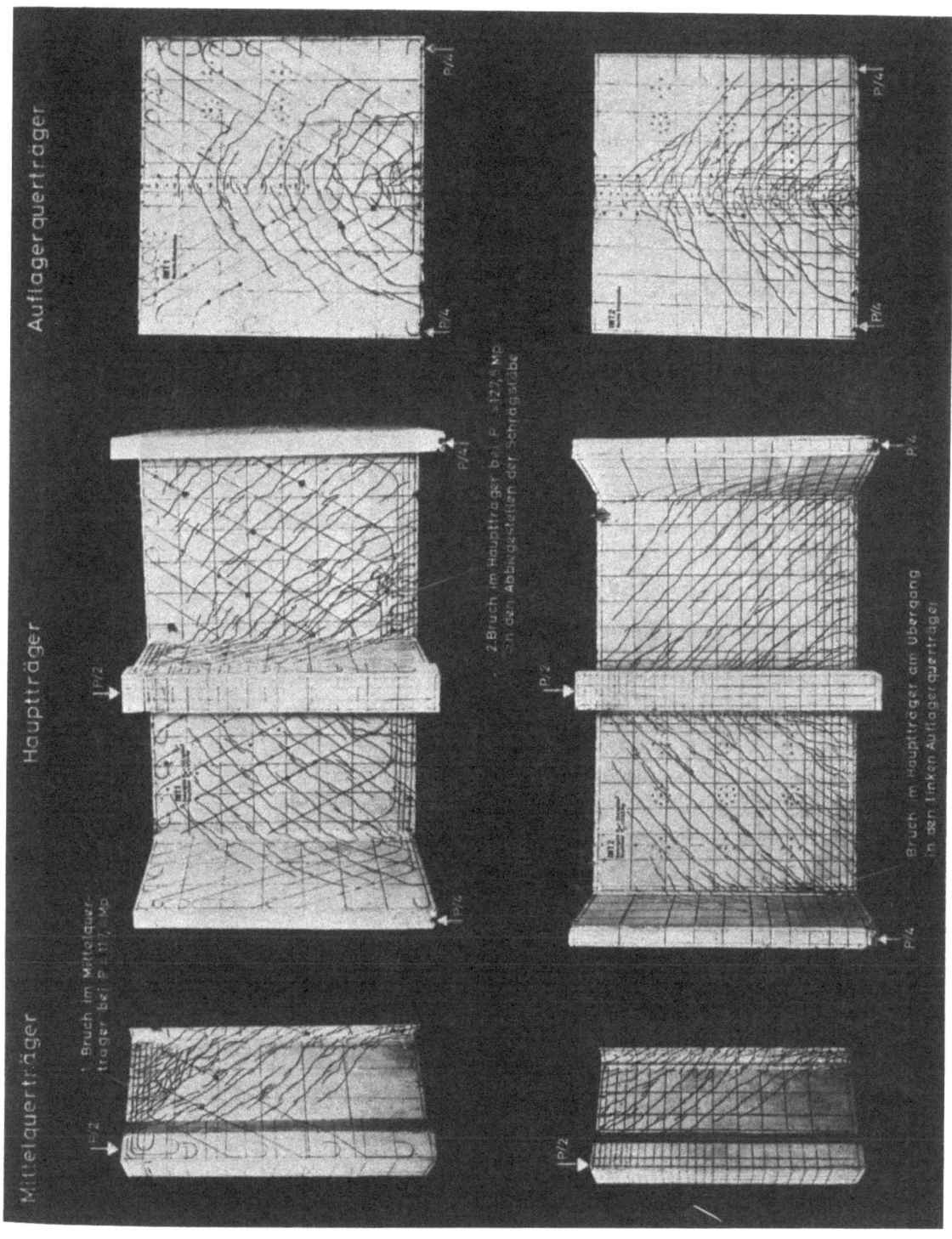

Bild 3.24 Versuchsträger IWT 1 mit aufgebogenen Stäben nach dem Bruch unter F_u = 1275 kN [27]

Bild 3.25 Versuchsträger IWT 2 mit nur geraden Stäben nach dem Bruch unter F_u = 1200 kN [27]

3. Wandartige Träger, Konsolen, Scheiben

System I = Sprengwerk

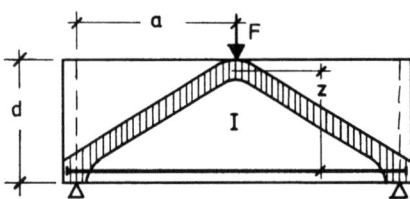

System II = Hängewerk

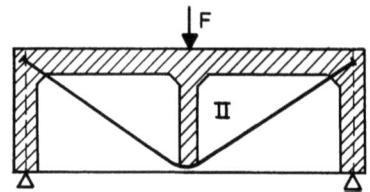

Ersatz - Systeme

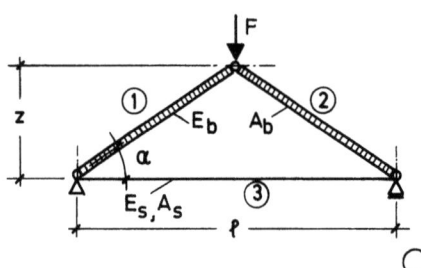

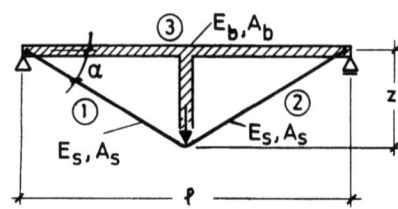

◯ Nummer des Stabes

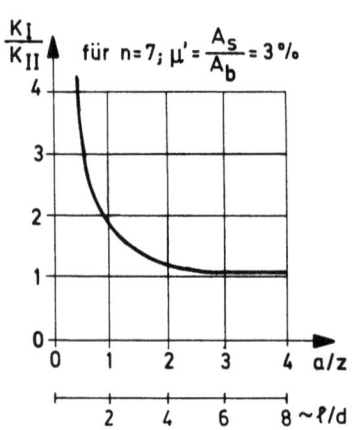

Bild 3.26 Vergleich der Steifigkeit K_I eines Sprengwerkes (I) mit der Steifigkeit K_{II} eines Hängewerkes (II)

dargestellten Spreng- und Hängewerke mit veränderlicher Schubschlankheit a/d.

Dabei wurde vorausgesetzt, daß bei beiden Systemen die Querschnitte der Druckglieder (A_b) bzw. der Zugglieder (A_s) jeweils gleich groß sind. Es wird eingeführt $\mu' = A_s/A_b$. Die Rechnung wird kurz wiedergegeben:

L ä n g e n :

$$s_3 = \ell = 2z \cot \alpha \qquad a = \tfrac{1}{2} \cdot \ell$$

$$s_1 = s_2 = \frac{z}{\sin \alpha} \qquad \frac{a}{z} = \cot \alpha$$

3.4 Wandträger im Zustand II im Hinblick auf die Bemessung   53

K r ä f t e :

$$S_1^o = S_2^o = \frac{F}{2 \sin \alpha}; \qquad S_1^1 = S_2^1 = \frac{1}{2 \sin \alpha}$$

$$S_3^o = \frac{F}{2} \cot \alpha \qquad S_3^1 = -\frac{1}{2} \cot \alpha$$

D u r c h b i e g u n g   u n t e r   F (in System II ist Zusammendrückung des Pfostens unter F vernachlässigt)

$$\delta_F = \Sigma \frac{S^o \cdot S^1}{E \cdot A} \cdot s$$

Für System I:

$$\frac{\delta_F}{F} = 2 \cdot \frac{1}{4 \sin^2 \alpha} \cdot \frac{z}{\sin \alpha} \cdot \frac{1}{E_b A_b} + \frac{1}{4} \cot^2 \alpha \cdot 2 z \cot \alpha \cdot \frac{1}{E_s A_s}$$

$$\frac{2 \delta_F}{F \cdot z} E_b A_b = \frac{1}{\sin^3 \alpha} + \frac{\cot^3 \alpha}{n \cdot \mu'} = \frac{1}{\sin^3 \alpha} + \frac{\cos^3 \alpha}{n \mu' \sin^3 \alpha}$$

$$\varphi_I = \frac{n \mu' + \cos^3 \alpha}{n \mu' \sin^3 \alpha}$$

Für System II entsprechend:

$$\frac{2 \delta_F}{F \cdot z} E_b A_b = \frac{1}{n \mu' \sin^3 \alpha} + \cot^3 \alpha = \frac{1}{n \mu' \sin^3 \alpha} + \frac{\cos^3 \alpha}{\sin^3 \alpha}$$

$$\varphi_{II} = \frac{1 + n \mu' \cos^3 \alpha}{n \mu' \sin^3 \alpha}$$

Steifigkeitsverhältnis = $\frac{1}{\text{Durchbieg.-Verhältnis}}$ gesetzt:

$$\frac{K_I}{K_{II}} = \frac{\varphi_{II}}{\varphi_I} = \frac{1 + n \mu' \cos^3 \alpha}{n \mu' + \cos^3 \alpha}$$

Die Auswertung für $n = 7$, $\mu' = 3$ %, $n \mu' = 0,21$ ($\mu' = 3$ % entspricht etwa $\mu = \frac{A_s}{b \cdot d} \approx 1$ %) ergibt die Kurve in Bild 3.26, die recht gut mit experimentell gefundenem Verlauf übereinstimmt.

Bei indirekten Wandanschlüssen haben wir $a/d \approx 0,5$ zu betrachten, dafür wird $K_I/K_{II} \approx 4$, d.h. selbst mit kräftiger geneigter Bewehrung könnte nur rund 1/4 der Auflagerkraft oben abgegeben werden, so daß die Aufhängebewehrung immer noch für 3/4 der Auflagerkraft bemessen werden müßte.

3.5 Bemessungsregeln für Wandträger

Die folgenden einfachen Bemessungsregeln ergeben zusammen mit den <u>Bewehrungs-Richtlinien</u> im Teil 3 der "Vorlesungen" ausreichende Tragfähigkeit, ohne daß sonstige Spannungen nachgerechnet werden müßten. Insbesondere ist bei Wandträgern kein "Schubnachweis" wie bei schlanken Balken nötig, also auch keine Ermittlung von τ, weil die aufnehmbaren Querkräfte durch die steilen Hauptdruckspannungen nahe an den Auflagern bestimmt werden, für die es genügt, mit Näherungswerten Grenzen einzuhalten. Die Bemessung wird für erforderliche Traglast durchgeführt, wobei zur Ermittlung des Bewehrungsquerschnittes A_e der Stahl in der Regel mit seiner Streckgrenze, jedoch mit nicht mehr als 420 N/mm^2 Festigkeit eingeführt werden sollte. Für Gebrauchslasten muß die Bewehrung so auf die Zugzonen verteilt werden, daß die zulässigen Rißbreiten eingehalten werden (siehe Teil 4 der "Vorlesungen" [1 c]).

3.5.1 Ermittlung der Zuggurtkräfte

E i n f e l d r i g e   w a n d a r t i g e   T r ä g e r

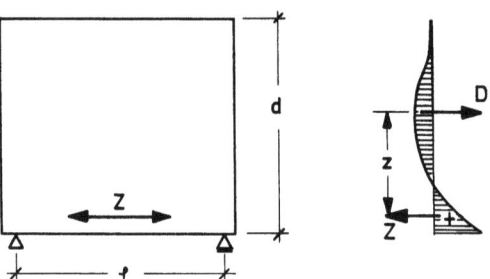

Bild 3.27 Bezeichnungen zur Anwendung der Näherungsgleichungen bei Einfeldträgern

$Z_u = \dfrac{\max M_u}{z}$ mit max M_u nach der Balkentheorie für γ-fache Last.

Für den Hebelarm gilt zur Anpassung an die von den Verhältnissen in schlanken Balken abweichenden Schnittgrößen

bei $2 > \ell/d > 1$: $z = 0{,}15\, d\, (3 + \ell/d)$

$\ell/d \leq 1$: $z = 0{,}6\, \ell$

(3.1)

3.5 Bemessungsregeln für Wandträger

Zweifeldrige wandartige Träger

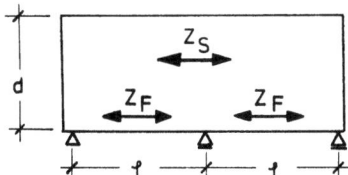

Bild 3.28 Bezeichnungen zur Anwendung der Näherungsgleichungen bei Zwei- und Mehrfeldträgern

$$Z_{F,u} = \frac{\max M_{F,u}}{z_F} \quad ; \quad Z_{S,u} = \frac{\min M_{S,u}}{z_S}$$

mit $\max M_{F,u}$ und $\min M_{S,u}$ nach der Balkentheorie für γ-fache Last.

Für die Hebelarme z_F und z_S gilt einheitlich:

bei $2{,}5 > \ell/d > 1$: $\quad z_F = z_S = 0{,}10\,d\,(2{,}5 + 2\,\ell/d)$

$\ell/d \leq 1$: $\quad z_F = z_S = 0{,}45\,\ell$ \hfill (3.2)

Mehrfeldrige wandartige Träger

Für Endfelder und die ersten Innenstützen gelten die für Zweifeldträger angegebenen Näherungen.

Für Innenfelder sind mit

$$Z_{F,u} = \frac{\max M_{F,u}}{z_F} \quad ; \quad Z_{S,u} = \frac{\min M_{S,u}}{z_S}$$

nach Balkentheorie bei γ-fachen Lasten für die Hebelarme die Werte

bei $3 > \ell/d > 1$: $\quad z_F = z_S = 0{,}15\,d\,(2 + \ell/d)$

$\ell/d \leq 1$: $\quad z_F = z_S = 0{,}45\,\ell$ \hfill (3.3)

zu verwenden.

Für die Verteilung der über Zwischenstützen sich ergebenden Bewehrung gibt Bild 3.29 einen Anhalt. Meist ergeben hier die zur Beschränkung der Rißbreiten nötigen Bewehrungen dieser ausgedehnten Zugzonen größere Werte A_s als der für die Tragfähigkeit errechnete Wert $A_s = Z_{S,u}/\beta_S$.

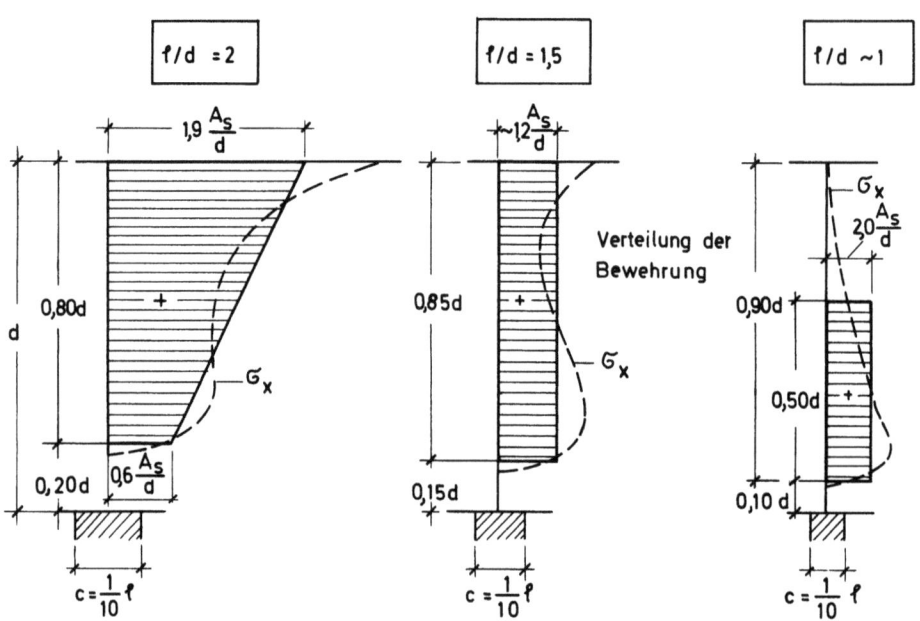

Bild 3.29 Anhalt für die Verteilung der Zuggurtbewehrung
ü b e r   S t ü t z e n   mehrfeldriger Träger. Für Zwischen-
werte der Schlankheit kann grob interpoliert werden

E i n f l u ß   v o n   S t ü t z e n v e r s t ä r k u n g e n
u n d   v o n   m i t t e l b a r e r   S t ü t z u n g   a u f
d i e   Z u g g u r t k r a f t

Bei Wandträgern, die in Stützen, Lisenen oder Querwänden enden, wird die Größe der Gurtkraft im Feld je nach der Steifigkeit und Höhe des begleitenden Stützprofils bis zu etwa 30 % verkleinert, dafür wird die Höhe der Zugzone im Feld bis zu 70 % vergrößert. Es wird empfohlen, diese Zugbewehrung wie für unmittelbare Stützung zu bemessen, sie aber auf eine größere Höhe zu verteilen. Diese Bewehrungen müssen an Randstützen besonders gut verankert werden.

3.5.2 Begrenzung der Hauptdruckspannungen

Die theoretisch ermittelte Hauptdruckspannung σ_{II} kann in der Nähe der Auflager infolge der von der Richtung der σ_I abweichenden Bewehrungsrichtung und durch die bei Rißbildung entstehende Umlagerung innerer Kräfte erheblich überschritten werden.

Ein Nachweis der σ_{II} erübrigt sich, wenn bei unmittelbarer Lagerung die Auflagerpressung, gleichmäßig verteilt angenommen, für die 2,1-fache Gebrauchslast die folgenden Werte nicht überschreitet:

3.5 Bemessungsregeln für Wandträger

am Endauflager: $p_u \leq 0{,}8\,\beta_R$ \hfill (3.4)

bei Innenstützen: $p_u \leq 1{,}2\,\beta_R$ (zweiachsiger Druck)

Voraussetzung ist, daß die Auflagerzone durch Bügel nahe am Auflager umschlossen ist und nicht durch Spaltwirkung stehender Haken oder dicker Stäbe gestört wird.

Die Pressung p_u ergibt sich aus dem γ-fachen Auflagerdruck, der im allgemeinen wie bei schlanken Balken ermittelt wird:

$$\text{vorh } p_u = \frac{2{,}1\,V}{c \cdot b} \qquad (3.5)$$

mit c = Auflagerlänge und b = Scheibendicke. Die Auflagerlänge c darf aber nicht größer als 1/5 der kleineren benachbarten Stützweite eingesetzt werden. Ist zwischen Stütze und Wandscheibe eine Deckenplatte o.ä. vorhanden, dann darf in dieser zur Vergrößerung von c eine Kraftausbreitung unter 45° in Richtung der Scheibe (also nicht für die Breite b anwendbar) angenommen werden.

Sind Stützenverstärkungen (Lisenen) oder sonstwie mittelbare Lagerung vorhanden, dann ist p_u nach Gl. (3.5) kein Maß mehr für die Größe der in der Scheibe wirkenden Hauptdruckspannung σ_{II}. Zur Aufstellung einer Näherungslösung wird in solchen Fällen die sich aus der Balkentheorie ergebende Querkraft Q_u herangezogen. Sie darf am Scheibenanschluß folgenden Wert nicht überschreiten:

$$\max Q_u = 0{,}19\,d\,b\,\beta_R\,\frac{\ell}{\ell - c} \qquad (3.6)$$

Bei Schlankheiten $\ell/d < 1$ ist in Gl. (3.6) für d die Länge ℓ einzusetzen.

3.5.3 Aufhängebewehrung für unten angreifende Lasten

Werden Wandträger am unteren Rand oder in ihrer Fläche unterhalb der in Bild 3.6 gezeigten Begrenzungslinie mit dem Stich $0{,}5\,d < 0{,}5\,\ell$ durch Gleichlast q oder Einzellasten F beansprucht, dann müssen für diese Lasten $\gamma\,\Sigma\,F$ Aufhängebewehrungen angeordnet werden. (Darin ist das unter der Begrenzungslinie anfallende Eigengewicht der Scheibe eingeschlossen.) – vgl. Bild 3.30.

Bei kleinen oder über die Länge ℓ gleichmäßig verteilten Lasten (Bild 3.30 a) wählt man l o t r e c h t e B ü g e l b e w e h r u n g e n mit dem Querschnitt

$$\Sigma\,A_s = \frac{\Sigma\,F}{\beta_S/\gamma} \qquad (3.7)$$

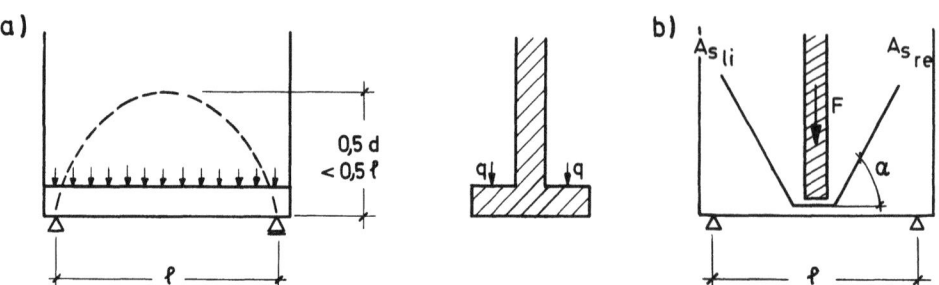

Bild 3.30 Lasten, die durch Aufhängebewehrung im oberen Teil der Wandscheibe verankert werden müssen

Für große Einzellasten (z.B. Last einer mittelbar gelagerten Wand) sind Bügel oder Schrägstäbe mit $\alpha = 50°$ bis $60°$ Neigung zweckmäßig (Bild 3.30 b). Für sie gilt

$$A_{s,re} = A_{s,li} = \frac{F}{2 \sin\alpha \, \beta_S/\gamma} \tag{3.8}$$

Diese Bewehrungen müssen auch die Bedingungen der Rißbreitenbegrenzung nach Teil 4 der "Vorlesungen" erfüllen.

3.5.4 Netzbewehrung in der Scheibe

Die Wandträger sollen außerhalb der Zonen mit der nach vorstehenden Regeln bemessenen Bewehrungen nahe an beiden Scheibenflächen eine Netzbewehrung von wenigstens 0,15 % des Betonquerschnitts in jeder Richtung erhalten, um etwaige Risse fein zu halten, die durch nicht erfaßte, vorwiegend schief verlaufende geringe Zugspannungen entstehen könnten.

3.5.5 Modellvorstellung und Bemessung nach Nylander, Schweden

Ausgehend von Beobachtungen an Versuchen beschreiben H. und J. Nylander (Stockholm) in [35] sehr klar die sprengwerkartige Wirkungsweise mehrfeldriger wandartiger Träger im Zustand II und machen für Durchlaufträger mit $\ell/d \cong 1$ folgenden Bemessungsvorschlag:

Die Lasten werden entsprechend den Systemen nach Bild 3.31 in 3 Bereichen abgetragen (vereinfachende Annahme).

B e r e i c h   1   Lasten fließen direkt in die Stütze, im Einleitungsbereich der Auflagerkraft ist Spaltzugbewehrung erforderlich

B e r e i c h   2   Sprengwerk ("Doppelkonsole") mit Zugband am oberen Rand

3.6 Spannungen in Konsolen und auskragenden Scheiben

B e r e i c h   3   Bogen mit unten liegendem Zugband (Feldbewehrung)

Bei unten angehängter Last sind in den Bereichen 2 und 3 Aufhängebügel bis zum oberen Rand anzuordnen.

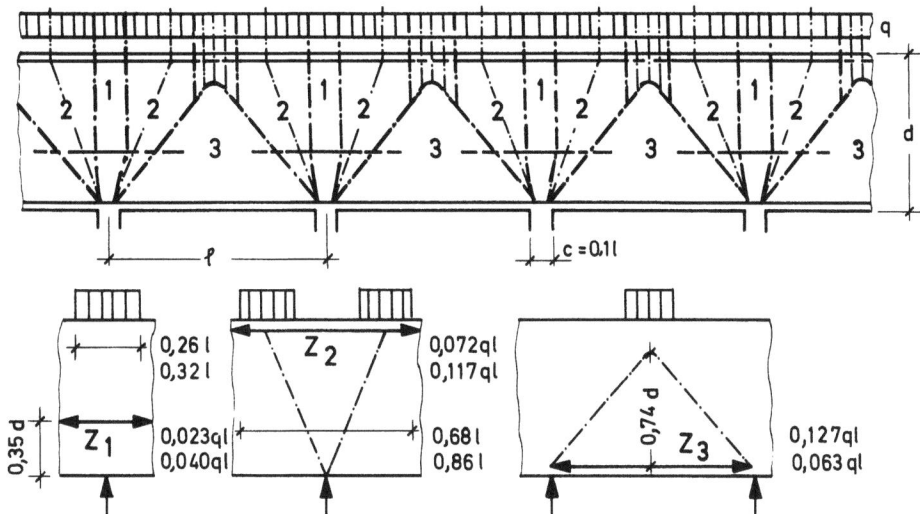

Bild 3.31 Gedankenmodell zur Lastabtragung bei wandartigen Durchlaufträgern nach H. und J.O. Nylander [35]; Beispiele für Gleichlast von oben bei $\ell/d = 1,5$ und $c/\ell = 0,1$. Zahlenangaben für Z_1 und Z_2 in Abhängigkeit vom gewählten $Z_3 = 0,127\,q\ell$ und (in Klammern) für $Z_3 = 0,063\,q\ell$

Die Verteilung der Zugkräfte im Zustand II kann durch die Wahl von Größe und Lage der Bewehrungen stark beeinflußt werden. Die Ausdehnung der Bereiche 1 und 2 hängt dann von der Größe der gewählten Feldbewehrung (für Z_3) ab. In Bild 3.31 sind beispielhaft zwei mögliche Aufteilungen für den Fall Gleichlast von oben bei $\ell/d = 1,5$ und $c/\ell = 0,1$ angegeben.

3.6 Spannungen in Konsolen und auskragenden Scheiben

K o n s o l e n   sind in Karlsruhe von G. Franz und H. Niedenhoff [36] und anschließend von A. Mehmel und W. Freitag [37] theoretisch und experimentell untersucht worden. Daraus ist zu entnehmen:

Bei Stahlbetonkonsolen ist es zweckmäßig, die Höhe der Konsolen d größer zu machen als die Kragweite ℓ, deshalb wurden bevorzugt Konsolen mit $\ell : d = 0,6$ bis $0,5$ untersucht.

Die Trajektorien der Hauptspannungen der aus einer kräftigen Stütze ohne Auflast auskragenden Konsole mit einer Einzellast im Abstand a = 0,5 d zeigt Bild 3.32. Bei rechteckiger Form bleibt die äußere, untere Ecke der Konsole fast spannungslos, weil die Konsole die Last über einen Zuggurt und eine schräge Druckstrebe trägt.

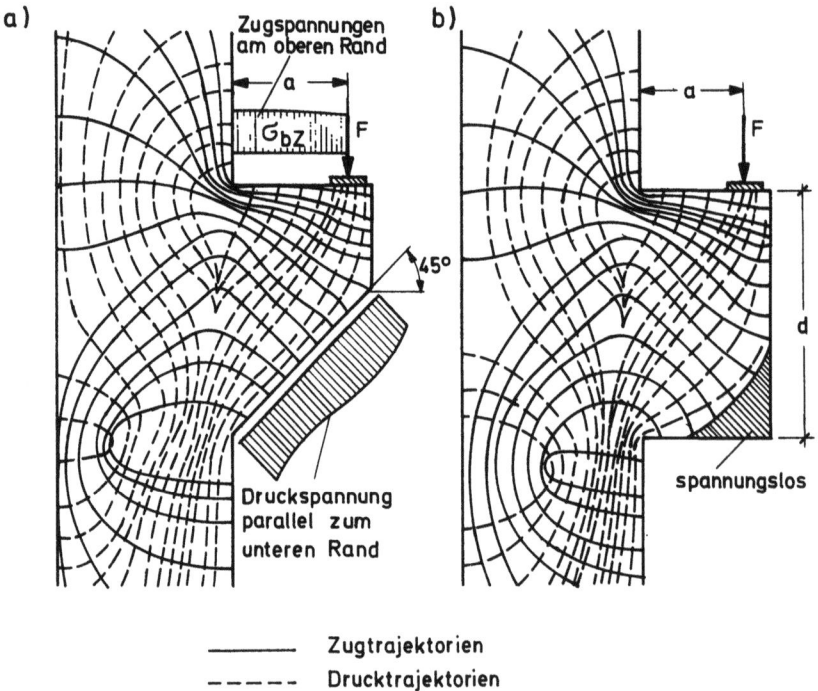

Bild 3.32 Richtung und Größe der Hauptspannungen in Konsolen, hier a/d = 0,5 [36]

Die Zugspannungen σ_x sind oben auf die ganze Länge a fast konstant, d.h. die Zuggurtkraft bleibt zwischen Lastangriff und Einspannstelle gleich groß. Die Druckstrebe drängt sich an der unteren Ecke zusammen, die σ_{II} sind stark geneigt, so daß dort die σ_x kein Maß der Beanspruchung geben und nur die Druckspannungen σ_{II} maßgebend sind. Die Hauptzug- und Hauptdruckspannungen können mit der Fachwerkanalogie zu Kräften (Bild 3.33) zusammengefaßt werden.

In der unbelasteten Stütze entsteht an der Einspannstelle oben steiler Zug, weil die Stütze den Druckstreben-Verkürzungen folgen muß. Diese Zugspannungen werden in praktischen Fällen in der Regel von den Stützen-Druckspannungen infolge der Lasten über der Konsole überdrückt.

Eine dem Kraftfluß angepaßte Konsolform zeigt Bild 3.34. In der Regel werden jedoch aus gestalterischen Gründen und zur Vereinfachung der Herstellung rechteckige Konsolen gewählt.

3.6 Spannungen in Konsolen und auskragenden Scheiben

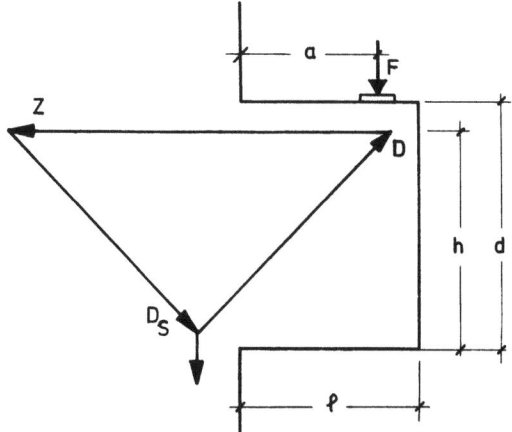

Bild 3.33 Die Hauptzug- und Hauptdruckspannungen können in Konsolen zu Kräften Z und D zusammengefaßt werden (gültig für 1 > a/d > 0,5). Die Verankerung von Z hängt vom anschliessenden Tragwerk (Stütze oder Wand) ab. Meist ergibt sich eine Gegenstrebe D_S

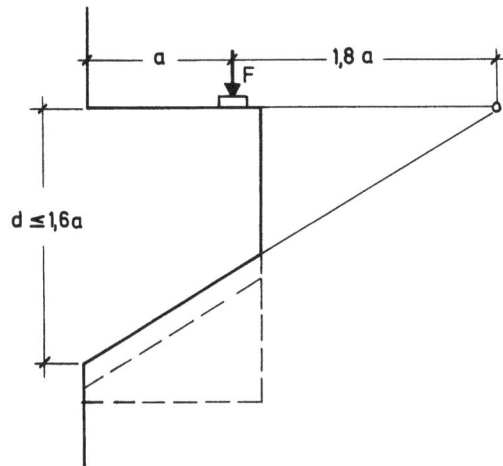

Bild 3.34 Für den Kraftfluß zweckmäßige Form einer mit Einzellast F belasteten Konsole. Die vordere untere Ecke einer rechteckigen Konsole ist fast spannungslos und damit ohne Wirkung.

A u s k r a g e n d e   S c h e i b e n   gibt es mit unterschiedlicher Form und Art der Stützung (Bild 3.35), die natürlich Einfluß auf den Verlauf der inneren Kräfte haben.

Bild 3.36 zeigt die Trajektorien der Hauptspannungen einer im Boden starr eingespannten Scheibe mit auskragendem Wandteil und die Verteilung der σ_x, die derjenigen des mehrfeldrigen Wandträgers über einer Zwischenstütze ähnlich ist. Wird nur die Kragscheibe belastet, dann entsteht oben eine zweite Zugzone.

Die Zugzone ersteckt sich auf eine Höhe von rund 1,4 a über 0,6 a vom unteren Rand, d.h. nur eine Höhe d' = 2 a beteiligt

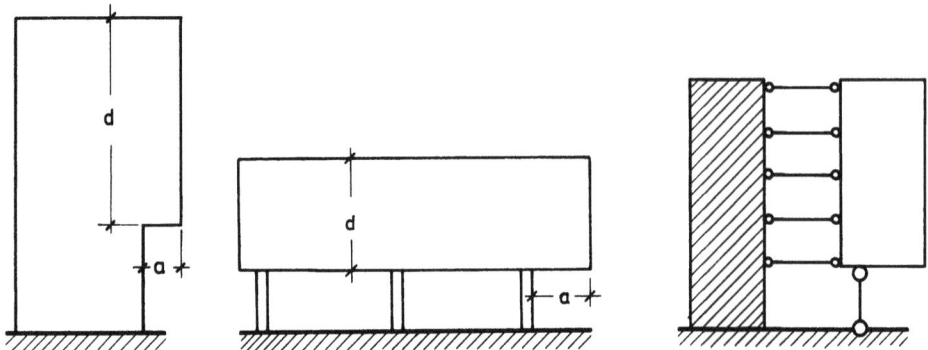

Bild 3.35 Verschiedene Arten im Hochbau vorkommender auskragender Wandscheiben

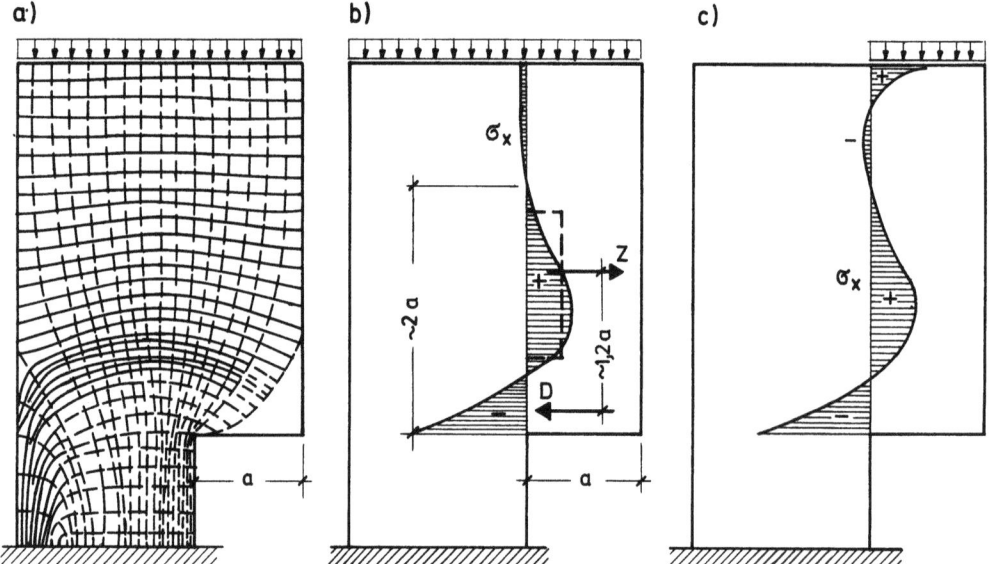

Bild 3.36 Hauptspannungstrajektorien in einer auskragenden hohen Wandscheibe unter Gleichlast q und Verlauf der Zugspannungen σ_x im Schnitt über der einspringenden Ecke bei Vollbelastung und bei Belastung, die sich auf den auskragenden Teil der Wand beschränkt

sich an der Aufnahme des Kragmomentes. Der Hebelarm der inneren Kräfte kann zur Bemessung von Z mit etwa 1,2 a angenommen werden, wenn d > 2 a ist.

Für andere Stützungs- und Belastungsarten kann man sich den Verlauf der inneren Kräfte mit dem hier dargelegten Verhalten der Scheiben zurechtlegen und die Bemessung über Fachwerke, Gewölbe mit Zugband oder dergl. als Modellvorstellung genügend genau vornehmen. Beispiele zeigt Bild 3.37. Dabei kann man die inneren Kräfte im Zustand II noch durch die Bewehrungsführung und die Bemessung der Bewehrung beeinflussen. Starke Bewehrungen ziehen Kräfte an. Die Verteilung der inneren Kräfte im Zustand II stellt sich so ein, daß das Gesetz vom Minimum der Formänderungsarbeit erfüllt ist. Dies zeigt der Norweger

T. Hagberg in [38], der mit seiner Untersuchung half, den jahrelangen Streit zu klären, ob in Konsolen Schrägstäbe nötig sind oder nicht.

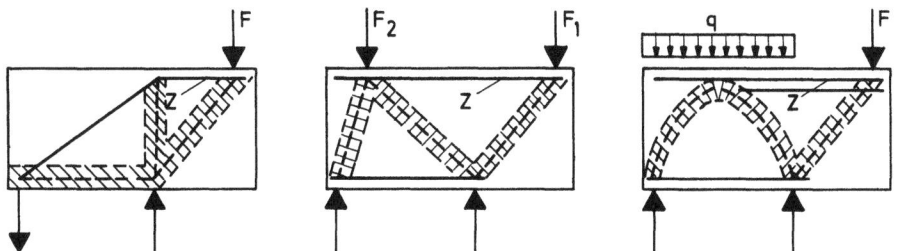

Bild 3.37 Beispiele für die gedankliche Vorstellung innerer Fachwerke zur genäherten Ermittlung der Zugkraft Z in auskragenden Wandscheiben

3.7 Bemessungsregeln für Konsolen und auskragende Scheiben

K o n s o l e n werden mit Hilfe des in Bild 3.38 dargestellten einfachen Fachwerkmodells aus Zugstab und Druckstrebe bemessen. Damit entfällt ein "Schubnachweis", weil die Querkraft von der geneigten Druckstrebe aufgenommen wird. Das Fachwerkmodell zeigt auch, daß der Zugstab nicht durch Abbiegungen geschwächt werden darf und daß die zugehörige Bewehrung sorgfältig verankert werden muß.

Der Hebelarm wird zur Erhöhung der Sicherheit vom Innenrand der Druckstrebe als ungünstigstem Drehpunkt an gemessen und mit z = 0,8 h etwas zu klein angenommen. Bei der Abschätzung

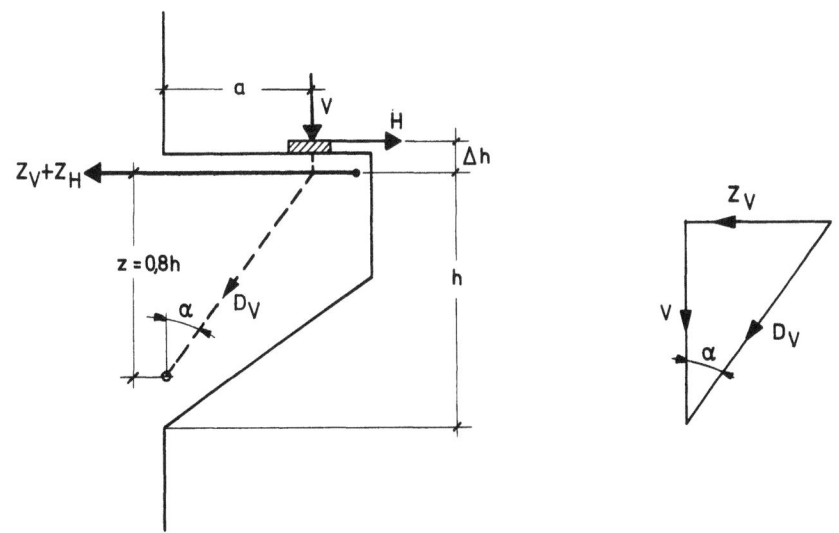

Bild 3.38 Bestimmung der Zugkraft Z_u einer Konsole mit Hilfe eines einfachen Stabfachwerkes

von h ist zu beachten, daß im Zuggurt oft mehrere Bewehrungslagen vorhanden sind! Konsolen mit d/a > 2 sollten wie solche mit d = 2 a bzw. h ≈ 2 a bemessen werden.

Aus Bild 3.38 ergibt sich mit tan α = a/z = Z_V/V

$$Z_{V,u} = \frac{\gamma \cdot V \cdot a}{0,8 \, h} = \frac{\gamma \cdot V}{1,6}$$

Dabei ist γ = 1,75 einzusetzen (Stahlversagen).

An Konsol-Auflagern wirkt fast immer zusätzlich zur lotrechten Last V auch eine Horizontalkraft H aus Lagerwiderständen oder Zwang der aufgelagerten Träger. H greift ungünstigstenfalls mit einem um Δh vergrößerten Hebelarm an. Aus dem Krafteck folgt daraus

$$Z_{H,u} = \gamma \cdot H \left(1 + \frac{\Delta h}{0,8 \, h}\right)$$

Näherungsweise kann gesetzt werden:

$$Z_{H,u} = 1,1 \, \gamma \cdot H$$

womit sich für gleichzeitig wirkende Gebrauchslasten V und H ergibt:

$$Z_u = 2,2 \, V \, \frac{a}{h} + 2,0 \, H \tag{3.9}$$

Versuche zeigten, daß die im oberen Viertel von h angeordneten horizontalen Stäbe auf die Gurtbewehrung aus Gl. (3.9) angerechnet werden können.

Die D r u c k s t r e b e n k r a f t kann aufgenommen werden, wenn die Dicke b der Konsole oder der Kragscheibe so bemessen ist, daß bei γ-facher Last der Beton nicht auf Druck versagt. Für diesen Nachweis nehmen wir an, daß die Betonspannung in der Druckstrebe die Größe 0,95 β_R bei Ansatz eines rechteckigen Spannungsblocks erreichen darf. Der Querschnitt der Druckstrebe wird zu b · c mit c = 0,3 h angenommen. Für die Ermittlung der Kraft D in der Druckstrebe verwenden wir das Krafteck nach Bild 3.39 mit z = 0,8 h und γ = 2,1 für Betonbruch. h darf auch hier nicht größer als 2 a eingesetzt werden.

Es ergibt sich

$$D_u \cdot x = \gamma V \cdot a + \gamma H \cdot \Delta h$$

3.7 Bemessungsregeln für Konsolen und auskragende Scheiben

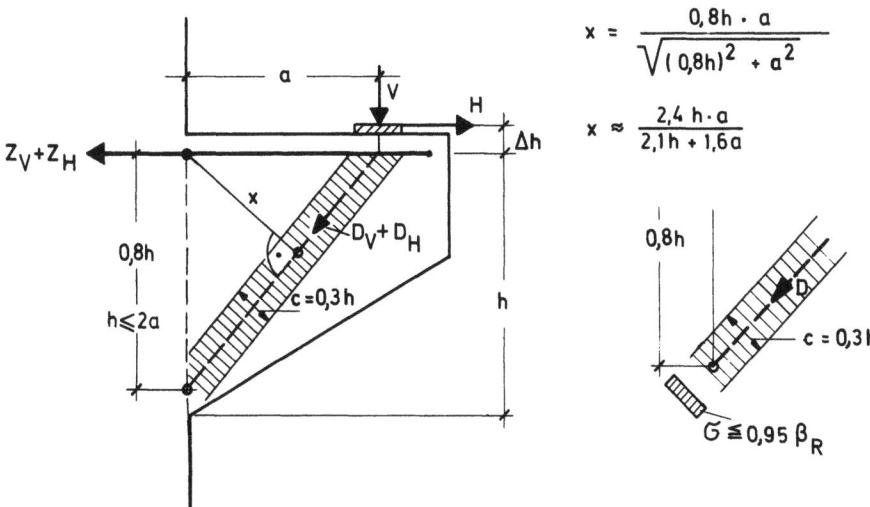

Bild 3.39 Annahmen über die Abmessung und Lage der Druckstrebe in einer Konsole

Mit $D_u \leq 0{,}3\,h\,b \cdot 0{,}95\,\beta_R$ und x aus Bild 3.39 erhält man

$$\text{erf } b \approx \frac{5{,}0\,(V + H\,\frac{\Delta h}{a})}{h \cdot \beta_R}\,(1{,}3 + a/h) \quad \text{mit } h \leq 2\,a \quad (3.10)$$

Wird die Druckstrebe einer abgeschrägten Konsole durch horizontal eng und über die ganze Konsolenhöhe verteilte, rückwärts voll verankerte Bügel umschnürt, dann tritt kein schlagartiger Bruch ein, und der Sicherheitsbeiwert könnte ermäßigt werden.

G. Franz berichtet in [39], daß nach Versuchen bei hohen Bewehrungsgraden die Druckstrebe höher ausgenützt werden kann, indem $c > 0{,}3\,h$ angenommen werden kann. Bei einem Bewehrungsgrad von $\mu = \frac{A_s}{b\,h} = 3\,\%$ kann $c = 0{,}6\,h$ gesetzt werden. Man sollte jedoch nur in Zwangsfällen davon Gebrauch machen.

Mittelbar an der Konsole gelagerte oder unten angehängte Lasten bedingen eine Aufhängebewehrung, mit der Belastungszustände wie in Bild 3.38 und 3.40 hergestellt werden - siehe hierzu auch Bewehrungsrichtlinien für Konsolen in Teil 3 der "Vorlesungen".

Bei mittelbar eingetragenen Lasten kann bei größeren Abmessungen auch eine Schrägbewehrung sinnvoll sein. Für den in Bild 3.40 dargestellten Fall eines an einer Konsole mittelbar gelagerten Durchlaufträgers kann man 60 % der Auflagerreaktion R des Trägers mittels Aufhängebewehrung als oben aufgebracht betrachten. Damit ist die Aufhängebewehrung nach Bild 3.40 für

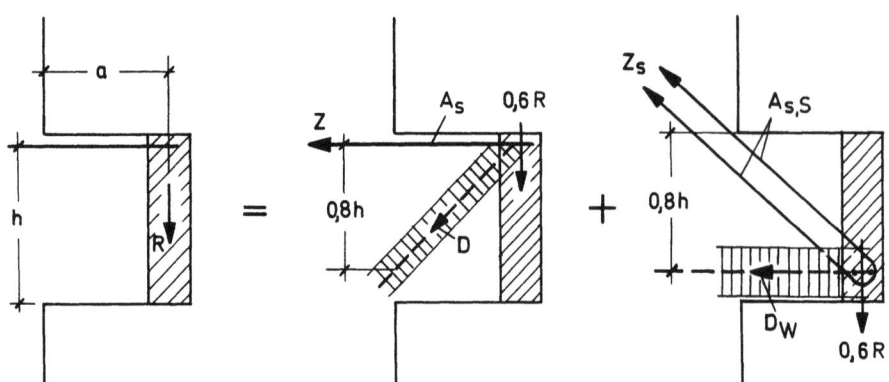

Bild 3.40 Bei Anordnung von Schrägbewehrung in Konsolen mit mittelbar gelagerten Trägern können zur Bemessung 60 % der Auflagerkraft des Trägers als "Last von oben" der horizontalen Zuggurtbewehrung und weitere 60 % der Last als "angehängt" der Schrägbewehrung zugewiesen werden

0,6 R und die Zuggurtbewehrung der Konsole für V = 0,6 R nach Gl. (3.9) zu bemessen. Zur Erhöhung der Sicherheit werden auch 60 % der Auflagerlast R als unten eingeleitet und durch Schrägbewehrung $A_{s,S}$ und eine waagerechte Druckstrebe D_w aufgenommen betrachtet. Aus dem zugehörigen Krafteck folgt:

$$D_w = \frac{a}{0,8\,h} \cdot 0,6\,R; \qquad Z_s = \sqrt{D_w^2 + (0,6\,R)^2}$$

und damit

$$A_{s,S} = \frac{Z_s}{\beta_S/\gamma} \approx \frac{0,6\,R}{\beta_S/\gamma} \sqrt{1 + 1,55\left(\frac{a}{h}\right)^2} \qquad (3.11)$$

4. Einleitung konzentrierter Lasten oder Kräfte

4.1 Beschreibung des Spannungsverlaufes

Konzentrierte (auf verhältnismäßig kleiner Fläche pressende) Lasten oder Kräfte wirken meist von außen auf die Tragwerke (Radlasten, Stützenlasten, Auflagerkräfte, Ankerkräfte bei Spanngliedern für Spannbeton usw.). Zur Kostenminderung werden dabei Lager- oder Ankerplatten klein gewählt unter Ausnützung hoher zulässiger Pressungen. Diese von außen angreifenden Pressungen p breiten sich im Körper des Tragwerkes aus und erzeugen ein System von Hauptspannungen σ_I, σ_{II} und σ_{III} mit quer zur Kraftrichtung wirkenden Zug- und Druckkomponenten, bis nach einer gewissen Einleitungslänge ℓ_e (in Kraftrichtung) eine geradlinige bzw. ebene Spannungsverteilung (geradlinige σ_x-Diagramme) auf den Querschnitt b · d des Körpers erreicht ist. Dieser Einleitungsbereich wird auch St.-Venant'scher Störbereich genannt; in ihm können Spannungen nicht mit den Regeln der technischen Biegelehre berechnet werden.

Der Spannungsverlauf wird am besten durch die Hauptspannungstrajektorien (Richtung der σ_I, σ_{II} und σ_{III}) veranschaulicht, wobei man sich auf Darstellungen in den x - z und x - y -Ebenen (Bild 4.1) beschränkt. Für Tragwerke aus Beton müssen dabei besonders die Zugspannungen quer zur Kraftrichtung beachtet werden, die S p a l t z u g s p a n n u n g e n (bursting stresses) genannt und aus denen resultierende S p a l t z u g k r ä f t e , oder kürzer S p a l t k r ä f t e , ermittelt werden. Diese sind durch Bewehrung oder Querdruck oder Vorspannung aufzunehmen. Die Größe der Spaltzugkräfte hängt stark vom Verhältnis der Körperfläche A = b · d zur Lastfläche A_1 = a · c ab; je größer A/A_1 ist, d.h. je weiter die Last sich ausbreiten muß, bis die σ_x geradlinig verlaufen, um so größer sind die Spaltkräfte. Ist b ≈ d und die Lastfläche klein und etwa mittig, dann entstehen die Querzugspannungen radial in allen Richtungen und werden durch Ringzugspannungen (hoop stresses) im Gleichgewicht gehalten. Zur Vereinfachung der Bewehrung fassen wir in der Regel die Spaltkraft in nur zwei Richtungen y und z zusammen und bewehren

4. Einleitung konzentrierter Lasten oder Kräfte

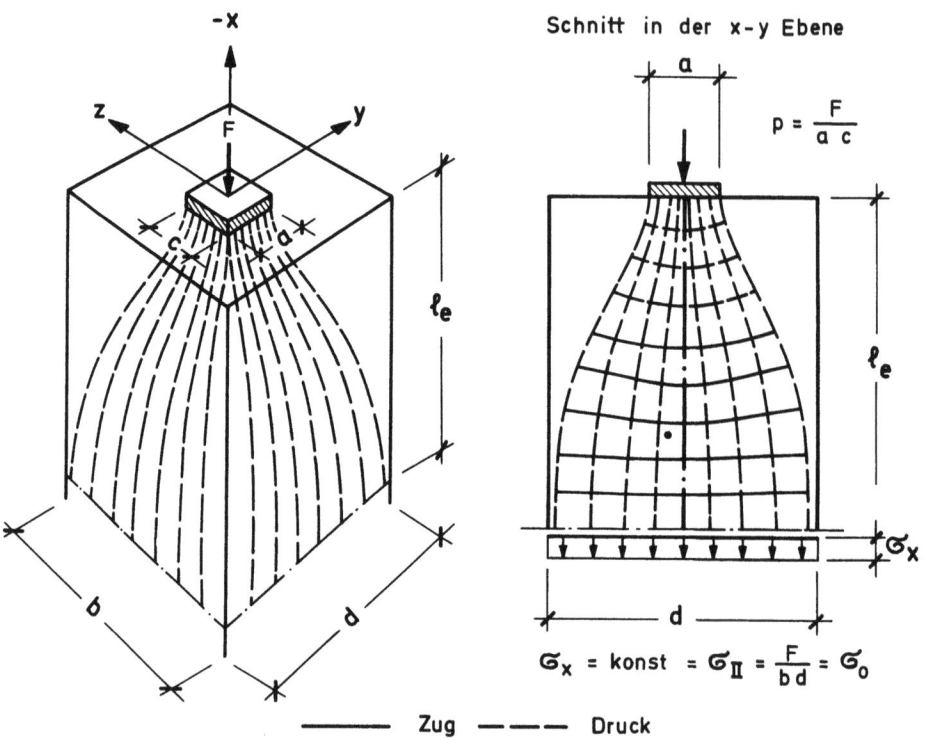

Bild 4.1 Bezeichnungen und genereller Verlauf der Hauptspannungen in einem Betonkörper unter konzentrierter Last

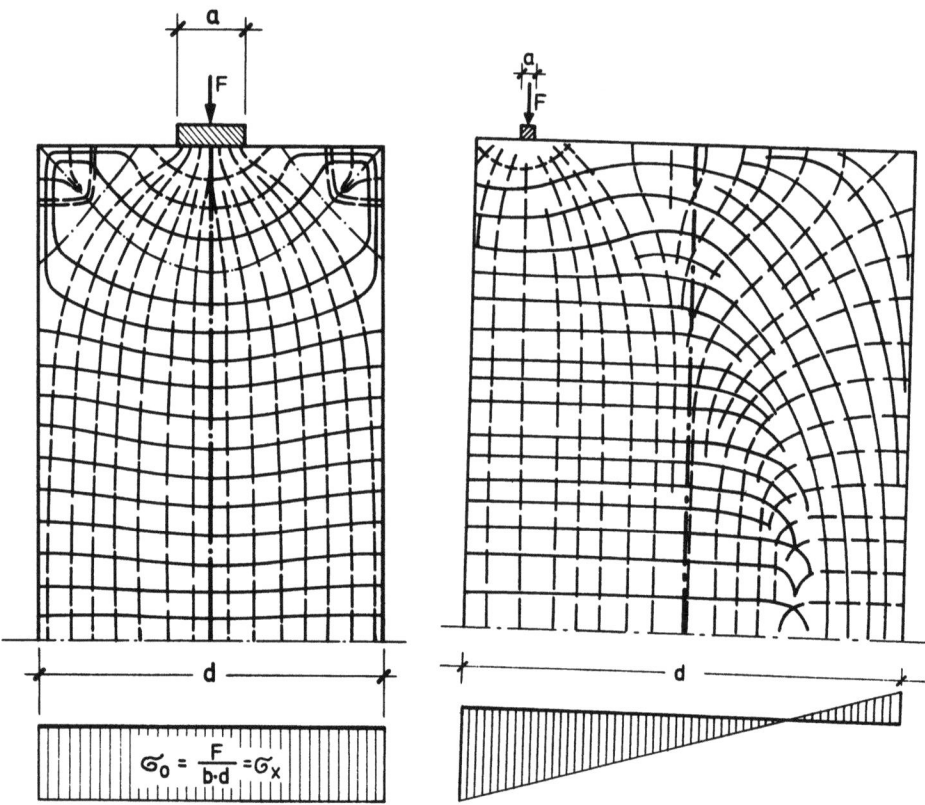

Bild 4.2 Verlauf der Hauptspannungstrajektorien bei mittig und bei ausmittig angreifender Last, σ_x am Ende der Einleitungszone etwa bei $x = d$

4.1 Beschreibung des Spannungsverlaufes

nur in diesen beiden Richtungen, man kann sie jedoch gleichwertig auch mit einer Ringzugbewehrung (Wendelbewehrung) aufnehmen.

Außerhalb der Drucktrajektorien entstehen in den vermeintlich "toten Ecken" neben der Lastfläche schief gerichtete Zugspannungen und an den Außenflächen R a n d z u g s p a n n u n g e n (spalling stresses) (Bilder 4.2 und 4.3), die je nach Größe und Lage der Lastfläche zur übrigen Körperfläche, besonders bei ausmittigem Lastangriff, beachtliche Werte annehmen und auch Bewehrung bedingen. Diese Ecken könnten sonst abbrechen, was allerdings die Tragfähigkeit nicht beeinträchtigt; man kann die "toten Ecken" auch weglassen (Bild 4.4).

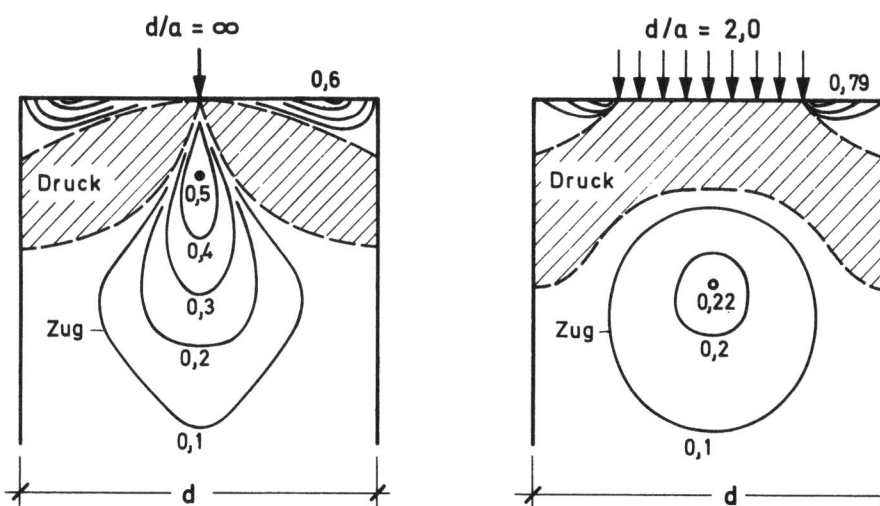

Bild 4.3 Isobaren der Spannungen σ_y bei punktförmiger und verteilter Lasteinleitung (Druckzonen schraffiert). Angegeben sind die Werte σ_y/σ_o mit σ_o = F/b d [43]

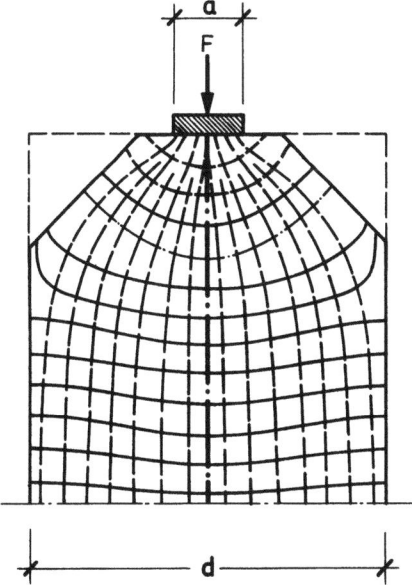

Bild 4.4 Hauptspannungen in einem Körper mit abgeschrägten Kanten zum Vergleich zu Bild 4.2 links

4.2 Methoden der Spannungsermittlung

4.2.1 Theoretische Lösung

Die strenge Lösung für den dreidimensionalen Körper ist K.T. Sundara Raja Jyengar [40, 41, 42] auf der Grundlage der dreidimensionalen Elastizitätstheorie gelungen, wobei er die Lösung in Form eines Galerkin-Vektors erhielt, dessen Komponenten in Doppel-Fourier-Reihen dargestellt wurden. Nicht voll befriedigende Lösungen hatten vorher Y. Guyon [43] und D.J. Douglas und N.S. Trahair [44] angegeben.

Für den zweidimensionalen Spannungszustand (Scheibenspannungszustand) waren schon früh Lösungen von Y. Guyon [43], S.R. Jyengar [45] und W. Schleeh [23] bekannt geworden.

4.2.2 Lösung mit finiten Elementen

Die vielseitigen Möglichkeiten der Methoden mit räumlichen finiten Elementen, die durch die großen Elektronen-Rechner geschaffen wurden, erlauben bei geeigneter Wahl der Eigenschaften und Größen der finiten Elemente, den Spannungsverlauf dreidimensional im Zustand I genau zu bestimmen. Eine umfassende Beschreibung dieses Verfahrens ist in [46] zu finden. Viele Recheninstitute verfügen heute über geeignete Programme.

4.2.3 Spannungsoptische Ermittlung

Für die zweidimensionale Betrachtung (Scheiben) ist die spannungsoptische Methode gut geeignet. V. Tesar [47] gab damit die ersten Ergebnisse. In der Stuttgarter Arbeit von M. Sargious [48] und in Stockholm durch R. Hiltscher und G. Florin [49, 50] wurden für die Praxis wertvolle Ergebnisse erzielt, die später angegeben werden. Hiltscher und Müller [51] geben Bemessungshinweise für die an einer Ecke belastete Betonscheibe. Der Einfluß der Querdehnzahl ist dabei zu beachten, den A.L. Yettram und K. Robbins in [52] untersucht haben.

4.2.4 Spannungsermittlung durch Messungen an Modellen

Bei Scheiben liefert die Spannungsoptik in Verbindung mit der digitalen Bildverarbeitung sehr schnell gute Ergebnisse [53]. Will man den Einfluß der Bewehrungsführung auf Rißlasten und Rißweiten oder gar das Verhalten komplizierter Bauteile beim Bruch studieren, leisten Modelle aus Mikrobeton, wie er in Stuttgart entwickelt wurde [54], sehr gute Dienste.

4.2.5 Messungen an Betonkörpern

geben bisher als einzige Methode die Spannungen im Zustand II
(besonders an den eingebauten Bewehrungen) und die Traglast
und damit die erzielte Sicherheit. Solche Versuche wurden z.B.
in Stuttgart für B e t o n g e l e n k e [55] durchgeführt.
Bei dicken Körpern genügen dabei Dehnungsmessungen an der
Betonoberfläche nicht, sie können zu erheblichen Fehlschlüssen
führen.

4.2.6 Einfache Näherungslösungen

Die Größe der Spaltzugkräfte kann durch einfache Kraftecke,
wie sie in Bild 4.9 dargestellt sind, geschätzt werden, wie
dies E. Mörsch schon vor 60 Jahren getan hat [56].

4.3 Bemessung für die Spaltkräfte bei zweidimensionaler Einleitung konzentrierter Lasten oder Kräfte

Man spricht von zweidimensionaler Einleitung, wenn entweder
der Betonkörper scheibenartig dünn ist (b klein gegenüber d),
oder wenn die Lastfläche sich mit der Länge c ganz oder fast
ganz über die Körperdicke b erstreckt. Für Fälle mit größerem
b/d und solche bei denen auch c ≪ b siehe Abschn. 4.4.

4.3.1 Die mittige Einzellast

4.3.1.1 Spaltkraft bei gleichmäßiger Lastpressung p

Den Verlauf der Hauptspannungstrajektorien zeigt Bild 4.5 für
zwei Scheiben mit verschiedenen d/a. Man sieht, daß die Längs-
drucktrajektorien nach der E i n l e i t u n g s l ä n g e
$\ell_e \approx d$ parallel werden; dort ist $\sigma_x = F/b\,d$ = konst. = σ_o. Unmittelbar hinter der Lastfläche sind die Drucktrajektorien von
außen gesehen konkav gekrümmt, d.h. ihre Umlenkkräfte ergeben
im Mittelbereich Querdruck (σ_y negativ), der die ertragbare
Pressung p über die Druckfestigkeit des Betons hinaus erhöht.
Nach einer kurzen Entfernung werden sie konvex gekrümmt, die
zugehörigen Umlenkkräfte erzeugen im Inneren Querzug (σ_y positiv). Die Lage des Nullpunktes $\sigma_y = 0$ in der x-Achse und die
Größe der Spannungen σ_y hängen vom Verhältnis der Breite des
Körpers d zur Breite der Lastfläche a, also von d/a, ab. Bild 4.6
zeigt die σ_y bezogen auf $\sigma_o = F/b\,d$ entlang der x-Achse (dort
gleich der Quer-Hauptspannung) abhängig von d/a. Die Flächen
$\int \sigma_y\, dx$ der positiven und negativen Spannungen σ_y müssen aus
Gleichgewichtsgründen gleich groß sein.

4. Einleitung konzentrierter Lasten oder Kräfte

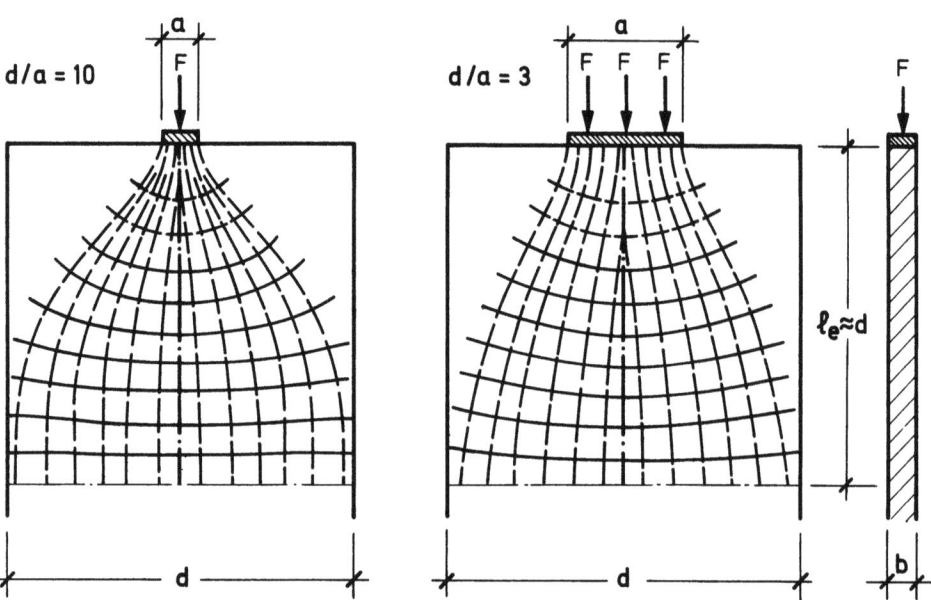

Bild 4.5 Hauptspannungstrajektorien in Scheiben mit Einleitungslängen a der Last über Platten von 1/10 und 1/3 der Breite der Scheiben

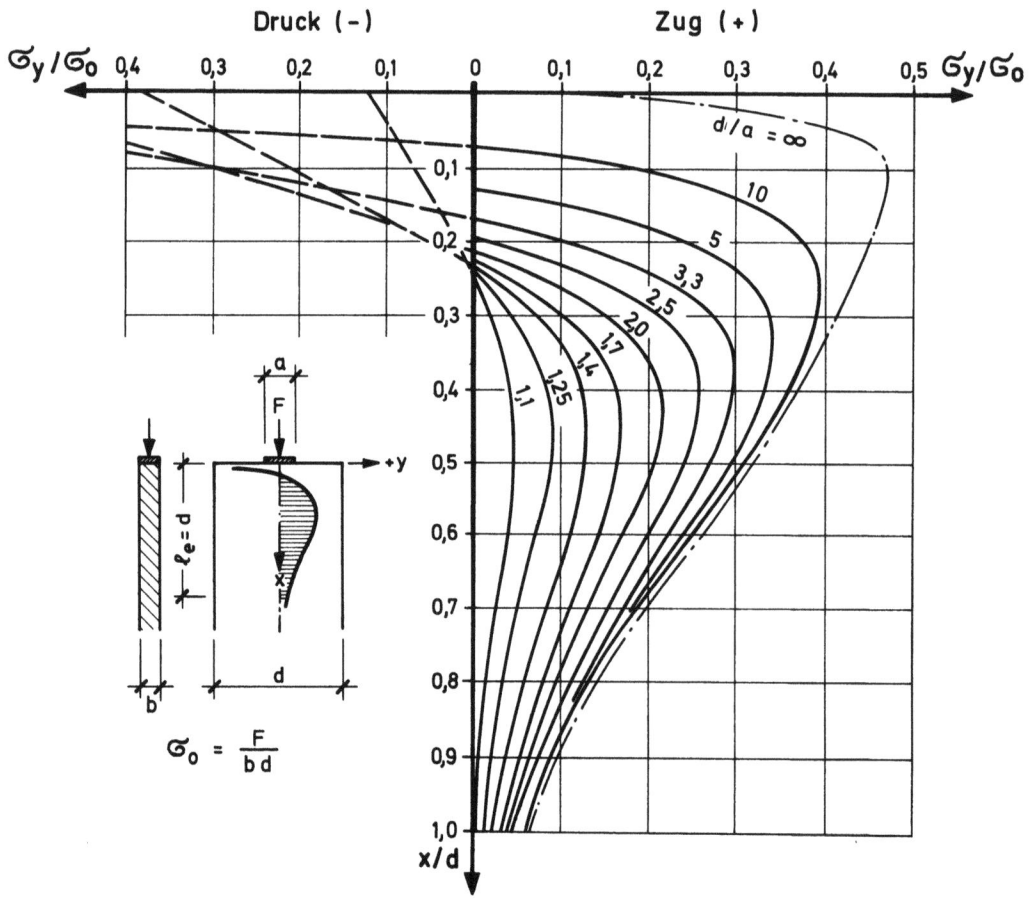

Bild 4.6 Verlauf und Größe der Querspannungen σ_y, bezogen auf $\sigma_0 = \frac{F}{b\,d}$, entlang der Achse x für verschiedene Verhältnisse d/a [45]

4.3 Bemessung für die Spaltkräfte bei zweidimensionaler Einleitung
    konzentrierter Lasten oder Kräfte 73

Bezieht man die Spaltspannungen auf die Lastpressung p = F/a b,
dann ergibt sich das Maximum bei d/a = 2 in einer Entfernung
x ~ a unter der Lastplatte mit etwa 0,12 p (Abb. 4.7 nach R. Hiltscher - G. Florin [49]). Die Spitze des Maximums ist schmal, und
schon bei d/a = 5 ist $\sigma_y \approx 0{,}07$ p. Bei d/a = 5 liegt das Maximum
bei x ≈ 3 a unter der Lastplatte.

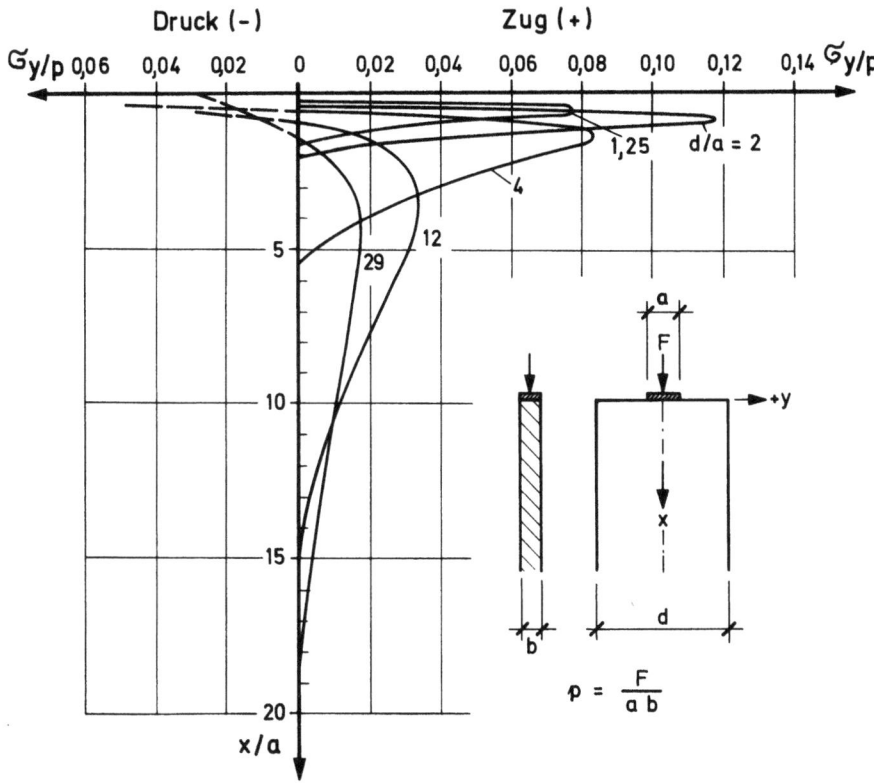

Bild 4.7 Verlauf und Größe der Querzugspannungen σ_y, bezogen
auf die Pressung p = F/a b [49]

Aus der Z u g s p a n n u n g s f l ä c h e nach Bild 4.6 ergibt sich die

Spaltkraft $Z = \int_{}^{x=d} \sigma_y \, dx$, für die die Spaltbewehrung bemessen werden muß. Die Verteilung der Spaltbewehrung ergibt sich aus dem
Verlauf der + σ_y. In Bild 4.8 ist die Größe von Z bezogen auf
F und die Lage von σ_y = 0 und von max σ_y bezogen auf d für unbeschränkt lange Körper (h > 2 d) angegeben. Bei Schneidenlast
(a → 0 bzw. d/a → ∞) entsteht der größtmögliche Wert der Spaltkraft mit max Z = 0,3 F.

Die Z/F-Linie ist fast gerade, so daß genähert gerechnet werden
kann mit

$$Z \approx 0{,}3 \, F \left(1 - \frac{a}{d}\right) \tag{4.1}$$

74   4. Einleitung konzentrierter Lasten oder Kräfte

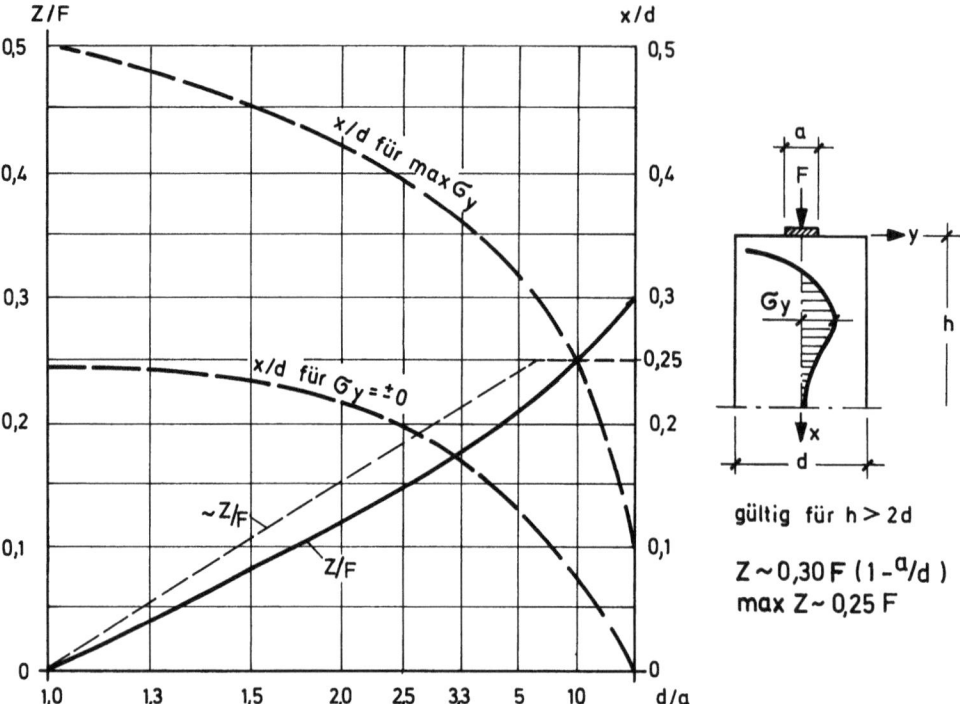

Bild 4.8 Größe der resultierenden Spaltkraft Z, bezogen auf die Last F, Abstand der größten Querspannung max σ_y und Abstand des Punktes mit σ_y = 0 vom belasteten Rand in Scheiben mit h > 2 d [45]

Da d/a > 10 kaum vorkommt, kann man als Faustregel auch setzen:

$$Z \approx 0{,}25 \, F \qquad (4.2)$$

Daraus ist die erforderliche Spaltbewehrung

$$\text{erf } A_{sZ} = \frac{\gamma Z}{\beta_S} = \frac{Z}{\text{zul } \sigma_S}$$

Bei Spaltkräften wird empfohlen, keine hohen Stahlspannungen zu wählen, um die Spaltrisse fein zu halten und die Verankerung zu erleichtern, z.B. zul σ_S = 180 bis 200 N/mm^2 unter Gebrauchslast bei BSt 420/500.

Zu einer ähnlichen Lösung wie Gl. (4.1) führt der erstmals von E. Mörsch in [56] eingeschlagene Weg. Man faßt dazu gemäß Bild 4.9 die Hauptdruckspannungen in Annäherung an die Richtung ihrer Trajektorien zu gerade verlaufenden Resultierenden zusammen. Aus dem geknickten Linienzug dieser Kräfte erhält man dann aus einem Krafteck die gesuchte zum Gleichgewicht erforderliche Spaltkraft Z. J. Schlaich beschreibt diese Lösung bei den D-Bereichen.

Aus Bild 4.9 ergibt sich mit h ≈ d:

$$Z : F/2 = \left(\frac{d}{4} - \frac{a}{4}\right) : \frac{d}{2}$$

4.3 Bemessung für die Spaltkräfte bei zweidimensionaler Einleitung konzentrierter Lasten oder Kräfte

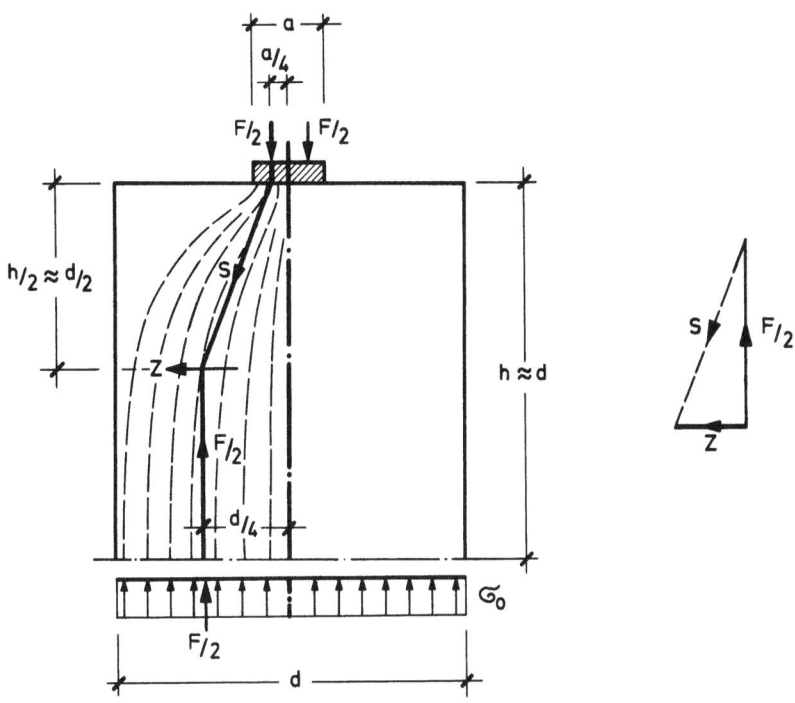

Bild 4.9 Ermittlung der Spaltkraft Z aus einem näherungsweise angenommenen Krafteck nach [56]

und daraus

$$Z = 0,25 \; F \; (1 - \frac{a}{d}) \qquad (4.1a)$$

Diese Lösung liegt nur für sehr schmale Lastplatten (d/a > 5) gegenüber der strengeren Lösung nach Bild 4.8 auf der unsicheren Seite. Das von E. Mörsch angewandte anschauliche Rechenmodell kann dem Ingenieur in der Praxis oft nützlich sein.

Die obigen Werte gelten für Körper, deren Länge h > 2 d ist. Für kürzere Prismen, deren Querdehnung am Ende behindert ist, werden die Spaltkräfte kleiner. Dies wurde durch R. Hiltscher und G. Florin [49] untersucht mit dem in Bild 4.10 angegebenen Ergebnis. Ist die Behinderung der Querdehnung nicht gegeben (Fundamentblöcke auf Baugrund mit niedrigem E-Modul), dann empfiehlt es sich, Z mindestens für h/d = 1 zu wählen.

4.3.1.2 Einfluß ungleichmäßig verteilter Lastpressung p

Unter Gummilagern und anderen nicht biegesteifen Lagerplatten ist die Pressung auch dann nicht gleichmäßig verteilt (wie bisher angenommen wurde), wenn der belastende Körper sehr steif ist und über die ganze Fläche der Lagerplatte oder darüber hinaus reicht. Die Pressung verläuft dann etwa parabelförmig (Bild 4.11 links), wofür S.R. Jyengar die σ_y-Spannungen beson-

4. Einleitung konzentrierter Lasten oder Kräfte

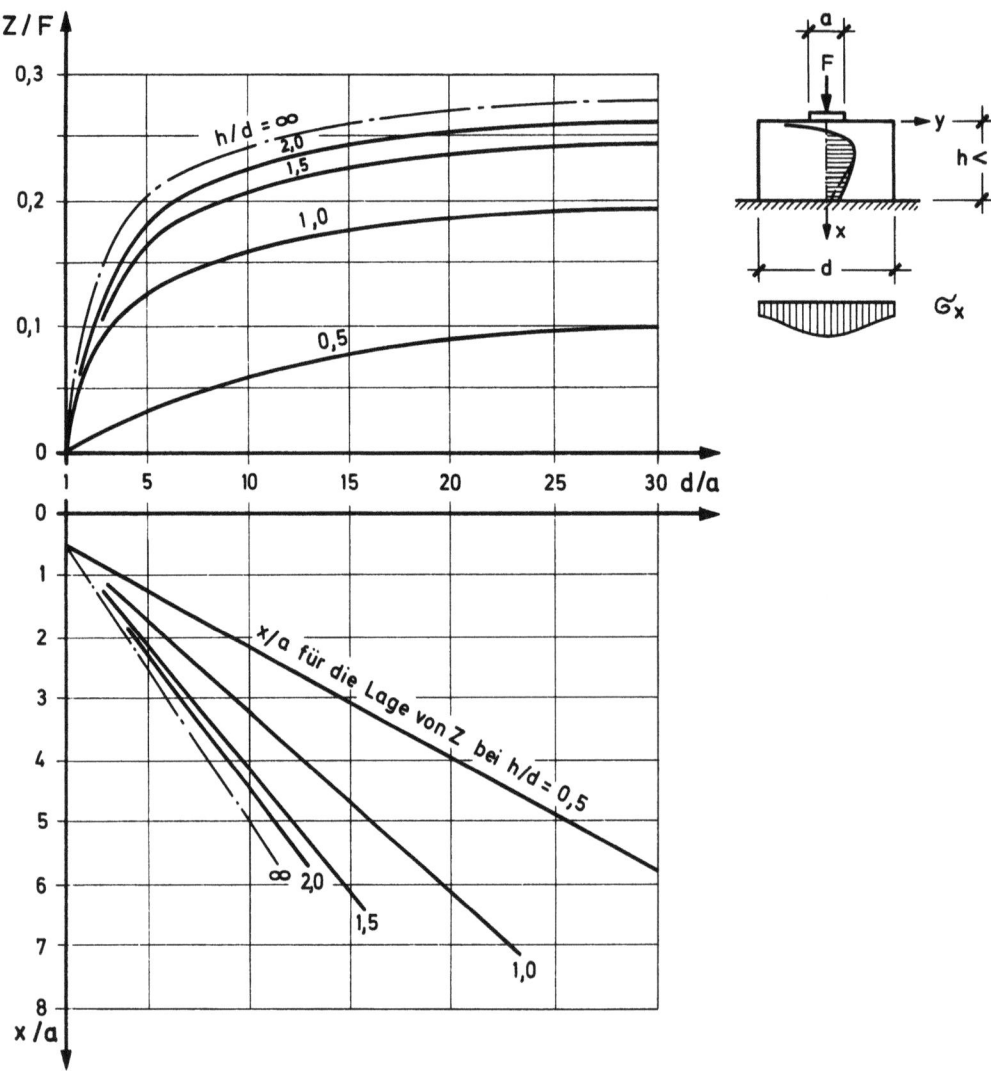

Bild 4.10 Größe der resultierenden Spaltkraft Z, bezogen auf die Last F und Abstand dieser Kraft vom belasteten Rand in Scheiben begrenzter Höhe [49]

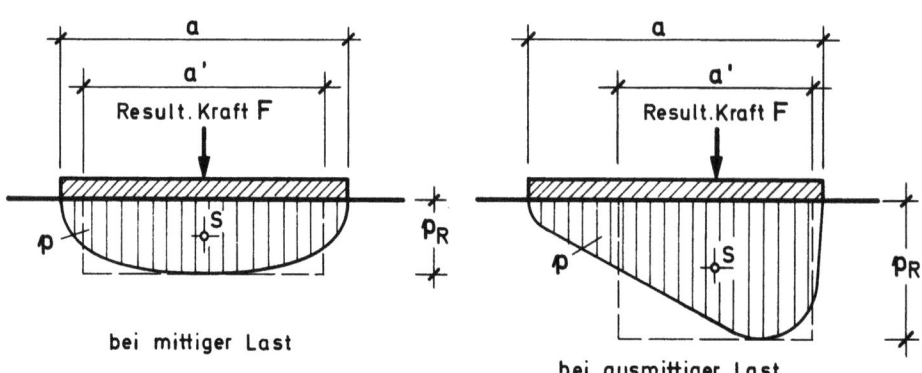

Bild 4.11 Verlauf der Pressungen p unter mittig und ausmittig belasteten, endlich steifen Lastplatten von den Breiten a und Bestimmung der Ersatzbreiten a'

4.3 Bemessung für die Spaltkräfte bei zweidimensionaler Einleitung konzentrierter Lasten oder Kräfte

ders ermittelt hat, Bild 4.12 [45]. Man bleibt für die Spaltzugkraft auf der sicheren Seite, wenn man anstelle der Lastplattenbreite a ein reduziertes a' mit entsprechend erhöhtem p_R wählt, wobei $p_R \cdot a' = F$ sein muß.

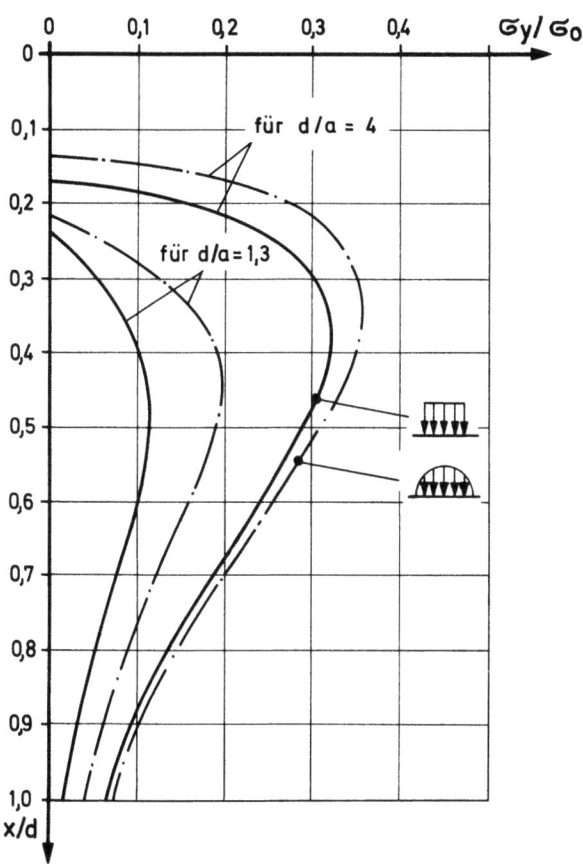

Bild 4.12 Verlauf der Querzugspannungen bei gleichmäßig und bei parabelförmig verteilter Pressung p unter den Lastplatten a = 1/4 d und a = 1/1,3 d [45]

Werden biegeweiche Lagerplatten ausmittig, aber mit verteilter Last über ihre ganze Fläche beansprucht, dann verlaufen die auf den Beton ausgeübten Pressungen etwa wie in Bild 4.11 (rechts) angegeben. Zur Ermittlung der Spaltzugkräfte formt man die Fläche der Pressungen p nach grober Schätzung in eine gleichförmige Pressungsverteilung um, wobei die Bedingungen p_R = max p und $F = a' \cdot p_R$ eingehalten sein müssen. Gleichzeitig soll noch die Resultierende (im Punkt S) der Ersatzpressungen die gleiche Lage haben wie die Resultierende der wirklichen Pressungen.

Ist der lastbringende Baukörper (z.B. Stütze, Stempel) von geringeren Querschnittsabmessungen (z.B. v, w) als die Kantenlängen a, c der Lastplatte, dann muß die Spaltzugkraft bei biegeweicher Platte (Bild 4.13) mit der Breite v der Stütze ermittelt werden. Für praktisch vorkommende Plattensteifigkeiten erhält

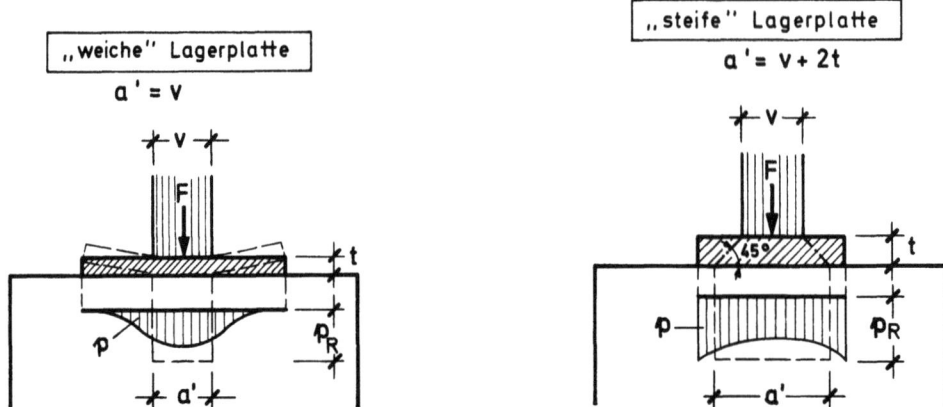

Bild 4.13 Verlauf der Pressungen unter weichen und steiferen Platten, die durch schmalere Stützen mit der Breite v belastet sind

man eine auf der sicheren Seite liegende Näherung, wenn man annimmt, daß sich die Last in der Platte unter 45° bis zur Betonfläche ausbreitet, so daß bei einer Plattendicke t einzusetzen ist a' = v + 2 t (Bild 4.13). Für p_R gilt wieder, daß $p_R \cdot a' = F$ sein muß. Die Lastplattenbreite a kann nur bei s e h r steifen Platten verwendet werden.

N.M. Hawkins hat hierzu genauere Untersuchungen in [57] angestellt, die aber zu Bestimmungsgleichungen führten, die für den praktischen Gebrauch zu unhandlich sind.

4.3.1.3 Spannungen in den Randzonen (Eckbereiche)

Die Bilder 4.2 und 4.3 gaben eine Vorstellung vom Verlauf der Hauptspannungen in den Eckbereichen: an den Rändern herrscht Zug in Richtung der Randflächen, im Inneren tritt Zug entlang der 45° Eckdiagonalen auf. Die Randzugspannungen erreichen Werte von 0,6 bis 0,8 σ_o, sie sind also größer als die Spaltspannungen. Die kürzeren und wenig tiefen Spannungsflächen geben dennoch kleinere Zugkräfte. Die Zugspannungs-"Hügel" werden durch die Isobaren (Linien gleicher σ_y-Spannungen am Rand x = 0) nach Tesor-Guyon deutlich (Bild 4.3).

M. Sargious [48] hat die Spannungsflächen für verschiedene Fälle ausgewertet und so die Zugkräfte ermittelt. Gemäß dieser Arbeit genügt es, die Bewehrung am Lastrand in y- und x-Richtung (Bild 4.14) zu bemessen für

$$Z_y = 0,015\ F$$
$$Z_x = 0,010\ F$$

(4.3)

4.3 Bemessung für die Spaltkräfte bei zweidimensionaler Einleitung konzentrierter Lasten oder Kräfte

Die weiter innen wirkende Eck-Zugkraft in Diagonalrichtung kann durch die Umlenkkraft der an den Ecken durchgeführten Randbewehrung aufgenommen werden. Nach bisherigen Versuchserfahrungen ist keine zusätzliche Bewehrung hierfür notwendig. Bei großen Kräften und großen Baukörpern sollte man jedoch eine 45°-Bewehrung vorsehen.

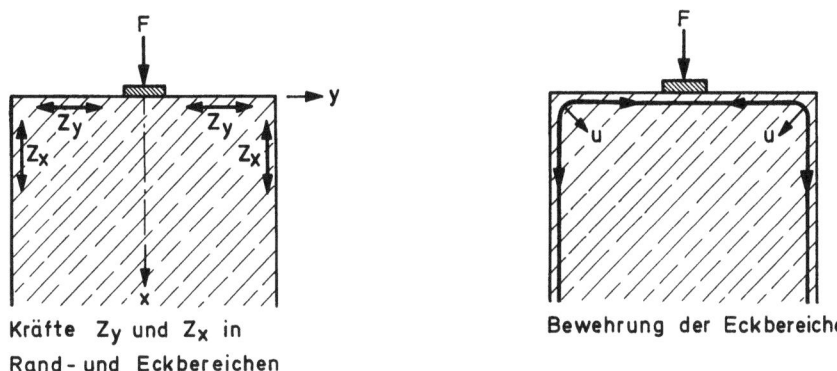

Kräfte Z_y und Z_x in Rand- und Eckbereichen

Bewehrung der Eckbereiche

Bild 4.14 Randzugkräfte Z_y und Z_x und zugehörige Bewehrung

4.3.2 Die ausmittige Einzellast in x-Richtung

Bei ausmittiger Einzellast ist die Spannung σ_x nach der Einleitungslänge $\ell_e \approx d$ trapez- oder dreiecksförmig verteilt, die Hauptspannunstrajektorien sind unsymmetrisch (Bild 4.2). Die Spaltspannungen entwickeln sich etwa, wie wenn ein Prisma von der Breite und Höhe d_1 mittig belastet würde. Daß sich die Spaltspannungen auf dieses Ersatzprisma beschränken, zeigen auch σ_y-Isobaren nach Y. Guyon (Bild 4.15). In der Praxis be-

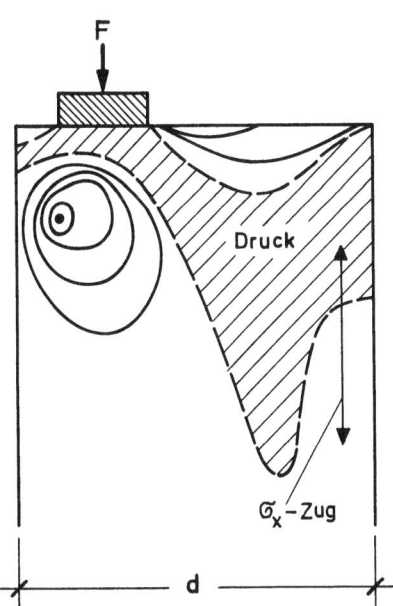

Bild 4.15 Isobaren der σ_y-Spannungen bei ausmittig angreifender Last [43]

nützt man nach einem Vorschlag von Y. Guyon dieses Ersatzprisma für die Ermittlung von Z und den Verlauf der σ_y (Bild 4.16) und bezieht die Breite der Lastfläche a nicht auf d, sondern auf d_1 = 2 u (mit u = kleinerer Randabstand).

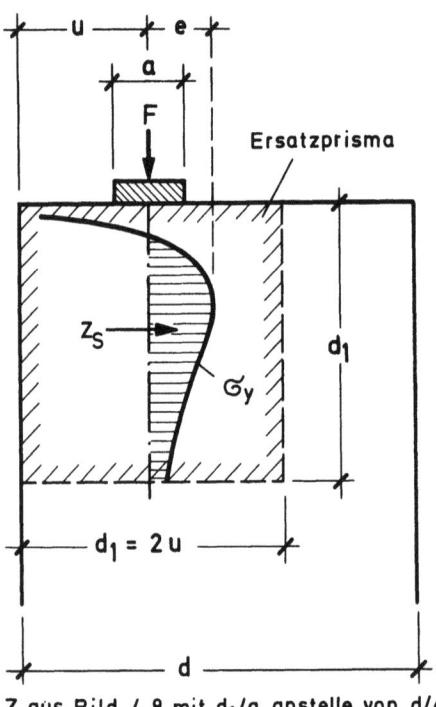

Z aus Bild 4.8 mit d_1/a anstelle von d/a

Bild 4.16 Bei ausmittiger Last kann die Spaltkraft Z mit Hilfe eines Ersatzprismas von den Kantenlängen d_1 ermittelt werden

Bei der weiteren Ausbreitung der Spannungen hinter dem Ersatzprisma können noch weitere, aber meist nur geringe Querzugspannungen entstehen.

Mit zunehmender Ausmitte e, bzw. mit abnehmendem Abstand u der Last von der nächstgelegenen Ecke, werden die Spaltkräfte im Inneren des Körpers kleiner, die Zugspannungen im Randbereich neben der Last und an der lastfernen Seitenkante und die daraus resultierenden <u>Randzugkräfte</u> Z_R jedoch größer. Bild 4.17 zeigt dazu Ergebnisse aus [48] an einem Versuchskörper, bei dem die Ausmitte e = 1/6 d war. Die Randzugkräfte erreichen Werte Z_R = 0,02 F.

R. Hiltscher und G. Florin [50] haben spannungsoptisch die Abhängigkeit der Randzugkraft Z_R am belasteten Rand vom Verhältnis e/d bei bezogenen Lastbreiten d/a = 10 und 30 ermittelt. Aus Bild 4.18 ist erkennbar, daß die Lastbreiten a/d wohl die Größe von max $\sigma_{y,R}$, jedoch kaum die der Randzugkraft

4.3 Bemessung für die Spaltkräfte bei zweidimensionaler Einleitung konzentrierter Lasten oder Kräfte

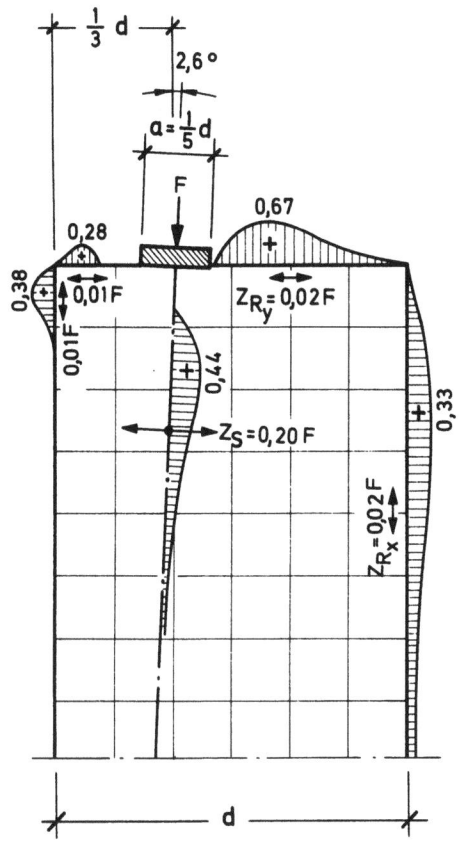

Bild 4.17 Auf $\sigma = F/b\,d$ bezogene Hauptzugspannungen (Spalt- und Randzugspannungen) und integrierte Zugkräfte Z bei ausmittig angreifender Last [48]

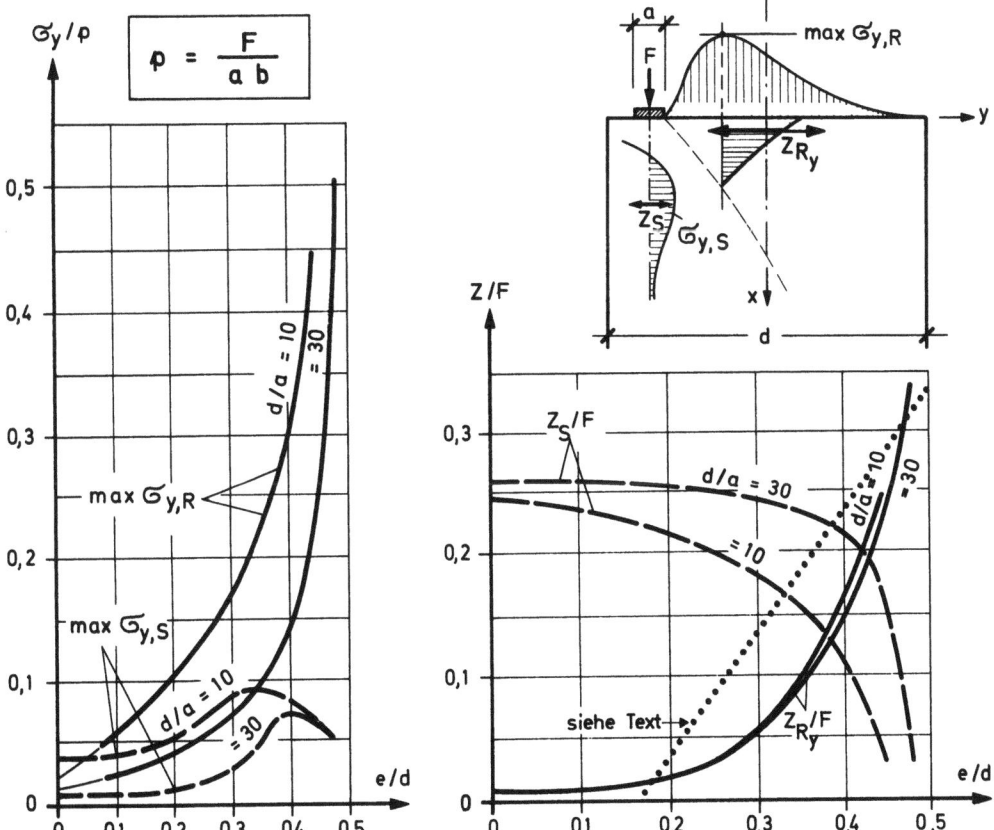

Bild 4.18 Auf die Pressung $p = F/a\,b$ bezogene Spalt- und Randzugspannungen $\sigma_{y,S}$ und $\sigma_{y,R}$ sowie die resultierenden Zugkräfte Z_S/F und Z_{R_y}/F in Abhängigkeit von der bezogenen Ausmitte e/d der Last F bei $d/a = 10$ und $d/a = 30$ [50]

Z_R beeinflussen. Z_R kann bei stark ausmittiger Last fast ebenso groß werden wie die Spaltkraft Z_S bei mittig angreifender Lastfläche mit kleinem a/d. Für die Randzugkraft Z_R läßt sich die im Bild 4.18 gezeigte Abhängigkeit von der bezogenen Ausmitte e/d angenähert durch folgende Formel angeben

$$Z_R \approx \frac{0{,}015\,F}{1 - \sqrt{2\,e/d}} \tag{4.4}$$

In Heft 240 des DAfStb. wird $Z_R = F\,(e/d - 1/6) \geq 0$ angegeben, was der punktierten Linie im Bild 4.18 entspricht und zum Teil doppelt so große Z_R ergibt als nötig wäre.

Mit den in Bild 4.18 für die beiden Fälle d/a = 10 und d/a = 30 angegebenen Kurven für die inneren Spaltkräfte Z_S (unter der Last) kann die Brauchbarkeit des Näherungsverfahrens mit Ersatzprismen (Bild 4.16) nach Y. Guyon leicht nachgewiesen werden.

4.3.3 Die ausmittige Einzellast mit Neigung zur x-Achse

Dieser Fall kommt bei gekrümmt oder polygonal geführten Spanngliedern zum Vorspannen von Balken usw., aber nur selten bei Gründungskörpern vor.

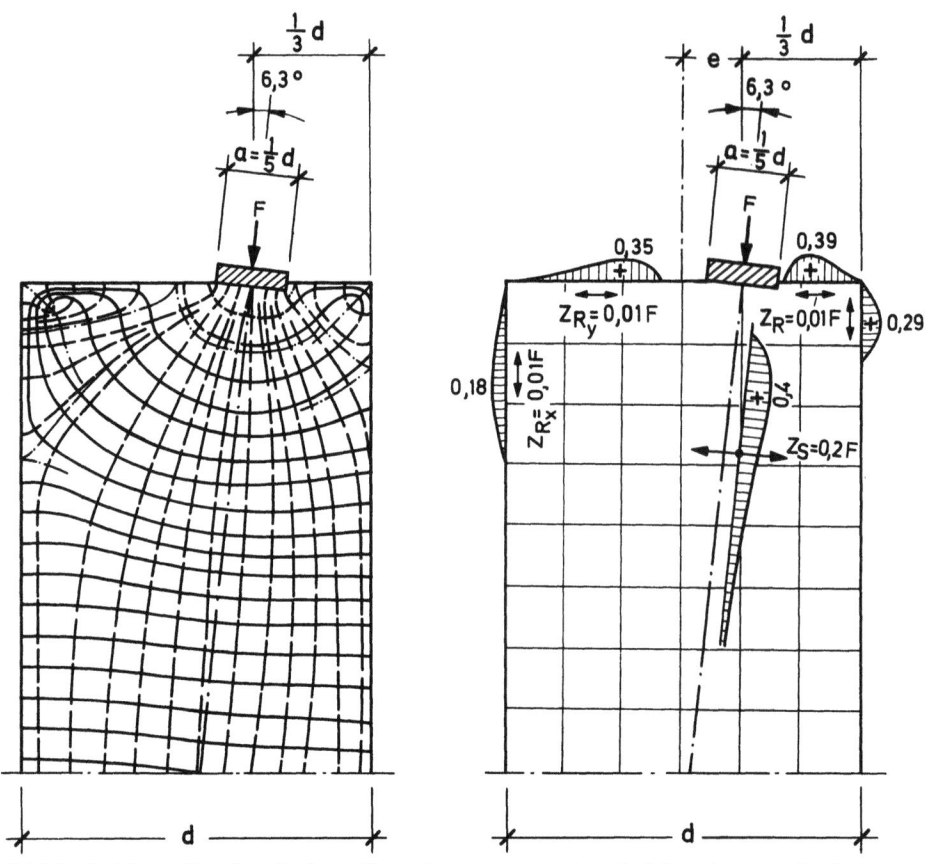

Bild 4.19 Verlauf der Hauptspannungstrajektorien und der wichtigsten Spaltzug- und Randzonenspannungen bezogen auf $\sigma_o = F/b\,d$ bei ausmittig geneigt angreifender Last [48]

4.3 Bemessung für die Spaltkräfte bei zweidimensionaler Einleitung
    konzentrierter Lasten oder Kräfte

Hierzu wird auf die Stuttgarter Arbeit von M. Sargious [48]
verwiesen. Bild 4.19 gibt ein Beispiel für e = d/6 und $\alpha = 6,3°$.
Diese Neigung hat keinen spürbaren Einfluß auf die Spaltspannungen.

4.3.4 Mehrere konzentrierte Lasten oder Kräfte

Bei mehreren Lasten am Rand einer Scheibe entsteht hinter jeder Laststelle eine Spannungsausbreitung (Bild 4.20) mit Spaltspannungen wie bei der Einzellast, wobei Größe und Verlauf der Spaltspannungen wieder von d_1/a abhängig sind und für 2 Lasten aus Ersatzprismen mit den Breiten d_1 = 2 x Randabstand gewonnen werden können. Greifen zwischen den Randlasten weitere Lasten an, dann kann die Breite der zugehörigen Ersatzprismen aus dem bisherigen Wissen noch nicht genau angegeben werden. Es wird vorgeschlagen, die Breite aus dem zur Last zugehörigen Flächenanteil des geradlinigen σ_x-Diagramms in x = d zu entnehmen, womit man auf der sicheren Seite ist (Bild 4.21). Bei unterschiedlich großen Lasten wird dabei auch der Einfluß der Größenverhältnisse der Lasten (oder Vorspannkräfte) genähert erfaßt. Man ermittelt also die Spaltkräfte mit den Ersatzprismen, die eine Höhe und Länge d_1, d_2, d_3 ... haben.

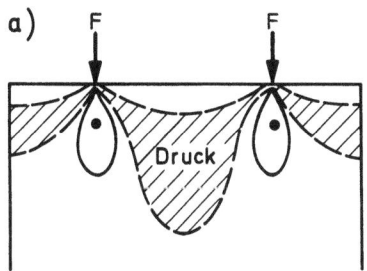

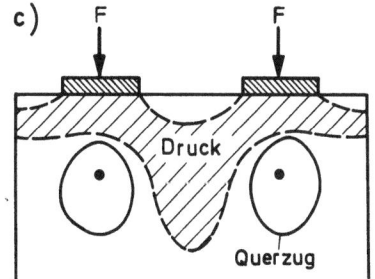

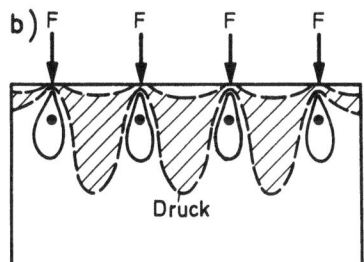

Bild 4.20 Isobaren der σ_y-Spannungen bei
verschieden aufgeteiltem Lastangriff

Die R a n d s p a n n u n g e n und Randzugkräfte Z_y entlang
dem belasteten Rand können bei großem Lastabstand beträchtlich
groß werden, sie sind nach den Regeln der "wandartigen Träger"
(vgl. Abschnitt 3) zu ermitteln, wobei die σ_x-Spannungen im
Schnitt x = d die Belastung der Trägerscheibe darstellen, und
die Lasten als Auflagerreaktionen zu betrachten sind (Bild 4.22).

84   4. Einleitung konzentrierter Lasten oder Kräfte

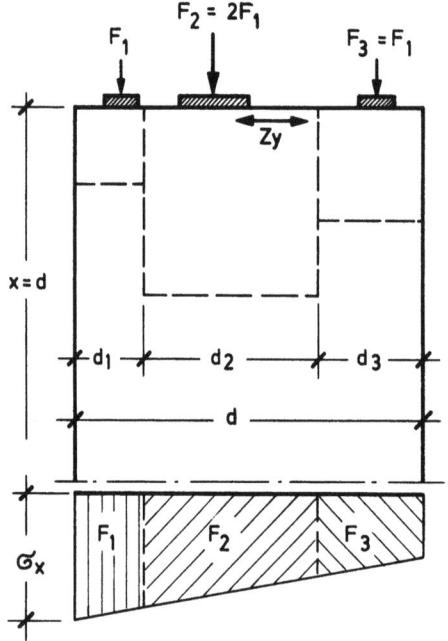

Bild 4.21 Bildung von Ersatzprismen aus dem σ_x-Diagramm im Abstand x = d bei Angriff mehrerer und unterschiedlich grosser Einzelkräfte

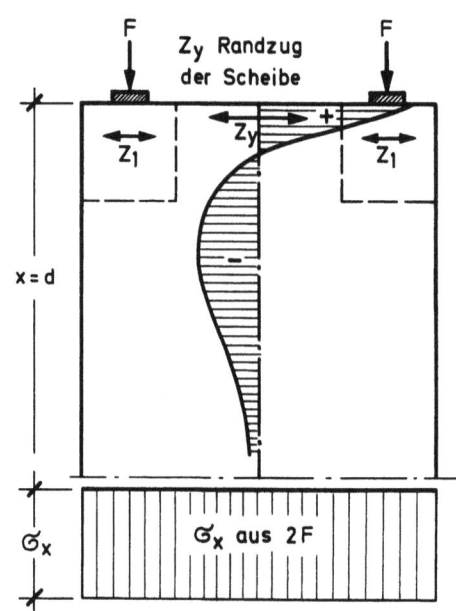

Bild 4.22 Randzugkräfte zwischen Einzellasten sind mit der Analogie zum wandartigen Träger zu bestimmen

Nach einer Arbeit von W. Schleeh [58] ist bei periodisch belasteten oder vorgespannten Scheiben - mit einer Höhe ℓ von mindestens dem doppelten Abstand d der Kräfte - die Randspannung max σ_y (rechtwinklig zur Kraftrichtung) gleich der Differenz der eingeleiteten Pressung p an den Last- oder Spannstellen und dem gleichmäßig verteilten Mittelwert der Spannung $\sigma_m = p \cdot a/d$ (Bild 4.23). Die Größe der Randzugkraft ergibt sich dabei angenähert zu

$$Z_y \sim 0{,}09 \left[1 - 0{,}9 \left(\frac{a}{d}\right)^2\right] F \qquad (4.5)$$

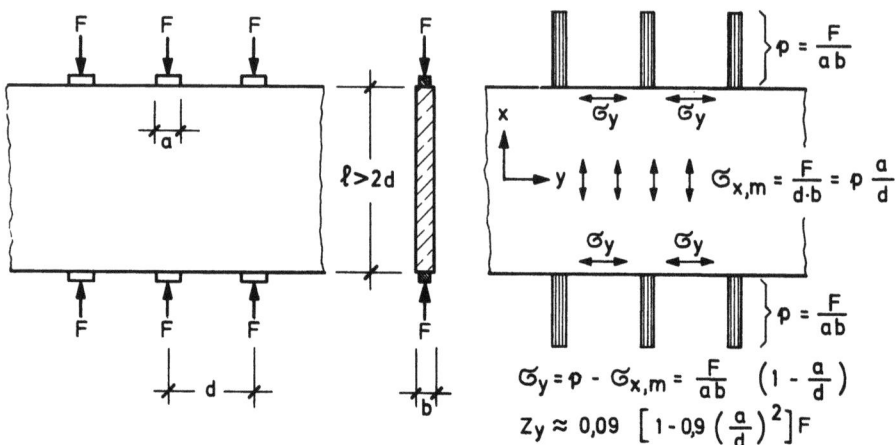

Bild 4.23 Randzonenspannungen und Randzugkräfte bei periodisch und beidseitig belasteten Scheiben [58]

4.3 Bemessung für die Spaltkräfte bei zweidimensionaler Einleitung konzentrierter Lasten oder Kräfte

4.3.5 Zusammenwirken von Spannkraft und Auflagerkraft an Enden von Spannbetonbalken

Die Auflagerkraft von Balken vermindert die Spaltkraft von Spannglied-Ankerkräften an Spannbetonbalken, weil aus der Auflagerkraft Druckspannungen σ_y entstehen. M. Sargious [48] hat zahlreiche Fälle spannungsoptisch gemessen bzw. später mit finiten Elementen gerechnet (M. Sargious und G. Tadros [59]) und ausgewertet. Auch N. Zahlten hat in [60] schon früh die besonderen Verhältnisse an Enden vorgespannter Träger behandelt. In den folgenden Diagrammen (Bild 4.24 bis 4.30) sind die Zugspannungen infolge der Spannkraft V entlang der Hauptdrucktrajektorien aufgetragen. Die resultierende Spaltkraft Z ist abhängig von V angegeben. Die Randzugspannungen sind entsprechend mit ihren Resultierenden Z_1, Z_2, Z_3 ... dargestellt. Die erforderlichen Bewehrungen können damit schnell bemessen werden.

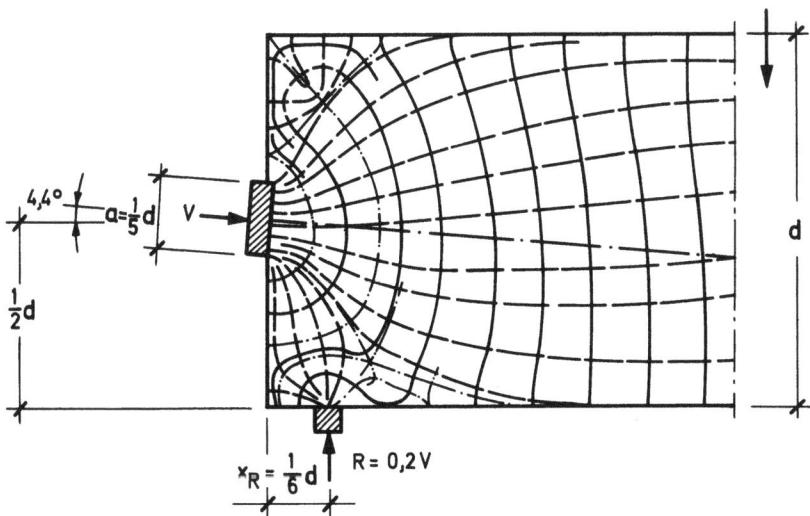

Bild 4.24 Hauptspannungstrajektorien am Ende eines mit V vorgespannten Balkens bei gleichzeitiger Wirkung der Auflagerkraft R = 0,2 V (Auflagerbreite = 1/12 d)

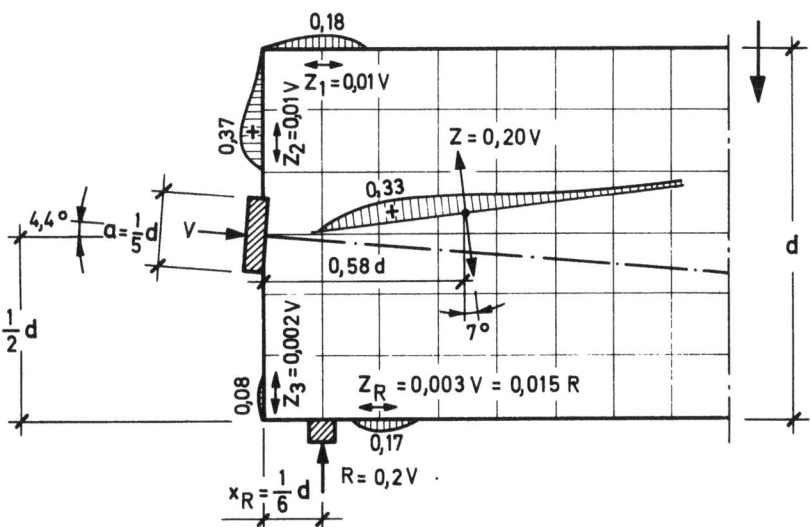

Bild 4.25 Spaltzug- und Randzonen-Spannungen bezogen auf σ_0 = V/b d des Modells Bild 4.24

86   4. Einleitung konzentrierter Lasten oder Kräfte

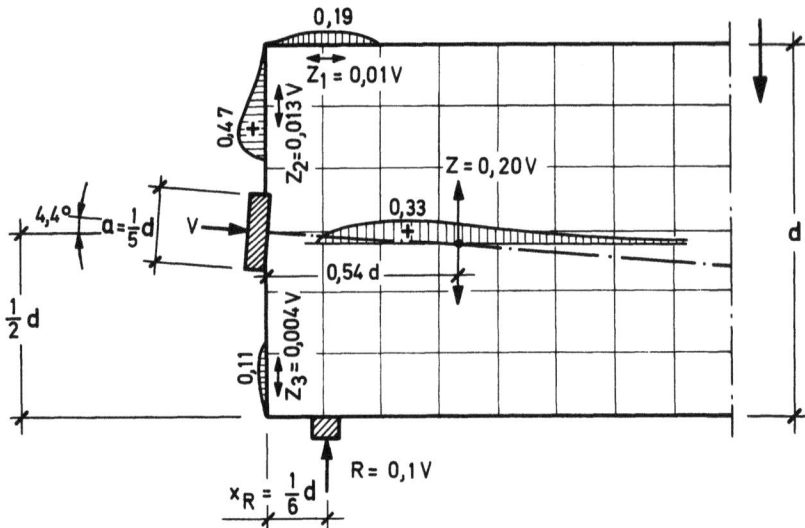

Bild 4.26 Spaltzug- und Randzonen-Spannungen eines Modells
wie Bild 4.24, jedoch mit R = 0,1 V

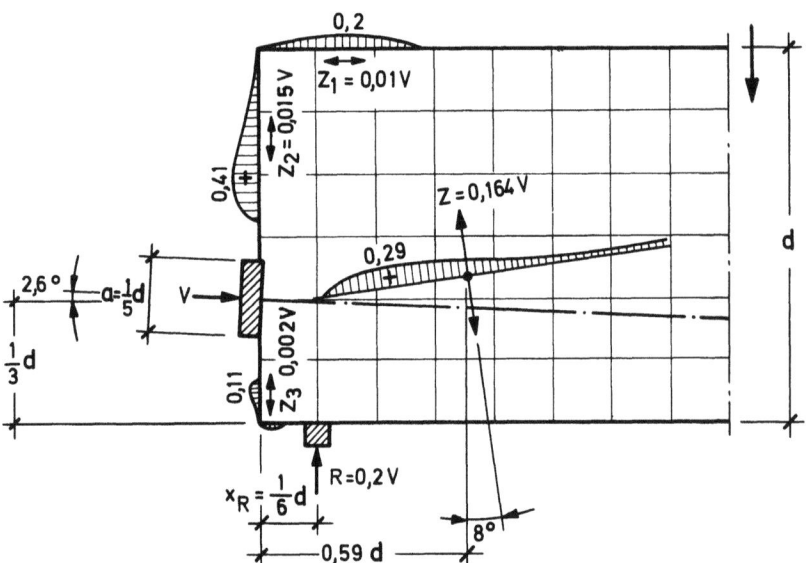

Bild 4.27 Vorspannkraft V in 1/3 d vom unteren Rand

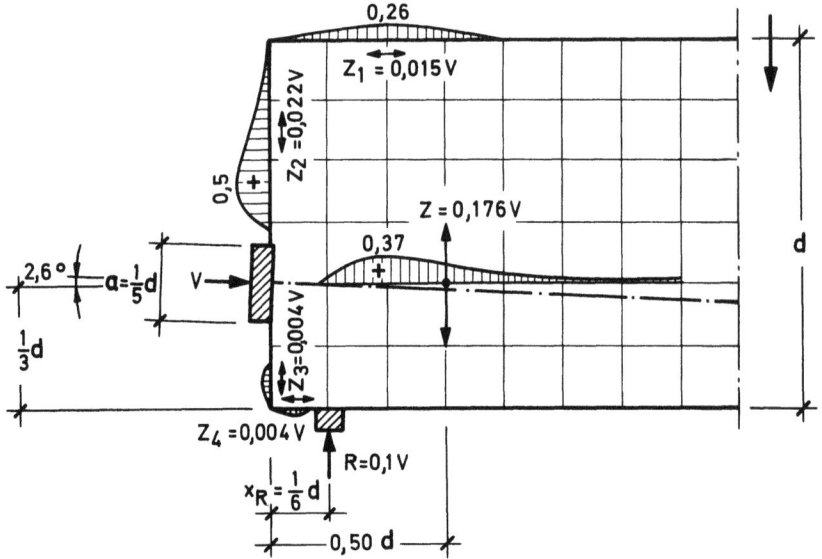

Bild 4.28 Wie Bild 4.26, jedoch Vorspannkraft V in 1/3 d
vom unteren Rand

4.3 Bemessung für die Spaltkräfte bei zweidimensionaler Einleitung konzentrierter Lasten oder Kräfte

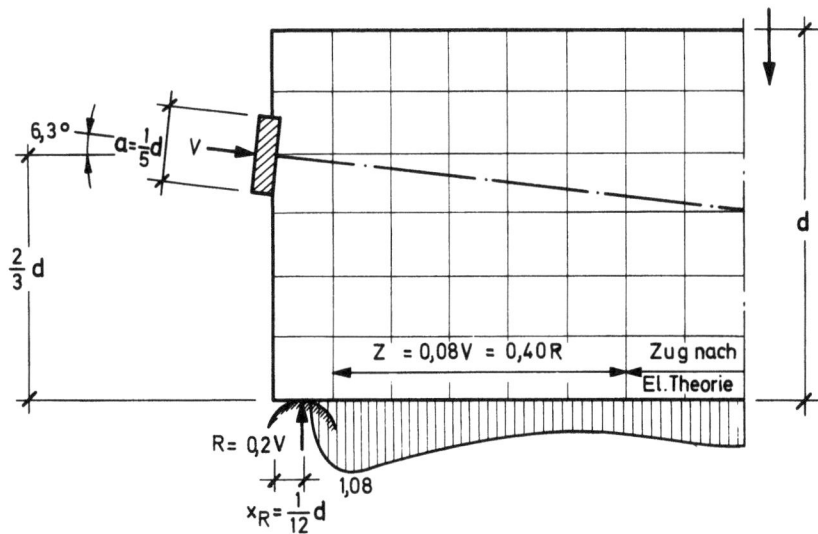

Bild 4.29 Randzugspannungen an einem Modell mit R = 0,2 V im Abstand 1/12 d von der Ecke (Auflagerbreite = 1/24 d) und Vorspannkraft V in 2/3 d

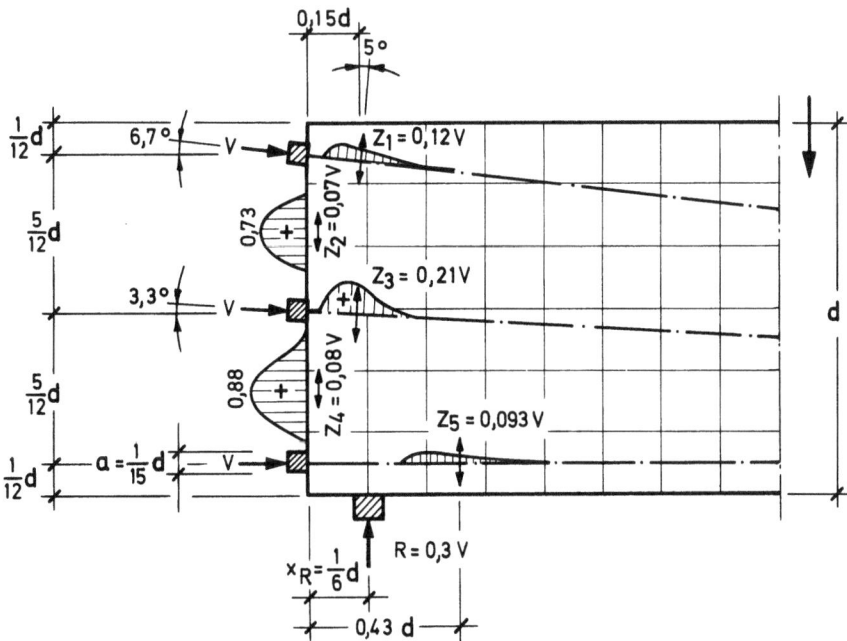

Bild 4.30 Spaltzug- und Randzonen-Spannungen bei einem Modell mit 3 angreifenden Vorspannkräften V mit a = 1/15 d und R = 0,3 V

Zu beachten ist, daß bei Auflagern nahe am Balkenende aus der Einleitung der Auflagerkraft am unteren Rand Zugkräfte auftreten können, die bei einem Randabstand x_R = 1/12 d und kleinem Verhältnis R/V Werte von Z_R = 0,4 R erreichen (Bild 4.29).

4.3.6 Zusammenwirken von Krafteinleitung und Balkenbiegung an Zwischenauflagern von Durchlaufträgern

W. Schleeh konnte in [24, 25] zeigen, daß die Spannungen im Bereich von Zwischenauflagern von Durchlaufträgern oder in

4. Einleitung konzentrierter Lasten oder Kräfte

ähnlichen anderen Fällen, wo Balkenbiegung und Krafteinleitung zusammenwirken, durch Superposition der Spannungen nach der Navier'schen Biegelehre (σ_x = M/W, geradlinige Verteilung) und der Spannungen nach Scheibentheorie für Krafteinleitung allein gewonnen werden können (Bild 4.31). Bei Balken ohne Längskraft, z.B. ohne Vorspannung, werden die Spaltspannungen infolge der Auflagerkraft dabei im allgemeinen von den Biegedruckspannungen aus dem negativen Lastmoment überdrückt (Bild 4.32). Bei vorgespannten Balken können dagegen diese Biegedruckspannungen für Eigengewicht am unteren Rand sehr klein oder nach S + K Null sein, so daß sowohl Spaltspannungen wie vor allem Randspannungen aus der Krafteinleitung als Zugspannungen verbleiben und durch Bewehrung gedeckt werden

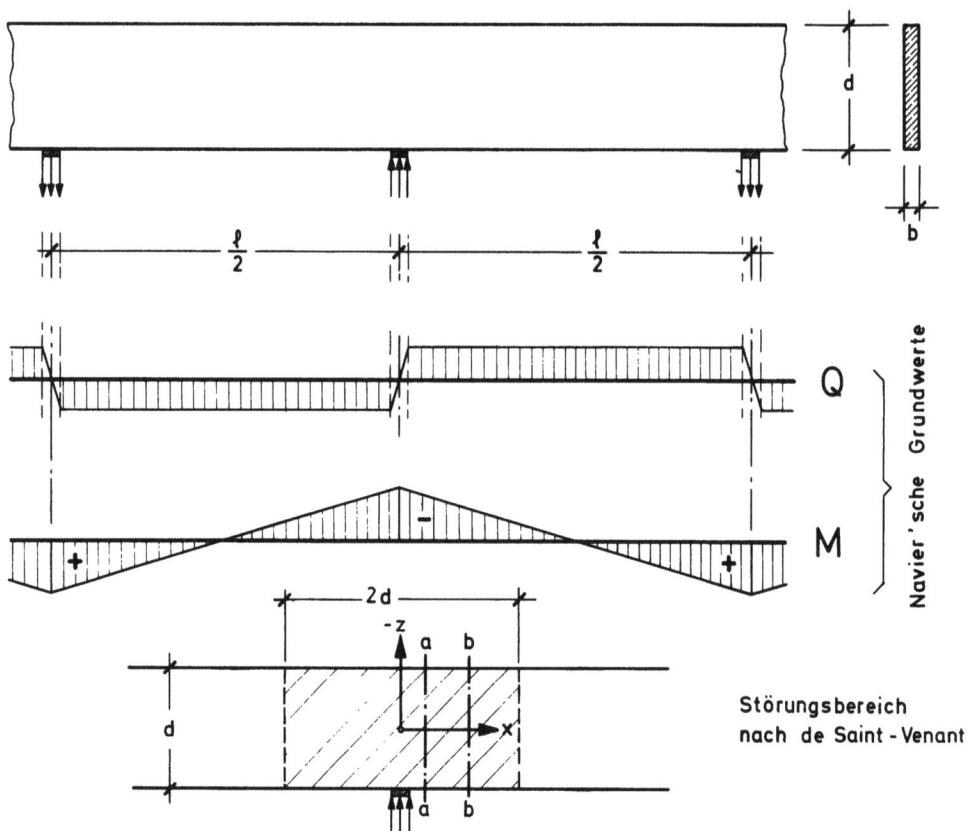

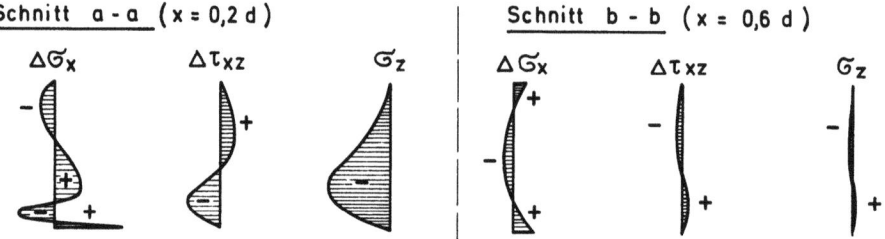

Bild 4.31 Ermittlung des Spannungszustandes an Zwischenauflagern von Durchlaufträgern mittels Überlagerung nach W. Schleeh [24]

4.3 Bemessung für die Spaltkräfte bei zweidimensionaler Einleitung
    konzentrierter Lasten oder Kräfte

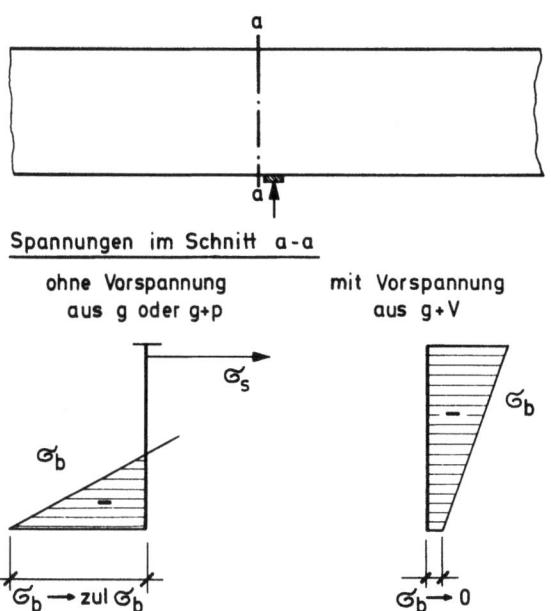

Bild 4.32 Spannungen am unteren Rand neben Zwischenstützen
von durchlaufenden Stahlbeton- und Spannbetonträgern

müssen (Bild 4.33), siehe auch F. Leonhardt und W. Lippoth [61].
Wenn die Ausrundung der Spannglieder länger ist als $a_v = 0,1 \ell$
oder 2 d, dann entstehen unten Randzugspannungen über eine beachtliche Länge (Bild 4.33).

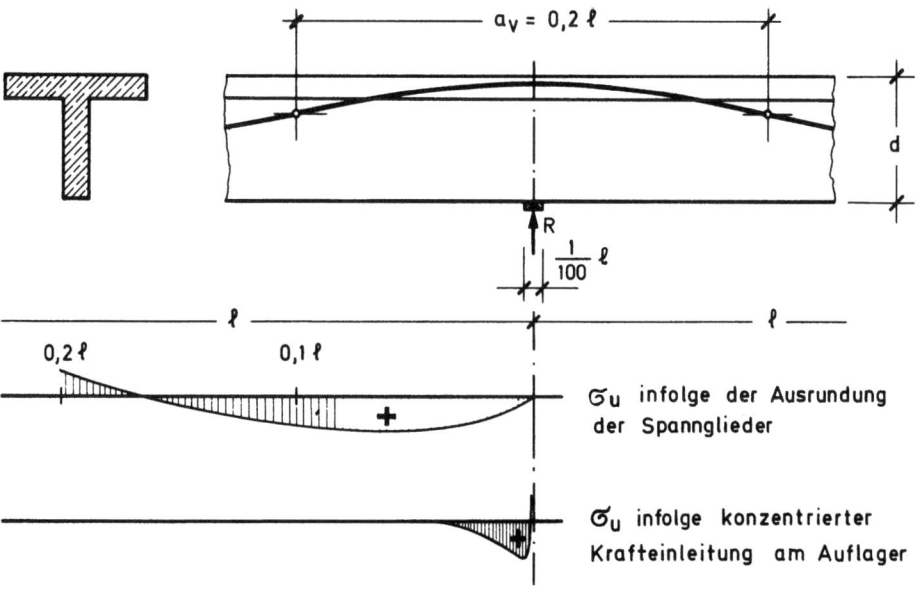

Bild 4.33 Da nach Bild 4.32 bei vorgespannten Trägern neben
Zwischenauflagern keine Biegedruckspannungen vorliegen, entstehen dort infolge zu langer Spanngliedausrundung und Einleitung der Auflagerkraft Zugspannungen, die durch Bewehrung
zu decken sind [61]

Bei Durchlaufträgern ist weiter zu beachten, daß Zwangsmomente aus Temperaturgradienten ΔT (Träger oben wärmer als unten) und Stützensenkungen Δs im Untergurt an den Zwischenstützen erheblichen Zug ergeben können. Ferner gilt für den Tragfähigkeitsnachweis im Zustand II, daß die Querkräfte im Momenten-Nullbereich sehr flache Risse und entsprechend flache Druckstreben bilden, was durch ein vergrößertes Versatzmaß der Momentenlinien berücksichtigt wird. Demnach erstreckt sich die Biegezone im Untergurt bis nahe an das Auflager (Bild 4.34).

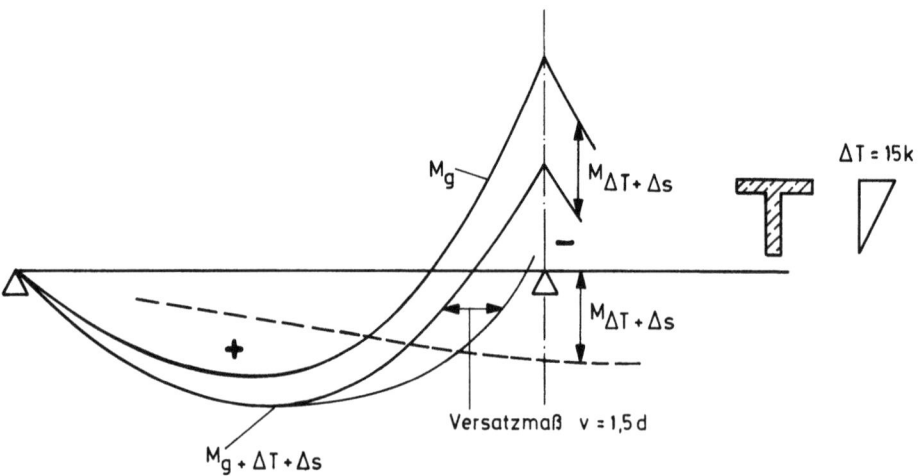

Bild 4.34 Momentenlinien und Versatzmaß für eine Brücke im Gebrauchszustand zur Erläuterung der Zugspannungen im Untergurt nahe am Zwischenlager

Aus all diesen Wirkungen ergibt sich die Empfehlung, an den Zwischenauflagern von Durchlaufträgern im Untergurt eine nach den Regeln der Rißbreitenbeschränkung bemessene Bewehrung ganz durchzuführen, die den Gebrauchszustand absichert, jedoch für die Tragfähigkeit nicht nötig wäre (Bild 4.35).

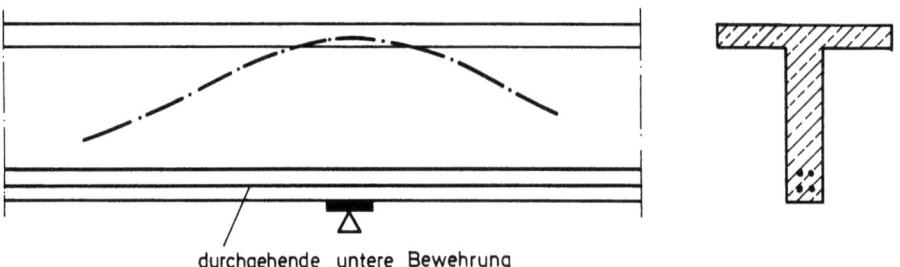

Bild 4.35 Bei Brücken mit Durchlaufträgern aus Spannbeton sollte man die Untergurtbewehrung an den Lagern durchführen

4.3.7 Die innerhalb der Scheibe angreifende Einzelkraft

In Wandscheiben können Balkenlasten angreifen, bei Spannbetontragwerken werden Spannglieder häufig innerhalb einer Platte,

4.3 Bemessung für die Spaltkräfte bei zweidimensionaler Einleitung konzentrierter Lasten oder Kräfte

eines Steges und dergl. verankert. Dabei wirkt das hinter dem Kraftangriff liegende Scheibenteil mit und muß gewissermaßen angehängt werden. Nach der Stuttgarter Arbeit von R.K. Müller und D.W. Schmidt [62] ergibt sich das in Bild 4.36 dargestellte Trajektorienbild. Die Zugkräfte werden für die Bemessung der Bewehrung in drei Gruppen Z_1, Z_2 und Z_3 erfaßt, deren Grössen abhängig von d/a aus dem Diagramm Bild 4.37 zu entnehmen sind. Die Anhängebewehrungen Z_2 und Z_3 sind vom Kraftangriff aus mindestens mit $2\ell_o$ (ℓ_o = Verankerungslänge für zul σ_s) zu verankern. Die Spaltbewehrung Z_1 ist etwa nach den Bildern 4.6 und 4.7 in x-Richtung zu verteilen und in y-Richtung von der Kraftachse aus nach beiden Seiten je d/2 bzw. mindestens je $3a + \ell_o$ lang zu machen.

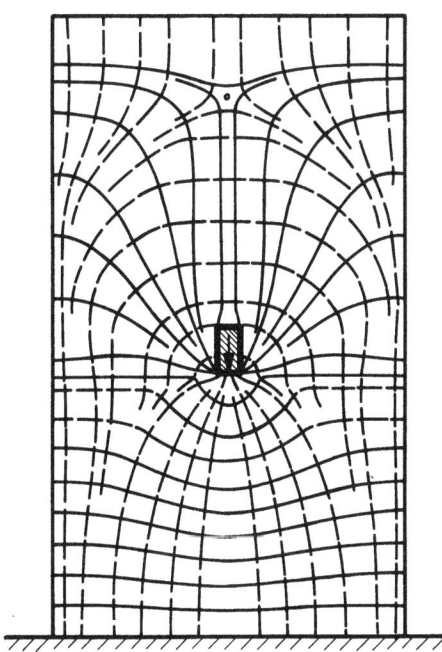

Bild 4.36 Hauptspannungstrajektorien in einer Scheibe, die durch eine in ihrem Inneren angreifenden Last beansprucht wird [62]

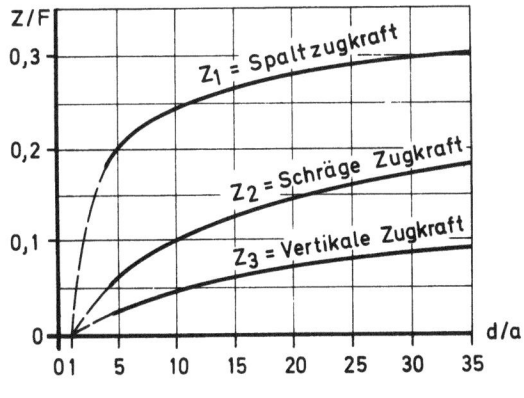 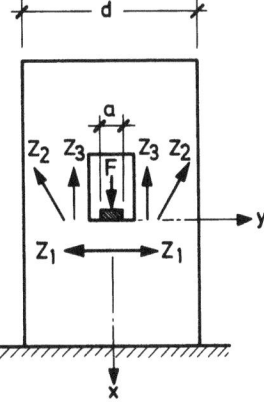

Bild 4.37 Größe der Spaltzugkräfte Z_1 bis Z_3 in einer in ihrem Inneren belasteten Scheibe [62]

Bei in der Scheibe angreifenden Kräften können an den Außenflächen liegende Netzbewehrungen für diese Zugkräfte angerechnet werden. Auf die Aufhängebewehrung für Z_2 und Z_3 kann verzichtet werden, wenn die Scheibe mit der Dicke t an der Angriffstelle der Kraft eine Druckspannung von $\sigma_x \approx 0,1\ p =$
$= 0,1\ F/a\ t \approx 1\ N/mm^2$ in Kraftrichtung aufweist, die genügt, um Querrisse an der Laststelle zu verhüten.

J. Eibl und G. Ivanyi [63] haben die Zugkräfte für einbetonierte Spanngliedanker mit Hilfe finiter Elemente berechnet. Es ergaben sich kleinere Zugspannungen hinter der Einleitungsstelle. Eine Überprüfung an Versuchskörpern zeigte, daß es für die Rissefreiheit wesentlich auf die Betondeckung des Verankerungskörpers in der Scheibe ankommt. Auch die Anordnung mehrerer Verankerungsstellen zueinander (niemals in einer Reihe, ergibt Reißverschlußwirkung!) ist von Bedeutung.

Durch das Auftreten von Rissen wird die Mitwirkung der Scheibe hinter dem Lastangriff geschwächt und die Zugkraft in Anhängebewehrungen weiter verkleinert. Es wäre jedoch falsch, bei solchen Bewehrungen zu sparen, weil sich die Risse an diesen Stellen durch das Kriechen vor der Laststelle dann zu sehr öffnen würden.

4.3.8 Durch Verbund an Stahlstäben eingeleitete Kräfte

Die Einleitung einer Kraft aus einem über Verbund verankerten Stab (z.B. gerippte Spannstähle bei Spannbettvorspannung) erzeugt unabhängig von der Lage des Stabes Spaltkräfte, die etwa den Werten nach 4.3.1.1 bei d/a = 10 entsprechen. Demnach ist die Spaltbewehrung für

$$Z_S = 0,25\ F_{Stab}$$

zu bemessen. Die Spaltspannungen erstrecken sich über die Übertragungslänge $\ell_ü$, die von der Güte des Verbundes (Profilierung) und des Betons abhängt (Bild 4.38) und in der Regel bei der Zulassung der Spannstähle nach Versuchsergebnissen festgelegt wird. Die Größe der Spaltkraft ist unabhängig von $\ell_ü$. Die Spaltbewehrung ist auf 0,5 bis 0,7 $\ell_ü$ vom Spannstabende aus zu verteilen.

Bei üblichen gerippten Betonstählen bis etwa ∅ 20 mm verläßt man sich in der Regel auf die Zugfestigkeit des Betons zur Aufnahme dieser Spaltspannungen. Bei einer Häufung von Verbundankern sind jedoch Querbewehrungen im Ankerbereich dringend zu empfehlen.

4.3 Bemessung für die Spaltkräfte bei zweidimensionaler Einleitung konzentrierter Lasten oder Kräfte

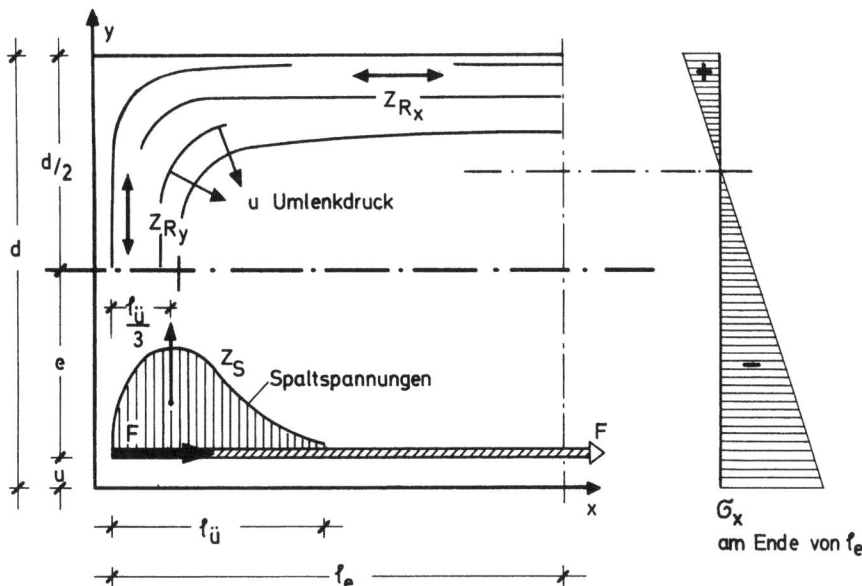

Bild 4.38 Spaltspannungen infolge Einleitung der Kraft F eines über Verbund verankerten Stabes und Lage der resultierenden Spalt- und Randzugkräfte in einem Körper mit Rechteckquerschnitt

Liegen mehrere Stäbe oder Spanndrähte nebeneinander, so heben sich die Spaltkräfte im Innern gegenseitig auf, und es bleibt nur die Spaltzugkraft für die Spannkraft eines Stabes je Lage oder einer Reihe abzudecken (Bild 4.39).

Neben der Spaltzugkraft sind die Randzugkräfte und die weiteren Querzugkräfte zu beachten, die in der Scheibe durch die Ausbreitung der verankerten Kräfte (Spannkräfte) entstehen. Dabei ist natürlich die gesamte Ankerkraft aller Stäbe oder Drähte maßgebend.

Die Querzugkräfte Z_{Ry} am Rand können nach Bild 4.18 bemessen werden, sie wirken etwa im hinteren Drittel der Übertragungs-

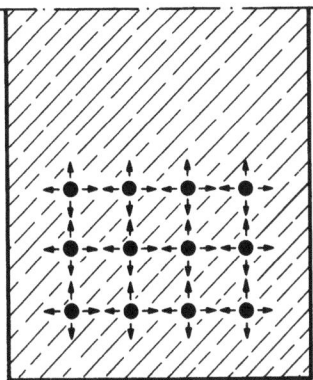

Bild 4.39 Bei Verankerung mehrerer Vorspanndrähte über Verbund heben sich die Spaltkräfte der Einzeldrähte z.T. gegenseitig auf

länge $\ell_ü$. Ein Teil der Spaltbewehrung wird in der Regel zur Deckung dieser Querzugkräfte mitbenützt.

Die Randzugkräfte Z_{Rx} hängen von der Ausmitte e/d des Kraftangriffs ab und ergeben sich aus dem Zugkeil der G_x am Ende der Eintragungslänge ℓ_e, die bei Rechteckscheiben etwa zu $\ell_ü/3 + (d - u)$ anzunehmen ist. J. Plähn und K. Kröll [64] geben die Eintragungslänge an mit

$$\ell_e = d \left[1 + 0{,}15 \left(\frac{\ell_ü}{d}\right)\right]^2$$

Im Eintragungsbereich neben $\ell_ü$ genügt in der Regel die übliche Mindest-Querbewehrung, weil die Umlenkung der Zugkräfte von Z_{Ry} nach Z_{Rx} Querdruck gibt.

Bei T- oder I-Querschnitten sind die Flansche in üblicher Weise mit Querbewehrung für die Krafteinleitung anzuschließen. Die Querzugkraft wird dabei aus der in die Flansche gelangenden Kraft im entsprechend verlängerten Eintragungsbereich unter der Annahme von 45°-Druckstreben berechnet (vgl. [1 a, Abschn. 8.6.1]).

4.3.9 Einleitung einer Einzelkraft in einen Plattenbalken

Ein Stuttgarter Versuch von M. Sargious (Bild 4.40) zeigt die Spannungstrajektorien und die Zugkräfte im Steg für eine etwa im Schwerpunkt des T-Querschnitts geneigt angreifende Vorspannkraft V. Die Kraft muß sich nicht nur im Steg, sondern auch in der Platte ausbreiten, was die Spaltkraft ähnlich vergrößert, wie wenn der Steg über der Kraft höher wäre.

Als Näherung wird empfohlen, folgendermaßen vorzugehen (Bild 4.41): Man rechnet die Spannungen $G_x = \frac{V}{A} + \frac{V \cdot e}{W}$ am Ende der Einleitungslänge ℓ_e, wobei $\ell_e = h_v + b \cong d_o$ anzunehmen ist. Der Steg wird nach Abschnitt 4.2 behandelt mit einem Ersatzprisma von der Kantenlänge $d_1 = 2 h_v \cong d_o$. Die Querzugkraft in der Platte ergibt sich aus dem in die Platte einzuleitenden Anteil der Vorspannkraft

$$V_{p\ell} = b \cdot d \cdot G_{x,p\ell}$$

Dabei ist die Platte als innerhalb der Stegdicke b_o belastete Scheibe mit der Breite b zu betrachten. Die Ausbreitung beginnt etwa im Abstand $x = 0{,}7 h_v$ vom Rand des Plattenbalkens. Die Spaltzugkraft errechnet sich aus $V_{p\ell}$ für b/b_o anstelle von d/a in Bild 4.8. Die Querbewehrung ist nach Bild 4.6 zu verteilen. Wirkt gleichzeitig eine Querkraft Q infolge von Lasten und Auflagerkräften in z-Richtung, dann ergeben sich daraus

4.3 Bemessung für die Spaltkräfte bei zweidimensionaler Einleitung konzentrierter Lasten oder Kräfte

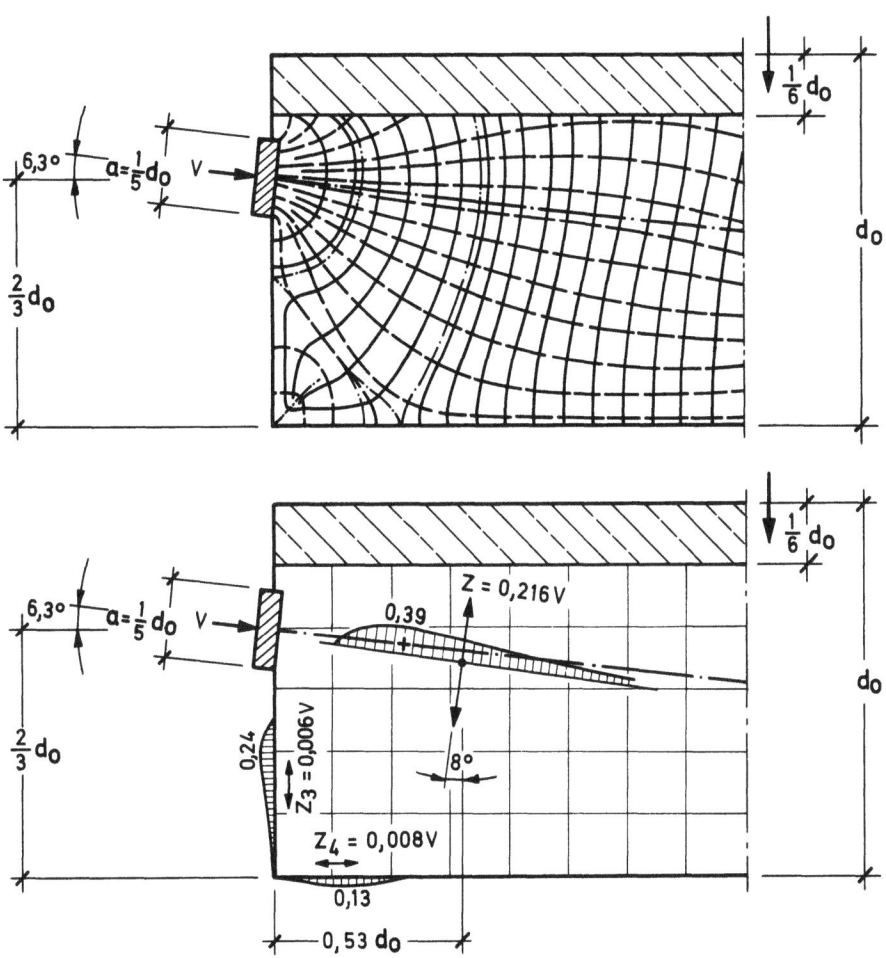
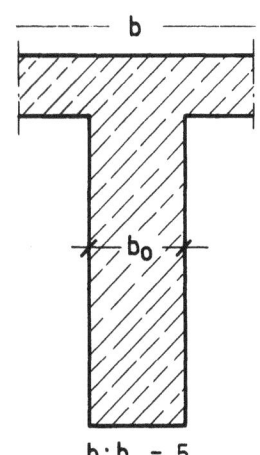

Bild 4.40 Hauptspannungstrajektorien (oben) und Spaltspannungen (unten) am Modell eines Plattenbalkens mit V in 2/3 d_o von unten angreifend und b/b_o = 5 [48]

zusätzliche schiefe Zugspannungen, die durch zusätzliche Bewehrung aufzunehmen sind (vgl. [1 a, Abschn. 8.6.1]).

In [65] haben A.L. Yettram und K. Robbins diese Näherungsverfahren mit dem Verfahren finiter Elemente überprüft und festgestellt, daß es Lösungen auf der sicheren Seite liefert.

J. Kammenhuber und J. Schneider haben in [66] neuere Ergebnisse von Untersuchungen über die Spaltzugkräfte in den Stegen von vorgespannten Trägern mit I-Querschnitt veröffentlicht. Aus dem charakteristischen Bild 4.42, das die Isobaren der σ_z-Spannungen wiedergibt, ist zu entnehmen:

Bei Angriff der Einzelkraft in der Trägerachse entstehen bei kräftigen Gurtplatten im Steg größere Spannungswerte als in Scheiben, und zwar schon im Abstand von 0,4 d_o vom Rand mit ihrem Maximum dicht am Übergang zu den Gurten. Der Bereich, in dem merkbare σ_z-Spannungen vorhanden sind, erstreckt sich

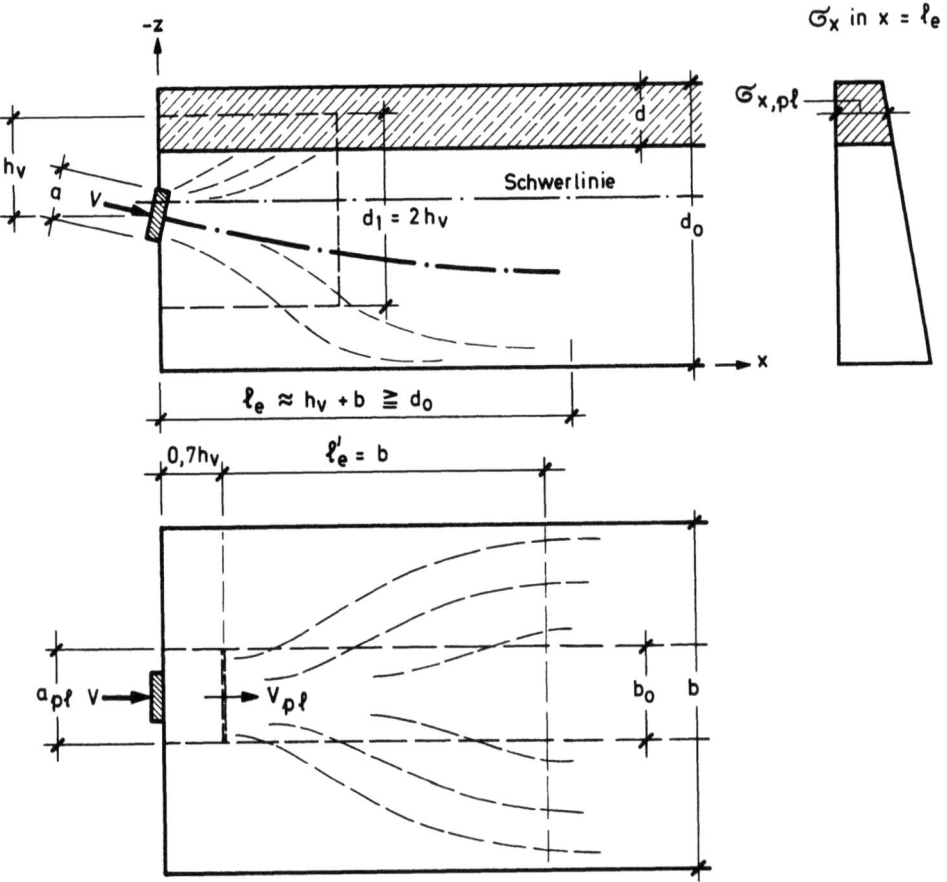

Bild 4.41 Ersatzprismen zur Ermittlung der Spaltkräfte im Steg und in der Platte eines Plattenbalkens

weiter in x-Richtung als bei einer gleich hohen Scheibe. Für die Spaltzugbewehrung des Steges folgt daraus, daß sie für mind. 0,40 V bemessen, auf $x = 0{,}2$ bis $0{,}6\, d_o$ verteilt werden sollte und in den Flanschen gut verankert sein muß.

Greift die Einzelkraft an der oberen Platte des I-Querschnitts an, dann sind die Randzugkräfte wie bei ausmittiger Last nach Abschn. 4.3.2 zu beachten - allerdings ist ihre Größe bei den angegebenen Querschnittsverhältnissen nur rd. 1/4 derjenigen an der gleich hohen ausmittig belasteten Scheibe. Zu beachten ist hier, daß am Anschluß des unteren Flansches die σ_z-Spannungen auf eine beachtliche Länge Querbewehrung zur Einleitung der σ_x-Zugspannungen in den unteren Flansch bedingen.

Der Arbeit [66] ist Bild 4.43 entnommen, das beispielhaft zeigt, wie aus Trajektorienbildern von D-Bereichen (Schlaich) Kraftecke gezeichnet werden, aus denen die Resultierende Z der Zugspannungen genügend genau ermittelt werden kann. Die Bewehrungen müssen jedoch dem Verlauf der σ_{Zug} entsprechend verteilt werden.

4.3 Bemessung für die Spaltkräfte bei zweidimensionaler Einleitung konzentrierter Lasten oder Kräfte

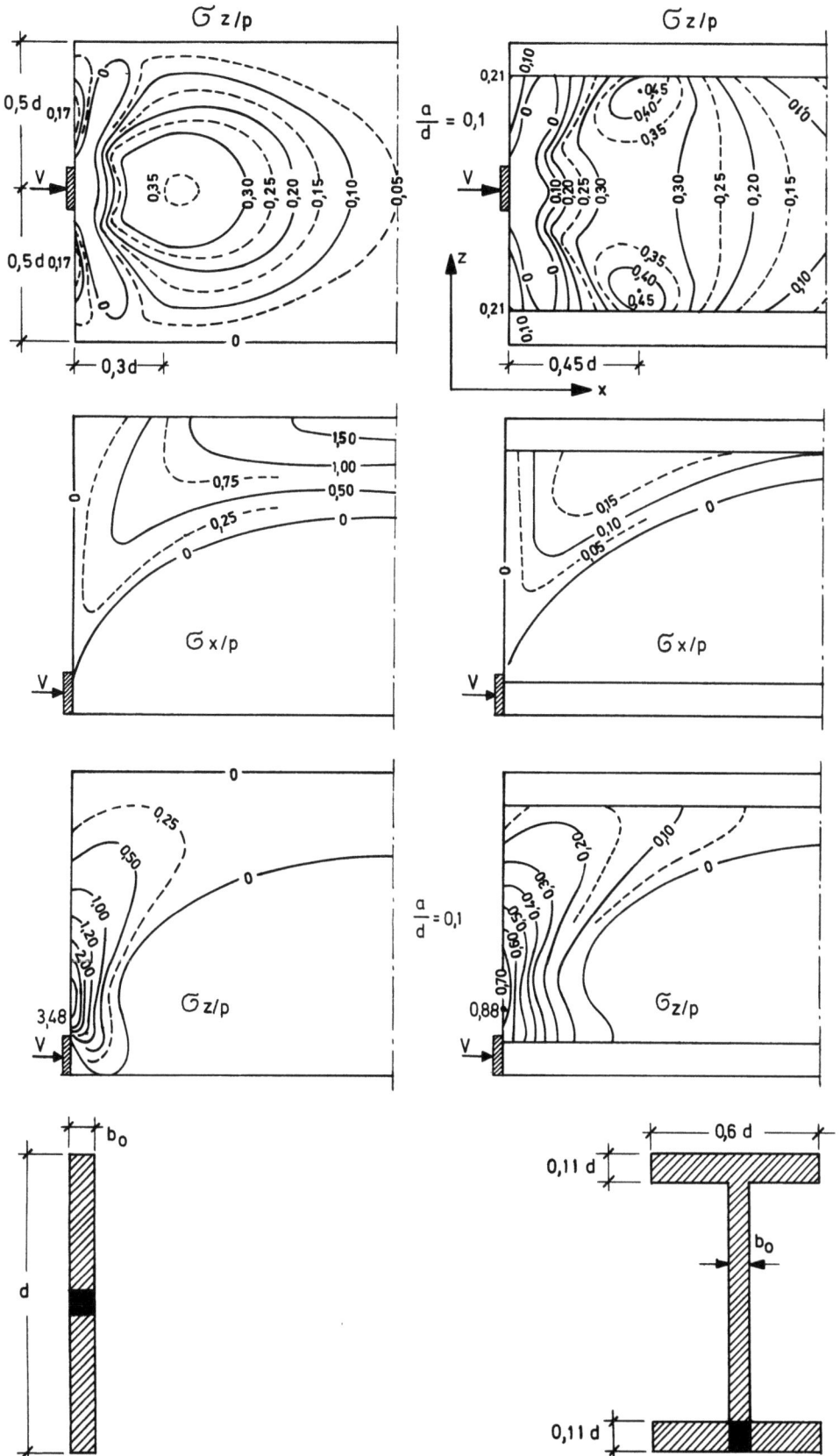

Bild 4.42 Vergleiche der Isobaren der auf $p = \frac{V}{b_o d}$ bezogenen σ_z und σ_x bei Scheiben und bei I-Trägern bei Lastangriff in $\frac{d}{2}$ und am unteren Rand nach [66]

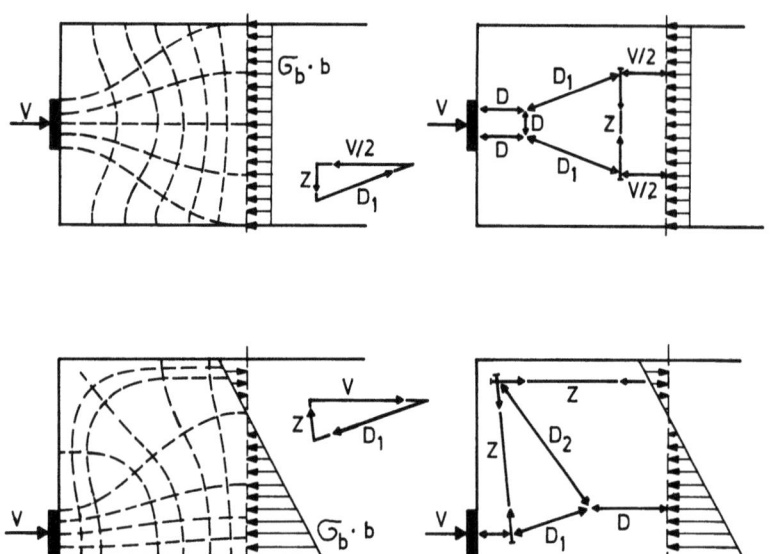

Bild 4.43 Beispiele für Trajektorienbilder und deren Auswertung

4.4 Bemessungswerte für die Spaltkräfte bei räumlicher, dreidimensionaler Einleitung konzentrierter Lasten oder Kräfte

Dreidimensionale Einleitung ist gegeben, wenn der Betonkörper in beiden Achsrichtungen y und z größer ist als die Lastplatte, so daß sich die Spannungen in allen Richtungen quer zur x-Achse ausbreiten.

4.4.1 Die mittige Einzellast

4.4.1.1 Die Spaltspannungen und die Spaltkraft

Hier werden die Ergebnisse der Berechnung von Spaltkräften mit finiten Elementen nach A.L. Yettram und K. Robbins [52] benützt, die variable Abmessungen d und b des Betonblocks mit $A = d\,b$ und der Lastfläche $A_1 = a\,c$ berücksichtigen (Bild 4.44) Die von S.R. Jyengar und M.K. Prabhakara in [40] und [42] veröffentlichten analytischen Ergebnisse decken sich weitgehend mit denen in [52]. Beachtlich ist, daß beim quadratischen Prisma mit stark konzentrierter Last, z.B. $A : A_1 = 25$ (Bild 4.45), die Spaltspannungen $\sigma_y = \sigma_z$ im Bereich der Achse weit größer sind als an der Oberfläche ($y = z = d/2$), dazwischen jedoch wieder kleiner. Bei großer Lastfläche, z.B. $A : A_1 = 2$ (Bild 4.46) sind dagegen die Spaltspannungen außen größer als innen. Das Maximum der Spaltzugspannungen liegt etwas näher an der Last als bei zweidimensionaler Behandlung und weicht auch in unterschiedlicher Weise von den zweidimensional berechneten Werten ab.
Die Einleitungslänge beträgt wieder rund $\ell_e \approx d$, wenn $d \triangleq b$ ist.

4.4 Bemessungswerte für die Spaltkräfte bei räumlicher, dreidimensionaler Einleitung konzentrierter Lasten oder Kräfte

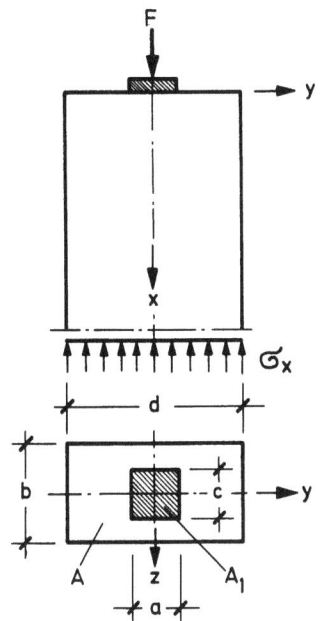

Bild 4.44 Bezeichnungen an einem durch eine konzentrierte Last beanspruchten Körper

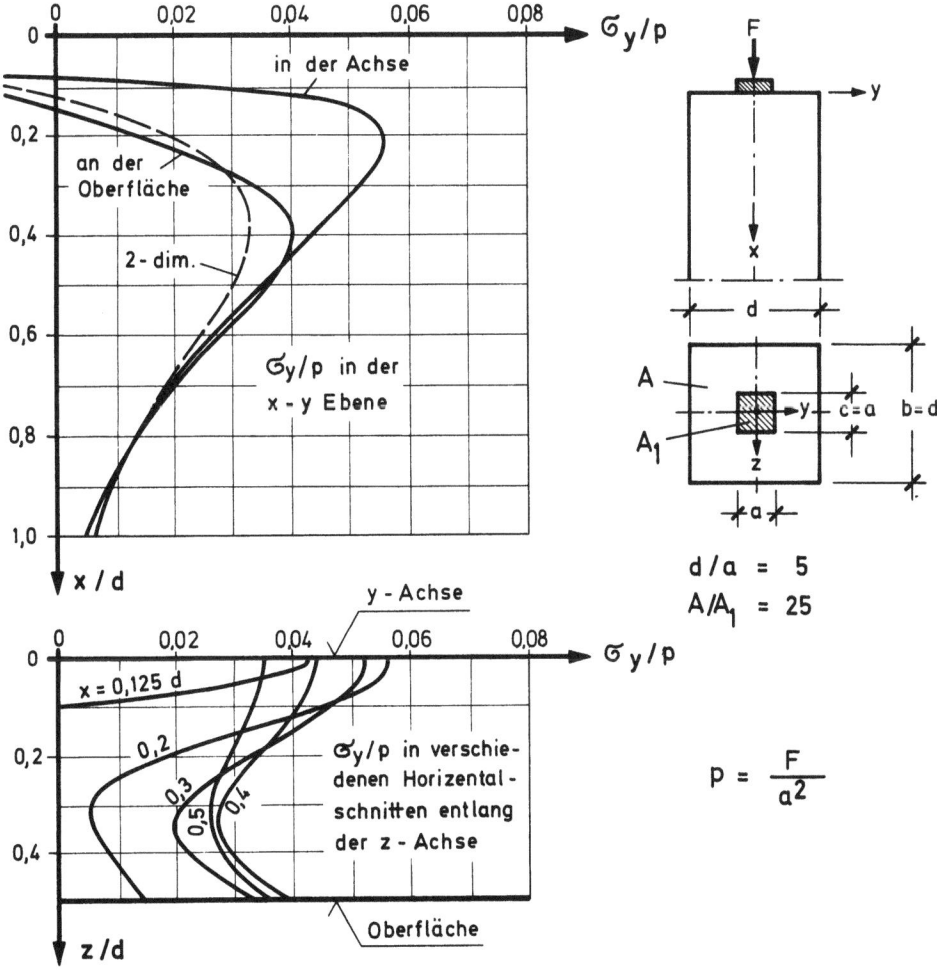

$$p = \frac{F}{a^2}$$

$d/a = 5$
$A/A_1 = 25$

Bild 4.45 Verlauf der Spaltzugspannungen $\sigma_y = \sigma_z$ bei einem Prisma mit quadratischem Querschnitt und $A/A_1 = 25$.
Oben: in der Achse und in der Mittellinie der Oberfläche in x-Richtung. Unten: in Horizontalschnitten in verschiedenem Abstand x in z-Richtung [52]

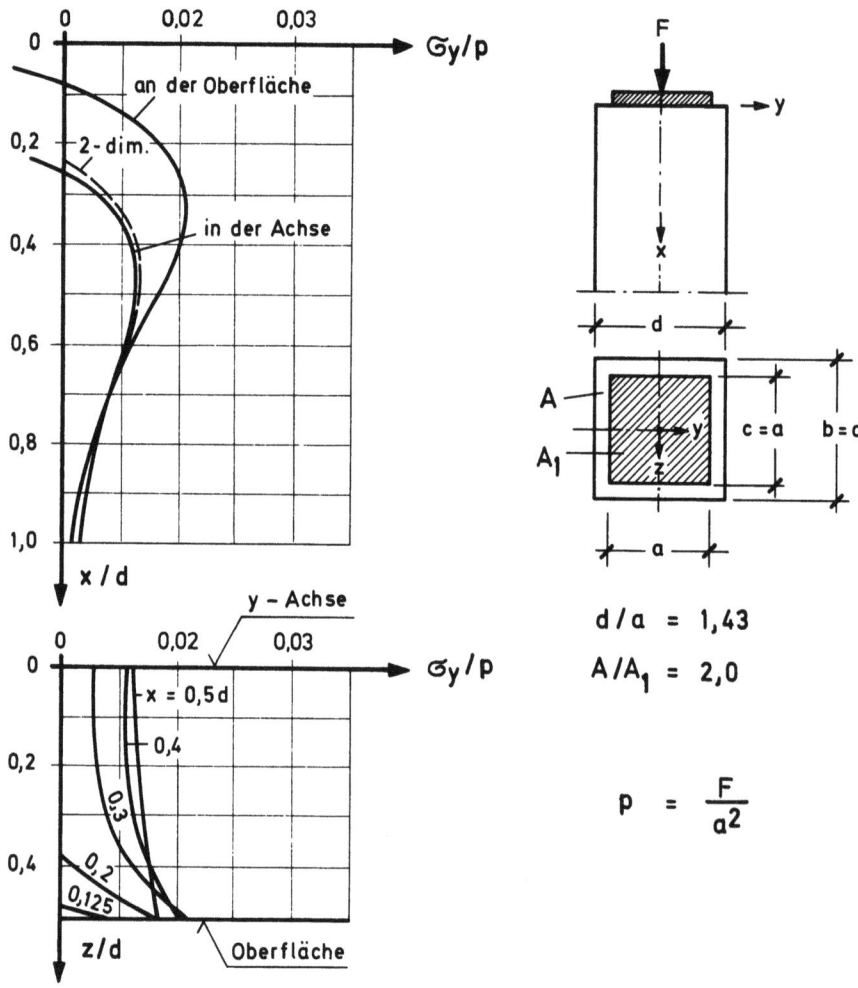

Bild 4.46 wie Bild 4.45, jedoch für ein Prisma mit $A/A_1 = 2$
[52]

Für das Prisma mit quadratischem Querschnitt ergibt sich die
Summe der Spaltkräfte in jeder der beiden Achsebenen x y und
x z in Abhängigkeit von d/a gemäß Bild 4.47 annähernd gleich
groß wie in Bild 4.8, so daß hierfür die Näherung nach Gl.(4.1 a)
gilt:

$$Z_y = Z_z \approx 0{,}25 \, F \left[1 - \frac{a}{d}\right]$$

Die für Z_y und Z_z erforderlichen Bewehrungen sind sowohl in
y- als auch in z-Richtung anzuordnen; für die Verteilung in
allen Richtungen geben die Bilder 4.45 und 4.46 einen Hinweis.
Streng genommen müßte bei großen $A : A_1$ noch ein Zuschlag gemacht werden, weil in den Diagonalrichtungen (45° und 135°
gegen y-Achse) die radialen Hauptspannungen bis zu 45° von den
Bewehrungsrichtungen abweichen, doch wird man in der Praxis
darauf verzichten können.

4.4 Bemessungswerte für die Spaltkräfte bei räumlicher, dreidimensionaler Einleitung konzentrierter Lasten oder Kräfte

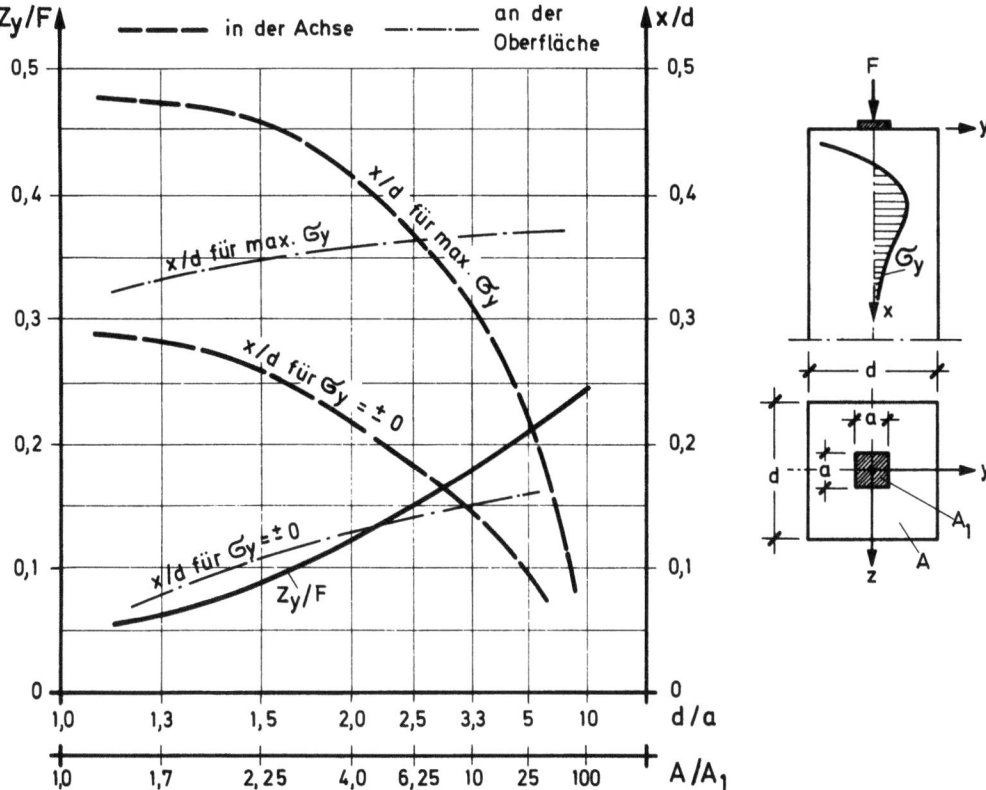

Bild 4.47 Größe der Spaltzugkräfte $Z_y = Z_z$ bezogen auf die Last F und Abstand x/d der Punkte mit max σ_y und $\sigma_y = 0$ vom oberen Rand in der Achse und an der Oberfläche eines Prismas mit quadratischem Querschnitt [52]

Für Kreiszylinder unter kreisförmiger Lastfläche haben R. Hiltscher und G. Florin [67] die Spaltspannungen berechnet und den in Bild 4.48 dargestellten Verlauf gefunden: Die Größtwerte der Zugspannungen liegen näher an der Lastfläche als bei entsprechenden Verhältnissen in Scheiben, die Spannungs- und Zugkraftwerte sind aber etwas geringer - vgl. Bild 4.7 für die Scheibe (zweidimensional). Die Spaltkräfte zur Bemessung der Spaltbewehrung sollten dennoch wie beim quadratischen Prisma angesetzt werden, wobei eine Wendelbewehrung zweckmäßig ist, die in Analogie zu einem unter Innendruck (= Spaltkraft) stehenden Zylinder zu ermitteln ist. Hierzu kann man auf die für umschnürte Stahlbetonstützen in [1 a, Abschn. 7.4] aufgestellten Gleichungen zurückgreifen, wenn man voraussetzt, daß die Wendelbewehrung am Ende des Spaltzugbereiches ebenfalls einen unter Innendruck stehenden zylindrischen Körper umschließt. Der Einfluß des Verhältnisses von Körperdicke zur Lastplattengröße wird dabei allerdings außer acht gelassen. Für die umschnürte Stütze wurde abgeleitet

$$\Delta N_u = -\frac{1}{\mu} \cdot \frac{\pi d_k}{2} \cdot \frac{A_{sw}}{s_w} \cdot \beta_{Sw}$$

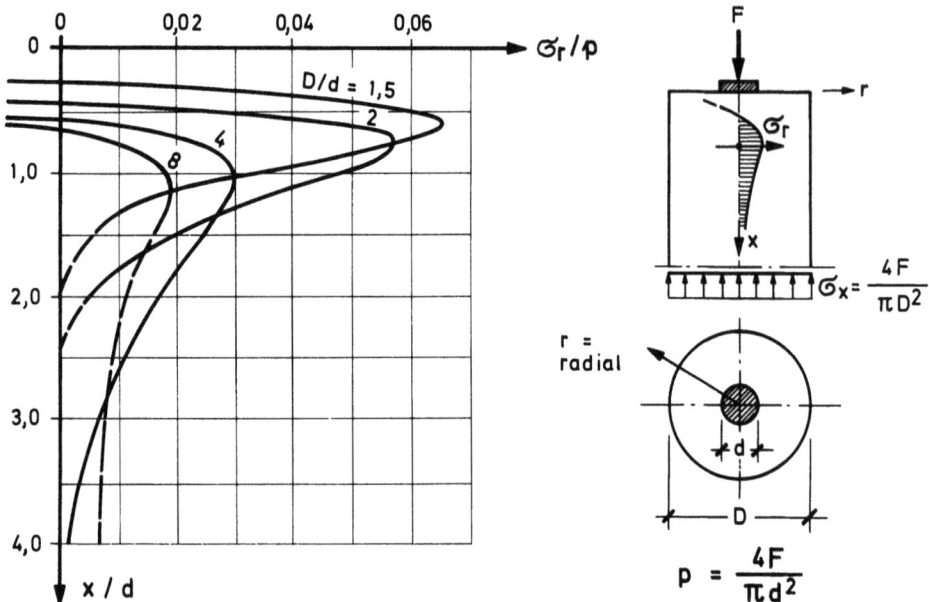

Bild 4.48 Spaltzugspannungen in der Achse eines mittig belasteten zylindrischen Körpers [67]

Mit der Querdehnzahl $\mu = 0{,}2$ ergibt sich daraus als Bemessungsgleichung für die Spaltzugwendel

$$\text{erf } A_{sw} = \frac{1}{8} \frac{F}{d_k \text{ zul } \sigma_s} \cdot s_w \qquad (4.6)$$

mit A_{sw} = Stabquerschnitt der Wendel

d_k = Achsdurchmesser

s_w = Ganghöhe der Wendel

zul σ_s = 180 N/mm² bei BSt 420/500
= 120 N/mm² bei BSt 220/340

Für rechteckige Prismen mit verschiedenen Verhältnissen d/a und b/c kann man die Lage der maximalen Spaltspannung max σ_y in der Achse und an der Oberfläche aus Bild 4.49 und ihre Größe aus Bild 4.50 entnehmen. Die Spannung max σ_z ergibt sich aus der Umkehrung der Seitenverhältnisse. Die an einem Körper gleichzeitig auftretenden max σ_y und max σ_z sind nicht gleich groß und liegen auch nicht an der gleichen Stelle x. Der Verlauf der Spaltspannungen in der Achse entspricht etwa dem beim quadratischen Prisma für das jeweilige Verhältnis d/a bzw. b/c.

Die Größe der Spaltkräfte ergibt sich ebenfalls bei rechteckigen Prismen für die y- und z-Richtung unterschiedlich je nach den Verhältnissen d/a und b/c. Solange noch keine Auswertungen vorliegen, behilft man sich damit, daß Z_y und Z_z je für die volle Last F mit den zugehörigen d/a bzw. b/c aus dem für zwei-

4.4 Bemessungswerte für die Spaltkräfte bei räumlicher, dreidimensionaler Einleitung konzentrierter Lasten oder Kräfte

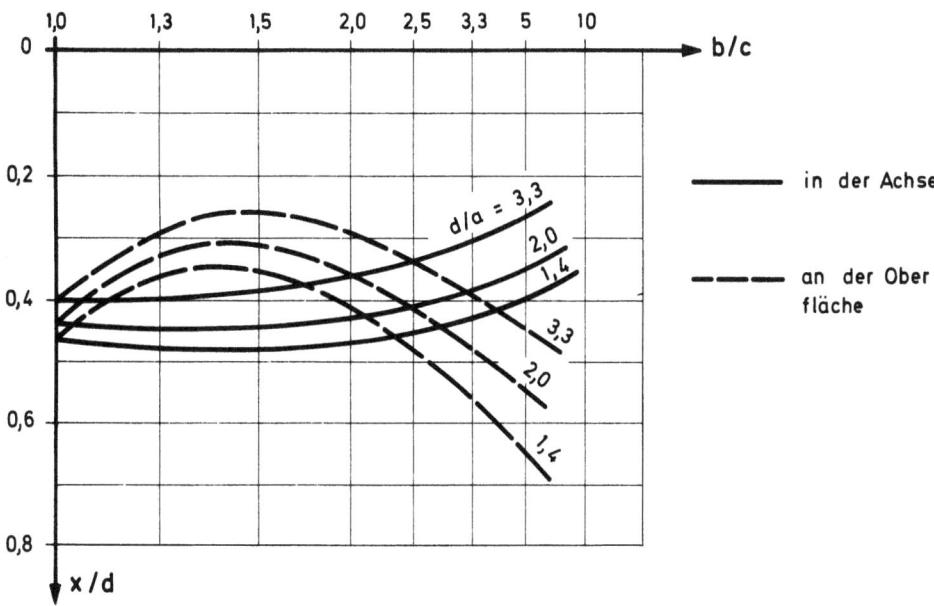

Bild 4.49 Abstand x/d der maximalen Spaltzugspannung max σ_y in der Achse und an der Oberfläche von prismatischen Körpern mit verschiedenen Verhältnissen d/a und b/c der Lastfläche zu den Prismenabmessungen [52]

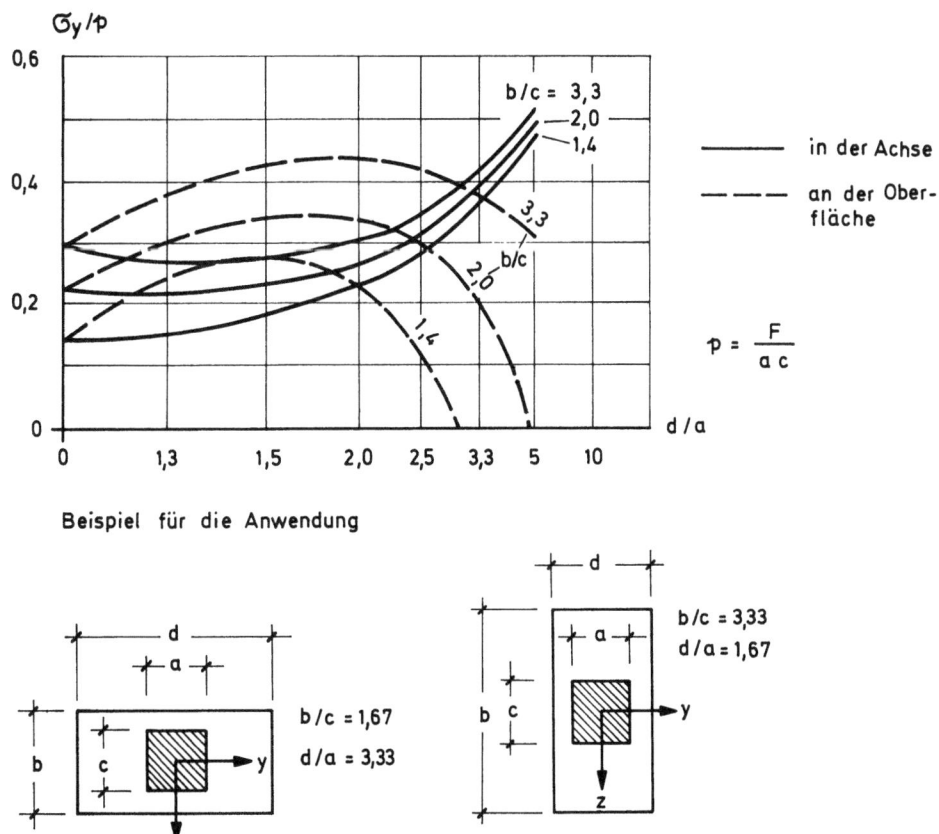

Bild 4.50 Größe der maximalen Spaltzugspannung max σ_y/p in der Achse und an der Oberfläche prismatischer Körper - vgl. Bild 4.49 [52]

dimensionale Fälle geltenden Diagramm Bild 4.8 entnommen werden.

Die B e w e h r u n g e n zur Aufnahme der Spaltzugkräfte sind mit kleinen Stababständen (10 bis 25 cm) zu entwerfen und dem Verlauf der $+\sigma_y$ und $+\sigma_z$ ungefähr entsprechend in x-Richtung zu verteilen, um die Breiten etwa entstehender Risse klein zu halten.

4.4.1.2 Die Randzonen - Zugkräfte

Die Randzonen-Zugkräfte als Summe der Randzugspannungen auf der belasteten Stirnfläche und in den Eckbereichen treten bei der dreidimensionalen Ausbreitung in etwa gleicher Art und Größe auf wie sie in 4.3.1.3 geschildert wurden.

Behindert man die Querdehnung des Betonblockes nahe der Lastfläche durch U m s c h n ü r u n g und erzeugt so radiale Druckspannungen, dann verschwinden die Randzonen-Zugkräfte (Bild 4.51). Daher sind Wendelbewehrungen an Spanngliedankern und unter anderen hohen Lastkonzentrationen stets als günstig wirkend zu betrachten.

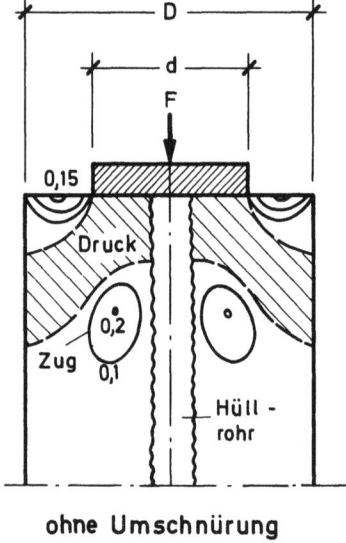 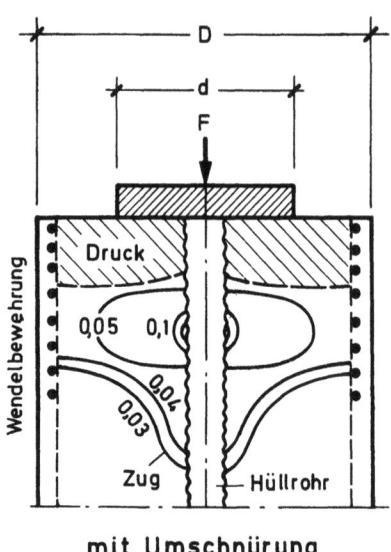

ohne Umschnürung   mit Umschnürung

Bild 4.51 Randzonen-Spannungen in einem durch ein Hüllrohr geschwächten Zylinder (links) und ihre Aufnahme durch kräftige Wendelbewehrung (rechts)

4.4.2 Die ausmittige Einzellast

Für die dreidimensionale Einleitung von ausmittigen Einzellasten geht man analog zu 4.4.1 vor und benützt hilfsweise die Werte für zweidimensionale Ausbreitung.

4.5 Begrenzung der Pressung in der Lastfläche

Ist die Fläche, auf die eine Last wirkt, merklich kleiner als die Körperoberfläche, dann versagt der Beton erst bei Pressungen, die viel größer sind als die Würfeldruckfestigkeit, weil unter der Lastfläche zweiachsiger Querdruck (also insgesamt dreiachsiger Druck) entsteht. Ist der Körper gegen Spalten geschützt, z.B. durch sehr große Abmessungen, mehrachsigen seitlichen Druck oder durch Umschnürung oder andere Querbewehrungen, dann wird der Beton nur örtlich im Bereich eines Kegels unter der Lastplatte zerstört. Das Problem wurde schon sehr früh von J. Bauschinger [68] und C. Bach [69] untersucht. Aus Versuchen an mittig belasteten, bewehrten und unbewehrten Betonzylindern hat H.-P. Spieth [70] ermittelt, daß die Grenzpressung vom Verhältnis der Körperquerschnittsfläche zur Lastfläche nach einem Potenzgesetz abhängig ist. Die folgende Beziehung wurde für u n b e w e h r t e Körper bei statischer Belastung abgeleitet (vgl. Bild 4.52). Für oftmals wiederholte Belastung ergibt sich ein wesentlich niedrigerer Wert (siehe

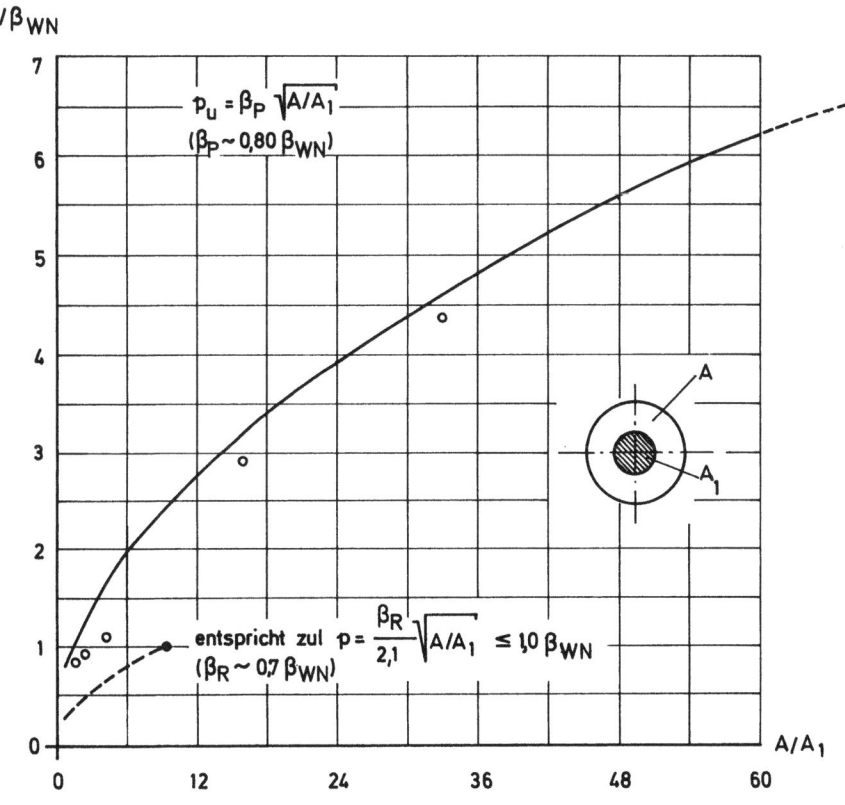

Bild 4.52 Bruchpressung p_u nach Versuchen von Spieth [70] an unbewehrten, mittig belasteten Betonzylindern und Vergleich mit Gl. (4.7) sowie zul p nach DIN 1045

Abschnitt 7.4).

$$p_u = \beta_P \sqrt{\frac{A}{A_1}} \leq 9\, \beta_P \qquad (4.7)$$

wobei   A = Querschnittfläche des Körpers
und A_1 = Lastfläche

bedeuten.

Für unbewehrten Beton wird ein Sicherheitsbeiwert $\gamma = 3$ empfohlen.

Für bewehrten (umschnürten) Beton ergeben sich je nach Grad und Art der Bewehrung noch höhere Werte p_u mit einer oberen Grenze, die noch über $9\,\beta_P$ liegt [71]. Man kann also z.B. Stahlpfähle ohne lastverteilende Kopfplatten gegen den Beton B 35 von Pfahlkopfplatten wirken lassen ($p_u \approx 250$ N/mm² $\sim \beta_S$ des St 37) [72].

Nach DIN 1045, Abschn. 17.3.3 ist

$$\text{zul } p = \frac{\beta_R}{2{,}1} \sqrt{\frac{A}{A_1}} \leq 1{,}4\, \beta_R \approx 1{,}0\, \beta_{WN} \qquad (4.8)$$

Dieser Grenzwert ist sehr vorsichtig gewählt.

Hohe Pressungen über $p = \beta_R$ sollten dennoch nur dann angewandt werden, wenn sich die Querdruckspannungen zuverlässig entwickeln können (kein Querzug aus anderen Ursachen), und wenn die auftretenden Spaltzugspannungen durch gut verteilte Bewehrung aufgenommen werden.

Für die Größe der Fläche A ist anzunehmen, daß die Druckspannungen sich nicht flacher als 2/1 und konzentrisch im Körper von der Lastfläche $A_1 = b_1 \cdot d_1$ auf die rechnerische Verteilfläche $A = b \cdot d$ ausbreiten. Aus diesen Bedingungen und dem Grenzwert der Gl. (4.8) folgen die in DIN 1045 (vgl. Bild 4.53) angegebenen zusätzlichen Regeln:

a) Die Schwerpunkte der Lastfläche A_1 und der in Rechnung gestellten Verteilfläche A müssen auf der Wirkungslinie der Last liegen.

b) Die Verteilfläche darf höchstens mit $A = b \cdot d = 3\, b_1 \cdot 3\, d_1$ in Rechnung gestellt werden.

c) Der Abstand h der Verteilfläche von der Lastfläche muß größer sein als $b - b_1$ bzw. $d - d_1$. Daraus folgt bei beschränkter Körperhöhe h für die zul. Kantenlängen der rechnerischen Verteilfläche A:

4.5 Begrenzung der Pressung in der Lastfläche

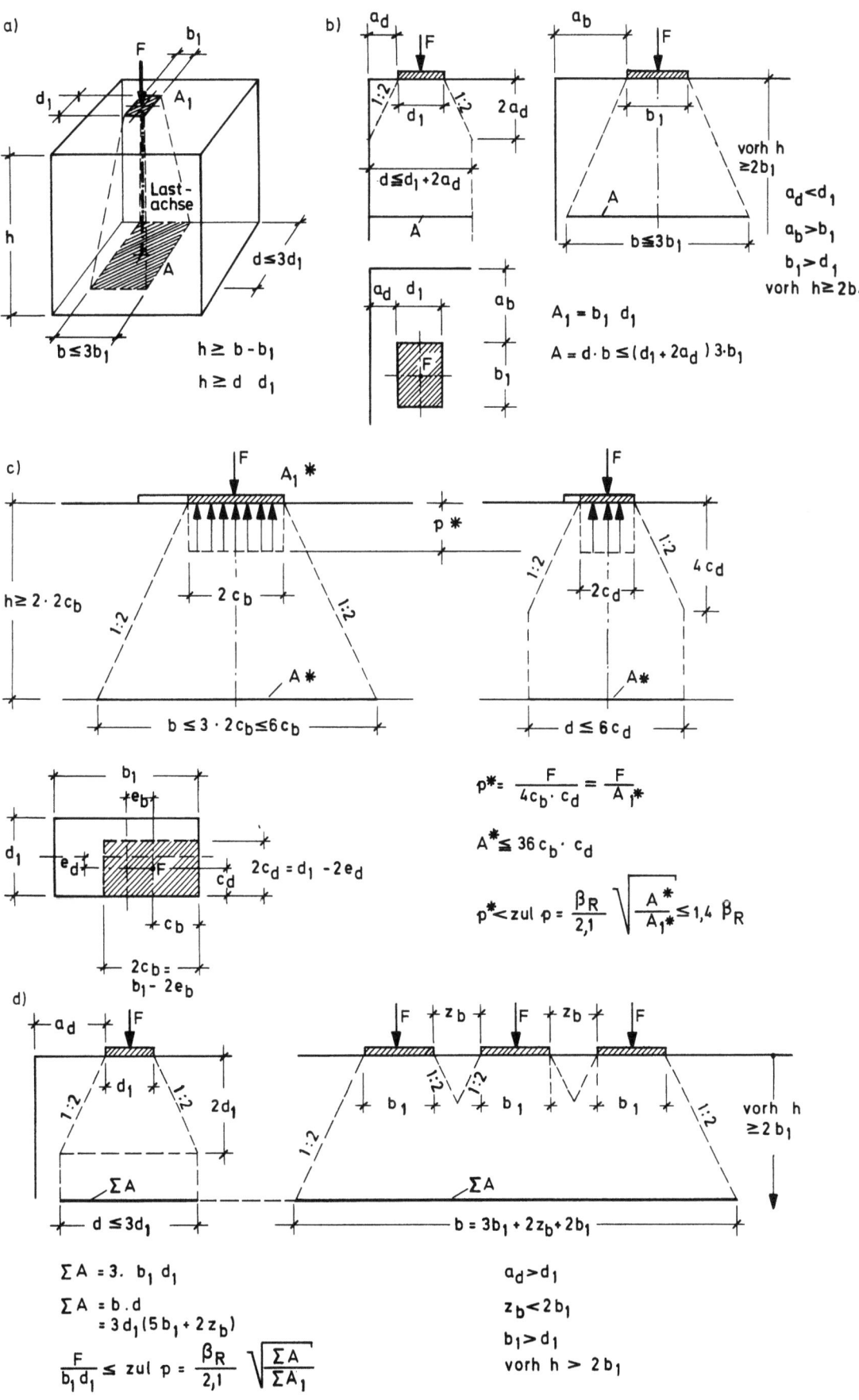

Bild 4.53 Darstellung der in DIN 1045 enthaltenen Bedingungen zur Anwendung der Gl. (4.8): a) Regelfall; b) Lastplatte am Rand eines Körpers; c) ausmittig belastete Lastplatte; d) sich überschneidende Verteilflächen

$$\text{zul } b \leq \text{vorh } h + b_1 \leq 3\, b_1 \text{ oder } b_1 + 2\, a_b$$
$$\text{und zul } d \leq \text{vorh } h + d_1 \leq 3\, d_1 \text{ oder } d_1 + 2\, a_d \qquad (4.9)$$

Ist vorh h größer als das Doppelte der größten Kantenlänge b_1 bzw. d_1 der Lastfläche, dann führt Gl. (4.8) zu dem Grenzwert

$$\text{zul } p = 1{,}4\, \beta_R$$

Für den Einfluß einer vorhandenen Körperhöhe h auf zul p hat B. Kuyt [73] einen Beiwert angegeben, der sich ähnlich auswirkt wie die Begrenzung der Verteilfäche A nach DIN 1045.

Die Bedingung a) wirkt sich auf die Größe der Verteilfläche insbesondere bei Lasten aus, die in Rand- oder Eckbereichen der Körperoberfläche stehen (vgl. Bild 4.53 b).

Wenn sich die Verteilflächen A <u>nebeneinander angreifender Lasten</u> überschneiden, dann darf die zulässige Pressung p nur aus der in der Höhe der Überschneidungslinie vorhandenen Verteilfläche A in bezug auf A_1 berechnet werden (vgl. Bild 4.53 d).

4.6 Einleitung von Kräften parallel zur Oberfläche eines Betonkörpers

4.6.1 Krafteinleitung über Bolzen

Ein in den Beton eingelassener Bolzen gleicht einem elastisch gebetteten Stab (Bild 4.54). Am vorderen Rand entsteht eine

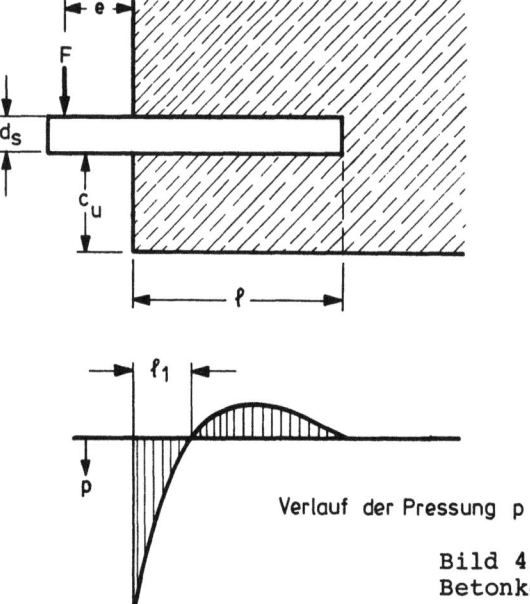

Bild 4.54 Pressungen an einem in den Betonkörper eingelassenen Bolzen

4.6 Einleitung von Kräften parallel zur Oberfläche eines Betonkörpers

hohe Pressungsspitze, die von der Biegesteifigkeit und der Festigkeit des Bolzenstabes und dem E-Modul des Betons (Steifigkeit der Bettung) abhängig ist.

G. Utescher [93] hat das Problem mit finiten Elementen rechnerisch untersucht und zahlreiche Versuche durchgeführt. Demnach erstreckt sich die positive Pressung des Bolzens auf den Beton auf eine Länge $\ell_1 \approx 1,7\ d_s$. Die erforderliche Einbindelänge beträgt nur $\ell = 6\ d_s$ (Bild 4.54). Die Bruchart hängt vom unteren Randabstand c_u ab. Ist c_u klein, dann reißt der untere Beton mit etwa unter 20° nach oben geneigten Rissen ab (Bild 4.55). Das erforderliche c_u ist vom Abstand e der Last von der Betonfläche abhängig und dem Bild 4.56 zu entnehmen. Eine Aufhängebewehrung ist nötig.

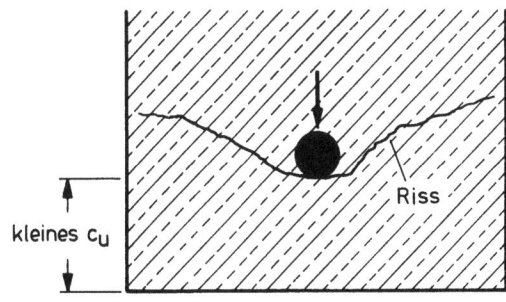

Bild 4.55 Bruchbild bei kleinem Randabstand

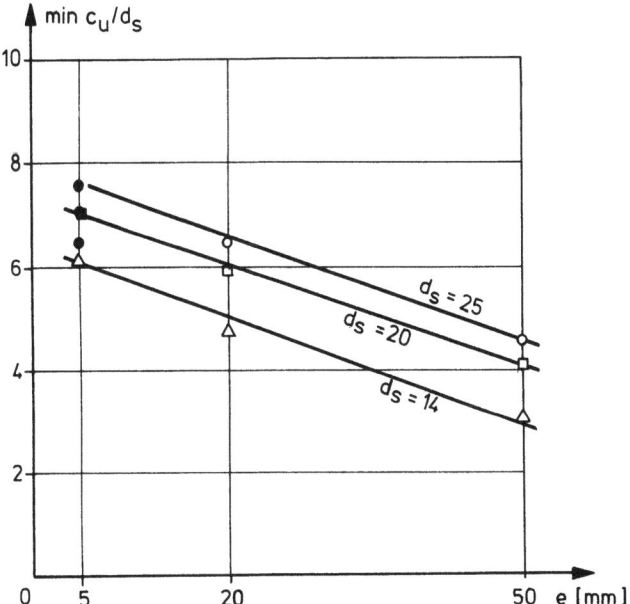

Bild 4.56 Abhängigkeit min c_u/d_s vom Lastabstand e [93]

Bei genügend großem c_u bricht unter dem Bolzen ein flaches Betonstück ab, das nur etwa $0,5\ d_s$ tief und $3\ d_s$ lang ist (Bild 4.57). Die Tragfähigkeit des Bolzens wird erhöht, wenn das Ausbrechen dieses Kraters durch eine angepresste Stahl-

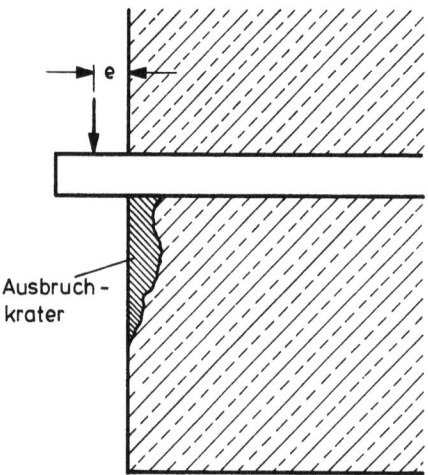

Bild 4.57 Bruchbild bei großem Randabstand

platte behindert wird, der Bolzen muß dann genügend tief verankert sein (Bild 4.58).

Für die Tragfähigkeit gehen wir von Versuchsergebnissen von B.H. Rasmussen [94] aus, die von Utescher bestätigt wurden.

Fall 1:

Wenn das Ausbrechen des Betons unter der Austrittsstelle des Bolzens durch eine angeschweißte Platte oder durch einen Winkel (Bild 4.54) behindert ist

$$F_u = 250 \, d_s^2 \, \sqrt{\beta_P \cdot \beta_S} \qquad (4.10)$$

Fall 2:

Das Ausbrechen des Betons ist nicht behindert

$$F_u = 130 \, (\sqrt{1 - 1,69 \, \varepsilon^2} \cdot 1,3\varepsilon) \, d_s^2 \, \sqrt{\beta_P \cdot \beta_S} \qquad (4.11)$$

Wird der Abstand e → 0, so vereinfacht sich Gl. (4.11) zu

$$F_u = 130 \, d_s^2 \, \sqrt{\beta_P \cdot \beta_S} \qquad (4.11\,a)$$

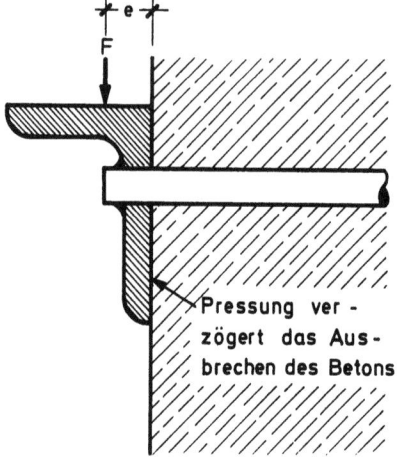

Bild 4.58 Angeschweißte Winkel oder Platten verzögern das Ausbrechen des Betons am vorderen Rand des Bolzens

4.6 Einleitung von Kräften parallel zur Oberfläche eines Betonkörpers

In diesen Formeln bedeuten:

d_s = Durchmesser des Bolzens [cm]

β_S = Streckgrenze des Stahls des Bolzens [N/mm^2]

β_P = Prismendruckfestigkeit des Betons [N/mm^2]

$\varepsilon = 3 \frac{e}{d_s} \cdot \frac{\beta_P}{\beta_S}$ mit e = Abstand des Angriffspunktes der Kraft F von der Betonoberfläche

F_u = Traglast [N]

Der Betonkörper muß im Verhältnis zum Bolzendurchmesser sehr groß oder umschnürt sein. c_u muß größer sein als min c_u nach Bild 4.56.

Die Versuche, die zu diesen Gleichungen führten, wurden mit Abständen e der Last vom Beton von 0 bis 1,3 cm und Bolzendurchmessern d_s = 2,4 cm ausgeführt. Die Gleichungen (4.10) und (4.11) gelten also streng genommen nur bei solchen Verhältnissen.

B.H. Rasmussen schlägt zur Anwendung seiner Gleichungen als Sicherheitsbeiwert γ = 5 vor, um sicherzustellen, daß die Verschiebung des Bolzens an der Laststelle unter Gebrauchslast $v \leq 0,005\, d_s$ bleibt.

Demnach ist zul F = $\frac{1}{5} F_u$.

Die Auswertung ergibt für $\beta_P \sim 0,8\, \beta_{WN}$ und Stahl mit β_S = 220 N/mm^2 bzw. β_S = 420 N/mm^2 die in Bild 4.59 aufgeführten Gebrauchslasten.

Lastangriff	Bolzen ⌀ mm	in B 25 aus BSt 220/340	in B 25 aus BSt 420/500	in B 35 aus BSt 220/340	in B 35 aus BSt 420/500
mit Platte (e = 0) Gl. (4.10)	16	8,5	11,5	10,0	13,5
	20	13,0	18,0	15,5	21,5
	25	20,5	28,5	24,5	33,5
ohne Platte (e = 0) Gl. (4.11 a)	16	4,0	6,0	5,0	7,0
	20	6,5	9,5	8,0	11,0
	25	10,5	14,5	12,5	17,5
ohne Platte (e = 1,5 cm) Gl. (4.11)	16	2,5	4,5	2,0	5,0
	20	4,5	8,0	4,5	8,5
	25	8,0	13,0	8,0	14,5

Bild 4.59 Zul. Gebrauchslasten F in kN für einbetonierte Bolzen nach B.H. Rasmussen [94]

4.6.2 Kraftübertragung durch Anpreßdruck (Vorspannung)

Größere Kräfte parallel zur Betonfläche kann man nur mit einer Lastplatte (aus Stahl oder Stahlbeton) übertragen, die durch Schraubbolzen auf die Betonfläche gepreßt wird. Die Zementhaut der schalungsrauhen Betonfläche vermindert den Gleitwiderstand, deshalb muß man für eine Verzahnung der Flächen der Preßfuge sorgen, damit Scherverbund eintritt. Die übertragbare Kraft ist dann bei kleinem Abstand e der Last von der Betonfläche (Bild 4.60).

$$\text{zul } F \approx 0{,}4 \, \Sigma V$$

$$\text{erf } \Sigma V = 2{,}5 \, F \qquad (4.12)$$

wobei V die durch Vorspannung der Bolzen erzielte Anpreßkraft ist.

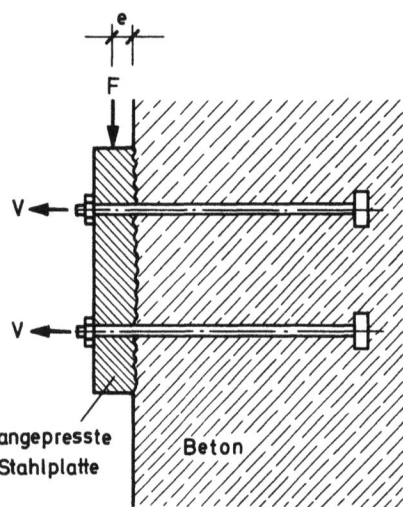

Bild 4.60 Vergrößerung der Tragfähigkeit von Bolzen durch Anpreßdruck und Verzahnung

Bei größerem Abstand e muß die Vorspannkraft im oberen Drittel der "kurzen Konsole" angreifen und die Schrauben müssen zusätzlich für die Konsolzugkraft Z (Bild 4.61) bemessen werden

$$\text{erf } V = 2{,}5 \, F + Z \qquad (4.12a)$$

Die Spannbolzen müssen natürlich ausreichend verankert sein. Die Verankerungslänge für Bolzen mit Ankerplatte am Ende kann gerechnet werden aus der Annahme, daß ein Kegel mit 60° Neigung ausbricht, wobei im Mittel nur 1/6 der Zugfestigkeit des Betons angesetzt werden kann, weil in Wirklichkeit die Spannung in der Nähe der Ankerplatte wesentlich höher ist und dort der Bruch beginnt. In der Regel wird der Ankerbereich quer zur Spannkraft bewehrt und damit gesichert.

4.7 Nachträgliche Befestigungen mit Metalldübeln

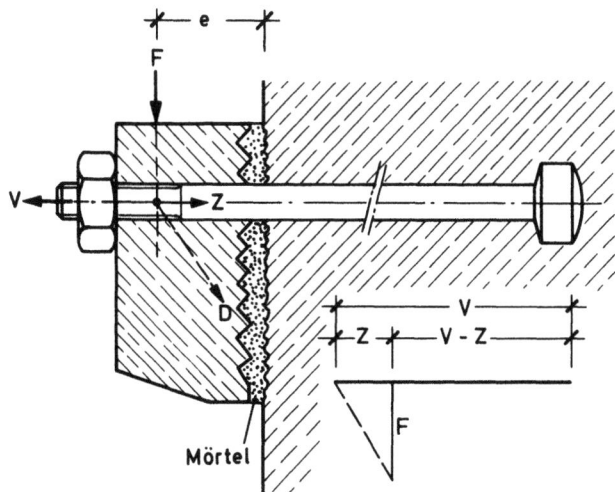

Bild 4.61 Bei ausmittig angesetzten, vorgespannten Bolzen ist die Zugkraft aus Konsolwirkung zu beachten

4.7 Nachträgliche Befestigungen mit Metalldübeln

bearbeitet von R. Eligehausen und R. Mallée

4.7.1 Einleitung

Zur Einleitung von Lasten in Beton- und Stahlbetonbauteile werden häufig Metalldübel verwendet, die in Bohrlöcher gesetzt werden. Die hauptsächlich verwendeten Dübeltypen sind in den Bildern 4.62 bis 4.64 dargestellt.

Die Verankerung wird bei <u>Metallspreizdübeln</u> durch Aufspreizen der Hülse bewirkt, wobei Spreizkräfte die Hülse gegen den Beton pressen. Man unterscheidet:

a) kraftkontrolliert spreizende Dübel (Bild 4.62 a), die durch Aufbringen eines Drehmomentes verankert werden und die bei Belastung nachspreizen können (Konus wird weiter in die Spreizhülse gezogen).

b) wegkontrolliert spreizende Dübel, die durch Einschlagen eines Konus in die Hülse (Bild 4.62 b) bzw. Auftreiben der Hülse auf den Konus (Bild 4.62 c) verankert werden und die nicht nachspreizen können.

Bei <u>Hinterschnittdübeln</u> (Bild 4.63) wird mit einem speziellen Bohrverfahren eine mechanische Verzahnung zwischen Dübel und Beton erzielt.

4. Einleitung konzentrierter Lasten oder Kräfte

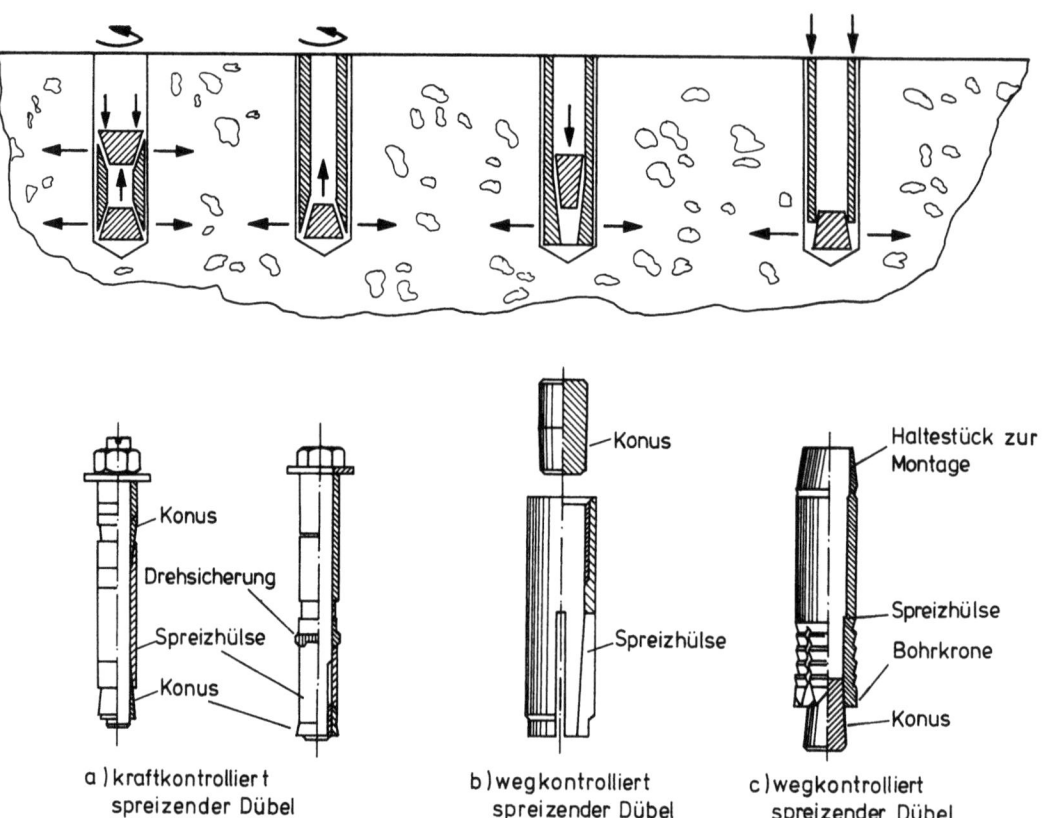

Bild 4.62 Metallspreizdübel und ihre Spreizprinzipien

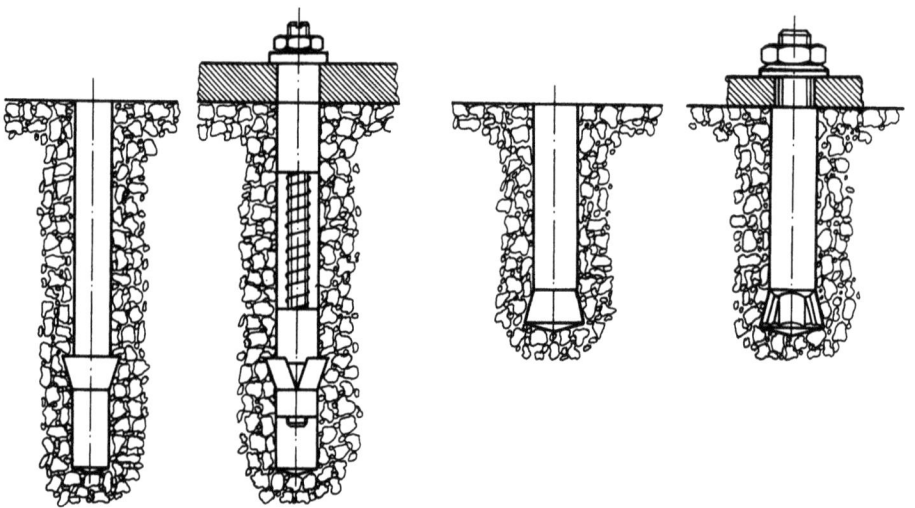

Bild 4.63 Hinterschnittdübel

Bei <u>Verbunddübeln</u> (Bild 4.64) wird ein Gewindebolzen mit Reaktionsharzmörtel in das Bohrloch eingeklebt. Äußere Lasten werden durch den Verbund zwischen Mörtel und Beton in den Ankergrund eingeleitet.

Bisher existiert keine allgemein akzeptierte Theorie für die Bemessung dieser Befestigungen. Die Anwendungsregeln sind da-

4.7 Nachträgliche Befestigungen mit Metalldübeln 115

her in bauaufsichtlichen Zulassungen des Instituts für Bautechnik Berlin [97] angegeben. Im folgenden werden Tragverhalten und Anwendungsbedingungen von Dübelverbindungen kurz erläutert. Weiterführende Informationen sind [98] bis [102] zu entnehmen.

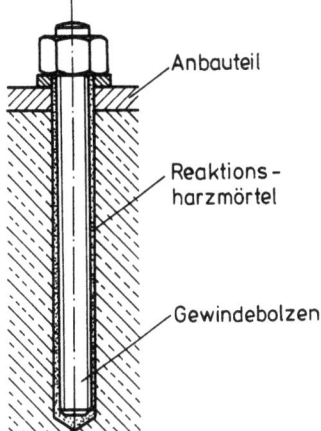

Bild 4.64 Verbunddübel

4.7.2 Tragverhalten von Dübeln

Das Tragverhalten von Dübeln hängt ab vom Dübelsystem, der Belastungsrichtung (zentrischer Zug, Schrägzug), der Belastungsart (Kurzzeit- bzw. Dauer- oder Ermüdungsbelastung) und vom Ankergrund (Betonfestigkeit, Risse im Beton). Weitere wesentliche Einflußgrößen sind Achs- und Randabstand sowie eine gegebenenfalls vorhandene Bewehrung. Die folgenden Ausführungen gelten für Kurzzeitbelastung und eine Dauerlast in Höhe der zulässigen Gebrauchslast der Dübel. Das Verhalten von Dübelbefestigungen unter Ermüdungsbeanspruchung ist bisher nur wenig erforscht.

4.7.2.1 Zentrische Zugbeanspruchung

In Versuchen werden folgende Versagensarten beobachtet:

a) Herausziehen des Dübels aus dem Bohrloch ohne wesentliche Schädigung des Betons (Bild 4.65 a). Ursache: zu geringe Spreizkraft oder mangelhafter Verbund.

b) Kegelförmiger Betonausbruch (Bild 4.65 b), bei engen Achsabständen kommt es zu einem gemeinsamen Ausbruchkegel der Dübelgruppe. Bei Befestigungen am Rand bricht die Kante aus. Dies ist die häufigste Versagensart. Ursache: zu geringe Einbindetiefe und damit Überschreitung der Betonzugfestigkeit.

a) Herausziehen

b) Betonausbruch

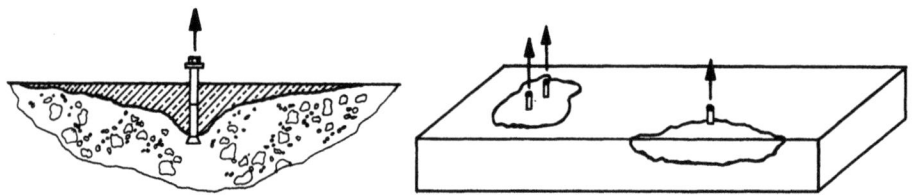

c) Spalten

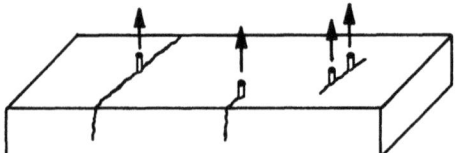

Bild 4.65 Versagensarten von Dübeln bei Beanspruchung durch Zug

c) Spalten des Betons (Bild 4.65 c) tritt auf, wenn der Betonkörper zu dünn und/oder zu klein ist oder die Dübel zu nahe am Rand oder mit sehr geringem Achsabstand gesetzt werden.

d) Stahlbruch. Die Bruchlast des Dübels stellt die obere Grenze der Dübeltragfähigkeit dar.

Die Tragfähigkeit von Metallspreiz- und Hinterschnittdübeln ist bei der Versagensart "Betonausbruch" proportional zur Betonzugfestigkeit und steigt mit zunehmender Verankerungstiefe v überproportional an (Bild 4.66). Andere Parameter wie Wirkungsprinzip bzw. Ausbildung und Durchmesser des Dübels sind von geringem Einfluß. Aus den Versuchen wurde die mittlere Tragfähigkeit (Bruchlast) abgeleitet zu

$$F_u = 13,5 \cdot v^{1,5} \sqrt{\beta_W} \qquad (4.13)$$

mit F_u in N, v in mm und β_W in N/mm^2 (v = Verankerungstiefe). Bemessung für Gebrauchslast siehe 4.7.3.

Versuche zeigen, daß die Tiefe des Ausbruchskegels etwa der Verankerungstiefe entspricht und die Neigung der Kegelmantel-

4.7 Nachträgliche Befestigungen mit Metalldübeln

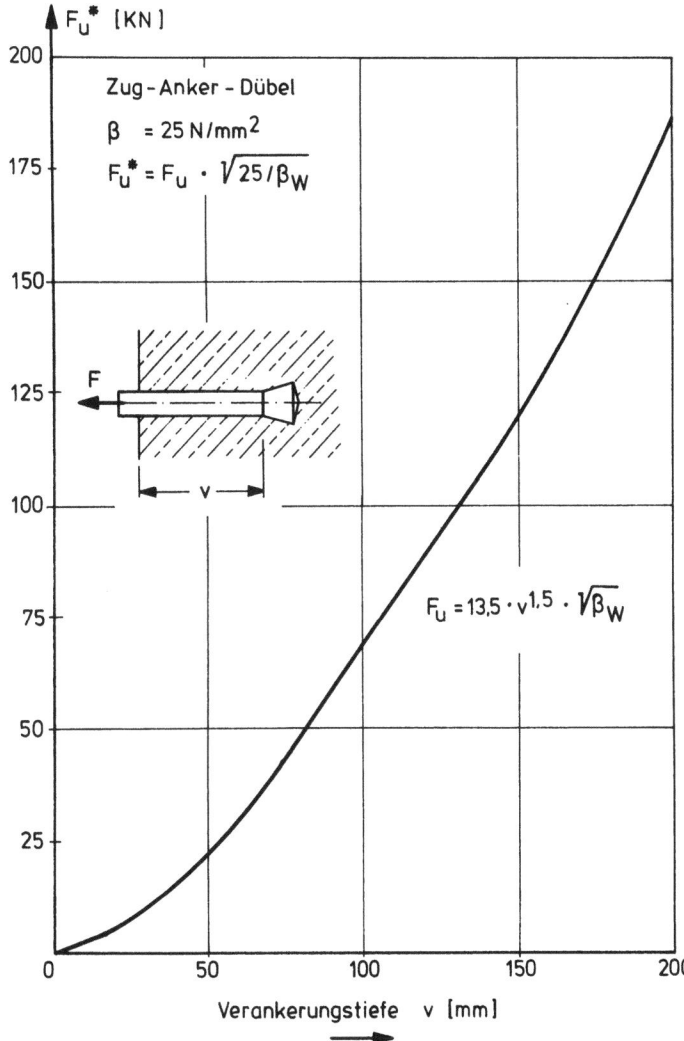

Bild 4.66 Einfluß der Verankerungstiefe auf die Tragfähigkeit F_u

fläche gegenüber der Oberfläche etwa 30° beträgt. Die Ausbruchkegel benachbarter Dübel überschneiden sich nicht, wenn der Achsabstand a $\geq$ 3,5 v ist. Wird der Abstand bei Dübelgruppen kleiner gewählt, dann bildet sich ein gemeinsamer Ausbruchkegel, und die Tragfähigkeit des Einzeldübels kann nach Bild 4.67 linear abhängig von a/v angenommen werden.

Versagen Verbunddübel durch Betonausbruch, dann gelten prinzipiell gleiche Zusammenhänge, allerdings ist die gegenüber Metallspreizdübeln andere Form des Bruchkegels zu beachten [102]. Die erforderlichen Randabstände hängen von der Form des Ausbruchkegels und von der Höhe der Spreizkräfte ab. Diese sind für die einzelnen Systeme bei gleicher eingeleiteter Kraft unterschiedlich hoch. Sie betragen bei Verbunddübeln das 1,0-fache der Setztiefe und bei Hinterschnitt- bzw. Metallspreizdübeln etwa das 1,75-fache bzw. 3,0-fache der Verankerungstiefe.

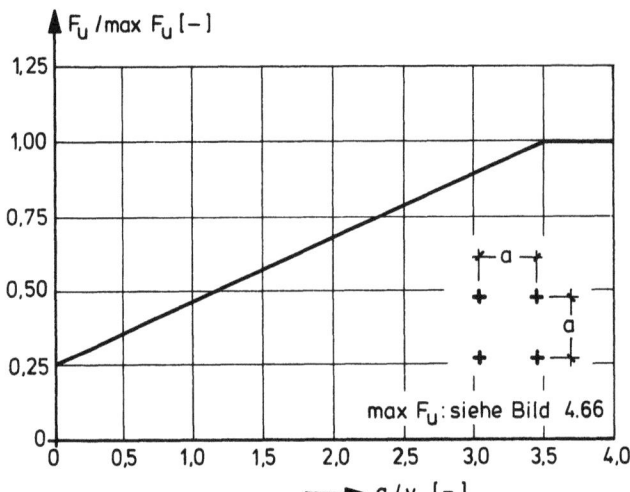

Bild 4.67 Einfluß des Dübelabstandes in Dübelgruppen auf die Tragfähigkeit der Gruppe

Weiterhin sind minimale Randabstände einzuhalten, um Spaltrisse bzw. Betonabplatzungen beim Bohren bzw. Setzen zu vermeiden. Diese sind wegen der unterschiedlichen Spreizkräfte ebenfalls systemabhängig und den entsprechenden Zulassungen zu entnehmen.

Die Tragfähigkeit der Dübel wird durch eine Oberflächenbewehrung nur unwesentlich beeinflußt. Eine Tragkraftsteigerung wäre nur durch ausreichend im Ausbruchkegel verankerte Bügel in unmittelbarer Nachbarschaft der Dübel zu erreichen. Solche Bewehrungen sind jedoch in der Praxis in der Regel nicht üblich. Durch eine ausreichend bemessene Randbewehrung kann die Breite eventuell auftretender Spaltrisse begrenzt werden.

Die bisherigen Aussagen gelten für ungerissenen Beton (Befestigungen in der Betondruckzone). Ordnet man Dübel in der Betonzugzone an, dann ist mit Rissen im Ankergrund zu rechnen. Diese reduzieren die Tragfähigkeit von Dübeln deutlich (Bild 4.68). Aufgetragen ist die Bruchlast des Dübels im Riß bezogen auf den im ungerissenen Beton geltenden Wert in Abhängigkeit von der Rißbreite. Das Bild gilt für Hinterschnittdübel und nachspreizende Metallspreizdübel.

Die Abnahme der Tragfähigkeit durch Risse ist bei Hinterschnittankern im wesentlichen auf die Störung des Spannungszustands im Beton durch den Riß zurückzuführen. Bei Spreizdübeln wird außerdem die Spreizkraft verringert. Während kraftkontrolliert spreizende Dübel bei Belastung nachspreizen und dadurch eine ausreichende Spreizkraft aufbauen, ist bei unkontrolliert nachspreizenden Dübeln und bei wegkontrolliert verspreizten Einschlag-

4.7 Nachträgliche Befestigungen mit Metalldübeln

ankern (siehe Bild 4.62 b) die Reduzierung der Bruchlast durch Risse wegen der starken Verminderung der Spreizkräfte im allgemeinen wesentlich größer als in Bild 4.68 dargestellt. Liegen Verbunddübel im Riß, dann wird der Verbund zwischen Reaktionsharzmörtel und Bohrlochwand je nach Rißverlauf ganz oder teilweise aufgehoben. Dadurch wird die Bruchlast sehr stark abgemindert.

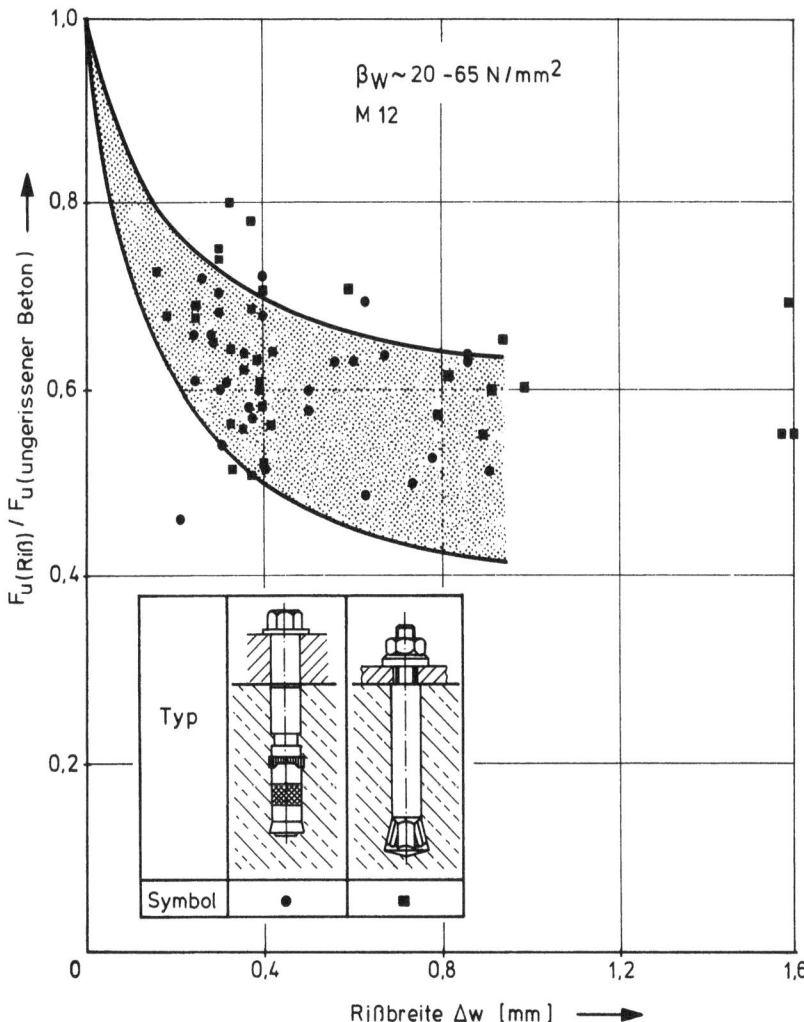

Bild 4.68 Abnahme der Tragfähigkeit von Dübeln, die in einem Riß liegen, abhängig von der Rißbreite [99]

4.7.2.2 Querzugbeanspruchung

Querzugbeanspruchte Dübel versagen bei großem Randabstand in der Regel nach großen Verformungen durch Dübelbruch. Bei kleinen Randabständen und Belastung zur Kante hin ist auch ein Abspalten der Betonkante möglich. Die zugehörige Bruchlast hängt hauptsächlich von der Betonzugfestigkeit und dem Randabstand ab und kann mit ausreichender Genauigkeit berechnet werden [103]. Der zur Übertragung einer Querzuglast in Höhe der maximalen Tragfähigkeit bei zentrischem Zug (Bild 4.66) erforderliche Randabstand beträgt etwa das 2-fache der Verankerungstiefe. Durch eine spezielle Rückhängebewehrung kann die Querzuglast am Rand erhöht oder der erforderliche Randabstand vermindert werden [104].

Die Tragfähigkeit von querzugbespruchten Dübeln wird durch Risse im Beton geringer beeinflußt als bei zentrischer Zugbeanspruchung. Ausreichend belegte quantitative Aussagen liegen bisher jedoch nicht vor.

4.7.2.3 Schrägzugbeanspruchung

Die Tragfähigkeit von Dübeln unter Schrägzugbeanspruchung läßt sich aus den entsprechenden Werten für zentrischen Zug und Schrägzug ermitteln. Bild 4.69 zeigt übliche Annahmen für diese Interaktion.

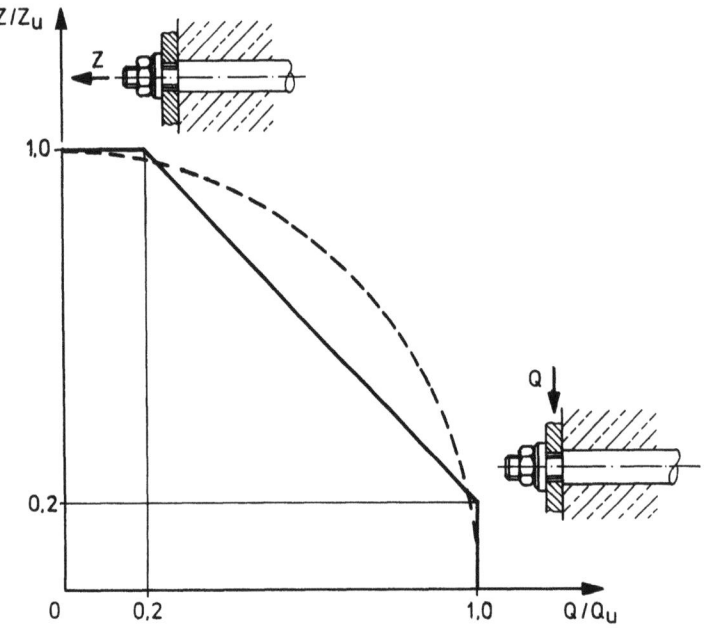

Bild 4.69 Interaktionsdiagramm zur Ermittlung der Tragfähigkeit von Dübeln unter Schrägzugbeanspruchung

4.7.3 Bemessung von Dübelbefestigungen

Die Eignung eines Systems wird im Rahmen des Zulassungsverfahrens durch aussagekräftige Versuche erbracht. Bei Dübeln, die für Anwendungen in der Zugzone vorgesehen sind, ist zusätzlich der Einfluß von Rissen zu beachten. Bisher werden nur Hinterschnittdübel und gut konstruierte kraftkontrolliert spreizende Dübel als geeignet für Verankerungen in der Zugzone angesehen.

4.7 Nachträgliche Befestigungen mit Metalldübeln

Dübel nutzen örtlich die Zugfestigkeit des Betons aus. Daher ist bei Betonversagen ein relativ hoher Sicherheitsbeiwert erforderlich, der auch unvermeidliche Montageeinflüsse mit abdecken muß. Üblicherweise wird der Sicherheitsbeiwert $\gamma = 3$ gegenüber der 5%-Fraktile der Versuchsergebnisse angesetzt.

Zur Vereinfachung der Anwendungsbedingungen ist in den Zulassungen für jede Dübelgröße eine zulässige Last angegeben, die für alle Belastungsrichtungen gilt. Weiterhin sind die zur Übertragung dieser zulässigen Last erforderlichen Achs- und Randabstände angegeben. Bei Unterschreitung dieser Abstände ist die zulässige Last mit Hilfe von Beiwerten $\varkappa$ zu reduzieren. Dieses in neueren Zulassungen verankerte Verfahren ist in [102] ausführlich erläutert.

Verbundanker dürfen nur in der aus Lastspannungen erzeugten Druckzone von Beton- und Stahlbetonbauteilen eingesetzt werden. Dies gilt auch für Metallspreizdübel, deren Eignung für Verankerungen in der Zugzone bisher nicht nachgewiesen wurde. Ausnahmen sind den Zulassungen zu entnehmen.

Um zu vermeiden, daß bei Lasteinleitung in die Betonzugzone das Tragverhalten des als Ankergrund dienenden Stahlbetonbauteiles ungünstig beeinflußt wird, sind die durch Dübel einleitbaren Lasten beschränkt [105].

5. Betongelenke

5.1 Beschreibung

Betongelenke sind einfach und billig herzustellen und erlauben
große Drehwinkel, wenn sie richtig bemessen und konstruiert sind.
Sie brauchen keinen Korrosionsschutz und sind ohne Unterhaltung
lange haltbar.

Die folgenden Regeln beruhen auf den Stuttgarter Versuchen [55]
mit Erweiterungen hinsichtlich der zul. Drehwinkel auf Grund
von Züricher EMPA-Versuchen [74].

Die zweckmäßige Form eines Beton-Linien-Gelenkes (um eine Linie
nur in einer Richtung drehbar), die wichtigsten Bezeichnungen
und die Bewehrung zeigt Bild 5.1. Die Gelenkeinschnürung soll
stark sein, damit der Gelenkhals schmal wird (kleines a) und
der Drehbewegung wenig Widerstand entgegensetzt. Eine den Gelenkhals
durchdringende Bewehrung ist eigentlich nicht nötig,
sie wird dennoch in Form von lotrechten Dübelstäben meist eingebaut,
muß dann aber in der Gelenkachse liegen. Sie vergrößert
den Drehwiderstand bei größeren Drehwinkeln.

Der Drehwiderstand wird durch das Rückstellmoment M ausgedrückt,
das im Gelenkhals eine Ausmitte $e = M/N$ erzeugt. Die Last
(= Längskraft N) wird im Gelenk konzentriert, sie bewirkt in
den Gelenkkörpern Spaltzugkräfte Z_1 in y-Richtung, die mit Spaltbewehrung
aufzunehmen sind (vgl. Abschn. 4).

Der Gelenkhals muß auch an den Stirnseiten eingeschnürt werden,
damit dort der Beton unter den hohen Pressungen nicht abplatzt.
Dadurch entstehen Randzugkräfte Z_3 und eine weitere kleine Spaltkraft
Z_2 in z-Richtung.

Die zul. Pressung ist um so größer, je größer das Verhältnis
d/a ist (Teilflächenbelastung). Kleine Drehwinkel werden durch
Verformungen im Beton in den Gelenkkörpern möglich, bei größeren
Drehwinkeln reißt der Beton im Gelenkhals (Bild 5.2) und

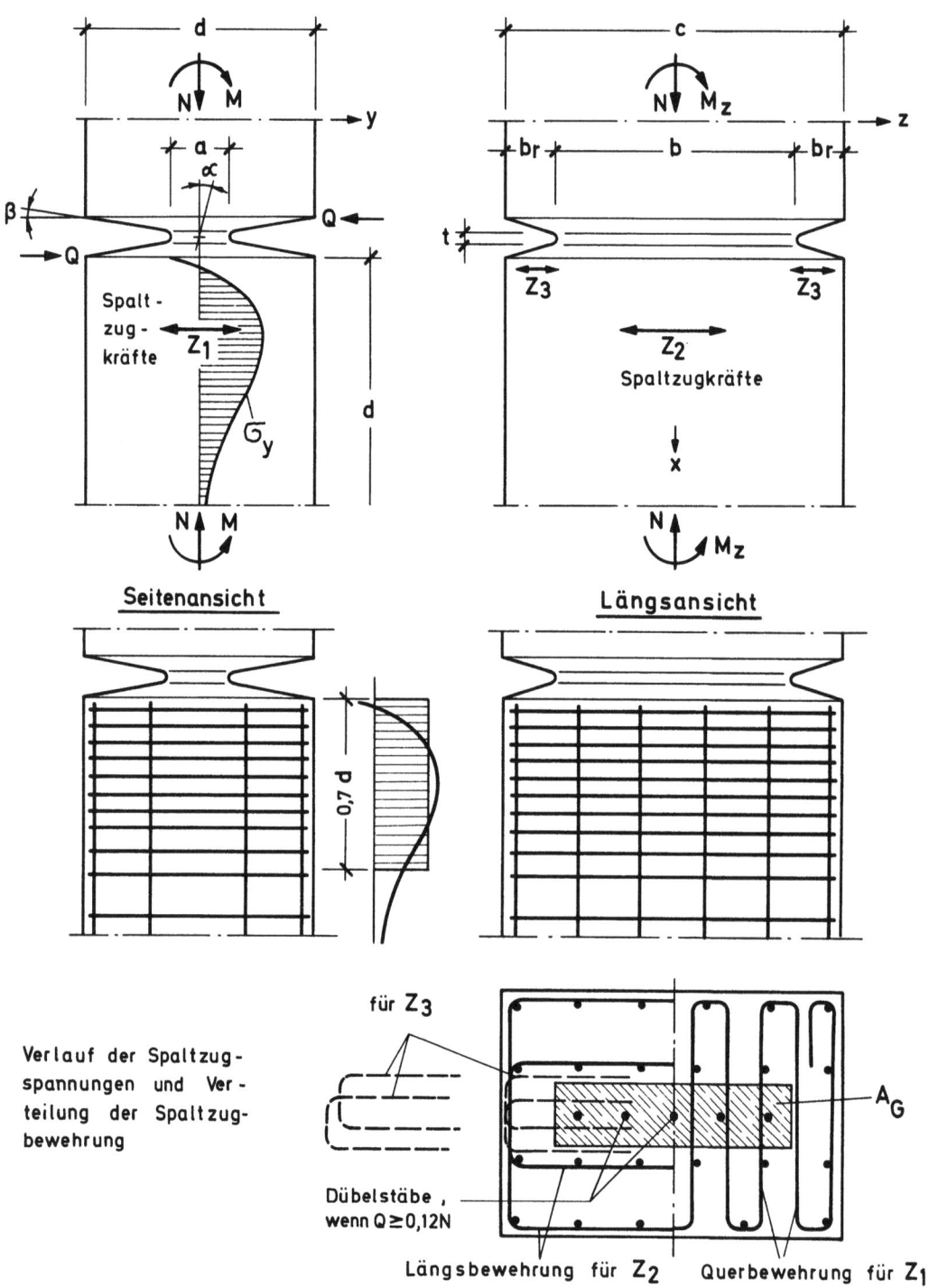

Bild 5.1 Bezeichnungen an einem Betongelenk und Angaben zur Bewehrungsanordnung

die Pressung steigt entsprechend stark an. Der Beton hält jedoch Kantenpressungen bis zu 8 β_p aus, bevor er bricht. Unter Dauerlast im verdrehten Zustand schließt sich der Riß z.T. wieder durch die Kriechverformungen des Betons, dadurch gehen die Ausmitte e und das Rückstellmoment M zurück. Aus diesem Grund wird sowohl beim zul. Drehwinkel α als auch beim Rück-

5.2 Bemessungsregeln nach Mönnig - Netzel

stellmoment zwischen verbleibenden Drehwinkeln unter Dauerlast und wechselnden Drehwinkeln bei veränderlicher Last unterschieden.

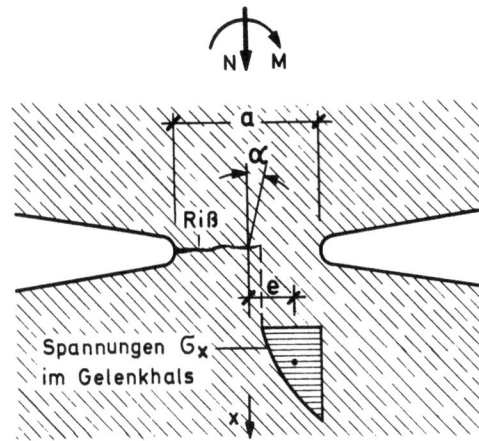

Bild 5.2 Spannungszustand in einem Gelenkhals nach einer Drehung α mit Rißbildung

Betongelenke können auch Drehwinkel wechselnd nach beiden Seiten, also $+\alpha$ und $-\alpha$, oftmals ausführen, ohne an Sicherheit zu verlieren. Dabei reißt wohl der ganze Gelenkhals auf - die sich wechselnd wieder schließenden Gelenkflächen bleiben aber voll tragfähig. Bei den Versuchen an der EMPA [74] für Beton-Gelenke einer großen Eisenbahnbrücke (Gebrauchslasten bis 4500 kN auf einer Gelenkhalsfläche von 15/70 cm²) wurden Drehwinkel bis zu ± 12 ‰ millionenfach ausgehalten. Insgesamt wurden 37 Millionen unterschiedlich große Drehbelastungen durchgeführt. Danach hat das Gelenk im statischen Versuch bei 9000 kN (2-fache Gebrauchslast) und 6 ‰ Drehwinkel keine Anzeichen eines Bruches gezeigt und wurde schließlich unter dem extremen Drehwinkel von 500 ‰ mit N = 2500 kN zu Bruch gebracht. Diese Versuche zeigen, daß Betongelenke auch starken dynamischen Beanspruchungen bei großen Drehwinkeln gewachsen sind.

5.2 Bemessungsregeln nach Mönnig – Netzel

5.2.1 Für Linienlager mit Drehbewegungen um eine Achse

Die G r ö ß e d e r G e l e n k h a l s f l ä c h e
$A_G = a \cdot b$ (ohne Abzug für Dübelstäbe) muß zwischen folgenden Grenzen liegen [75]:

$$\min A_G = \frac{10 \cdot \max N}{0,85 \, \beta_{WN} \left[1 + \lambda \left(1 - 0,47 \frac{\text{vorh}\,\alpha}{\sqrt{\beta_{WN}}} \eta \right)\right]} \quad (5.1)$$

$$\max A_G = \frac{10 \cdot N_D}{0,40 \, \text{vorh}\,\alpha \sqrt{\beta_{WN}}} \quad \left[\text{kN}, \ \frac{N}{mm^2}, \ ‰, \ cm^2\right]$$

Darin bedeuten:

max N = größte Längskraft unter Gebrauchslast [kN]

N_D = dauernd wirkender Längskraftanteil, höchstens aber 1,5 min N [kN]

$\eta = \dfrac{\max N}{N_D} \geq 1$

β_{WN} = Nennfestigkeit des Betons [N/mm^2]

vorh $\alpha = \dfrac{1}{2}\alpha_D + \alpha_n$ = rechnungsmäßiger Gelenkdrehwinkel [Bogenmaß in ‰]

α_D = einmalig auftretender, bleibender Drehwinkel, z.B. inf. Vorspannung, Schwinden, Kriechen usw.

α_n = oftmals auftretender Drehwinkel, z.B. inf. Temperaturwechsel, Verkehrslast usw.

$\lambda = (1,2 - 4\,\dfrac{a}{d}) \leq 0,8$

Ferner sollen folgende geometrische Regeln eingehalten werden (vgl. Bild 5.1 und 5.3):

$a \leq 0,3\,d$ $\qquad\qquad b_r \geq 0,7\,a \geq 5\text{ cm}$

$t \leq 0,2\,a \leq 2\text{ cm}$ $\qquad \tan\beta \leq 0,1$

Der Gelenkhals ist rundum innerhalb der Höhe t kreisförmig auszurunden; geschieht dies nicht, dann bröckelt dort später der Beton außerhalb des Kreises ab.

Der z u l ä s s i g e   D r e h w i n k e l ist für eine beliebige Normalkraft N_i zwischen N_D und max N

$$\text{zul } \alpha_i = \pm\, \dfrac{25,3\, N_i}{A_G\, \sqrt{\beta_{WN}}} \leq 15\ \text{‰ für } \beta_{WN} \geq 25\ \text{N/mm}^2 \qquad (5.2)$$

In den beiden Gleichungen (5.1) wird im allgemeinen für vorh α jeweils der gleiche Wert vorh $\alpha = \dfrac{1}{2}\alpha_D + \alpha_n$ eingesetzt, weil sich die zu max N bzw. N_D zugehörigen Drehwinkelanteile $\Delta\alpha_n$

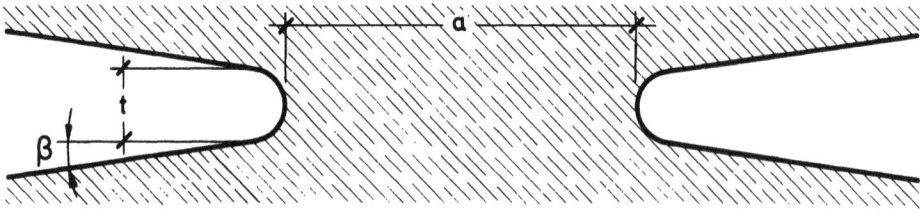

Bild 5.3 Ausrundung der Gelenkhalsflächen

5.2 Bemessungsregeln nach Mönnig - Netzel

meist nur wenig unterscheiden und der größte Anteil aus Vorspannung, Kriechen, Schwinden und Temperaturwechseln herrührt. Nur in Sonderfällen ist eine Überprüfung für vorh $\alpha \leq$ zul α_i nach Gl. (5.2) für verschiedene Laststufen erforderlich. Gelingt es nicht, aus Gl. (5.1) eine Fläche $A_G \geq$ min A_G bzw. $A_G \leq$ max A_G zu bestimmen, dann ist es zweckmäßig, einen Teil des Drehwinkels α_D, z.B. durch Verschieben des Fußgelenks einer Pendelstütze nach dem Vorspannen des Überbaues oder durch andere Maßnahmen im Bauablauf, auszuschalten.

Zur Aufnahme der Q u e r z u g k r ä f t e Z_1 bis Z_3 sind die in Bild 5.1 gezeigten Bewehrungen für Gebrauchslasten mit maximal zul $\sigma_s = 180$ N/mm² zu bemessen für

$$Z_1 = 0,3 \text{ max } N$$
$$Z_2 = 0,3 \left(1 - \frac{b}{c}\right) \text{ max } N \qquad (5.3)$$
$$Z_3 = 0,03 \frac{a^2}{A_G} \text{ max } N$$

Der D r e h w i d e r s t a n d , der als Biegemoment in die Gelenkkörper eingeht und im Gelenk die Ausmitte e bewirkt, kann als bezogenes Moment

$$m = \frac{e}{a} = \frac{M}{a \, N}$$

berechnet werden zu

$$m = 0,5 - 0,6 \sqrt{\frac{1}{\varphi \text{ vorh} \alpha}} \qquad (5.4)$$

mit $= \frac{\sqrt{\beta_{WN}} \, A_G}{N}$, (Dimensionen wie oben).

Dieser Wert gilt ohne oder mit schwachen Dübelstäben. Starke Dübel können den Drehwiderstand bei großen Drehwinkeln mit $m > 1/3$ um 20 bis 40 % vergrößern. Unter andauernder Auslenkung α_D nimmt das Rückstellmoment durch Kriechen wieder ab, deshalb konnte in Gl. (5.1) der Wert vorh α um $1/2 \, \alpha_D$ vermindert werden, wenn m infolge max α dabei größer bleibt als unter α_D und N_D allein.

Die Betongelenke können auch erhebliche Q u e r k r ä f t e Q aufnehmen, die Resultierende ist dabei geneigt. $Q \leq 1/8$ N ist ohne weiteres zulässig (Q und N müssen zum gleichen Lastfall gehören!) Für $1/8$ N $< Q < 1/4$ N sollten einige kräftige Dübelstäbe mittig in den Gelenkhals eingebaut werden (nach grober Regel bemessen: $A_s \, [\text{cm}^2] \geq \frac{Q \, [\text{kN}]}{8}$).

Für $Q > \frac{1}{4} N$ wird auf die Versuche in [55] verwiesen.

Liniengelenke können auch Q u e r m o m e n t e M_z (Momente quer zur Drehrichtung des Gelenkes) aufnehmen (Bild 5.4). Bis zu $M_z/N = 1/6\ b$ bleibt die Gelenkfläche in z-Richtung insgesamt unter Druck. Wenn gleichzeitig Drehwinkel in y-Richtung eintreten, entsteht eine einseitige Spannungsspitze max σ_x, die ohne besonderen Nachweis in Kauf genommen wird.

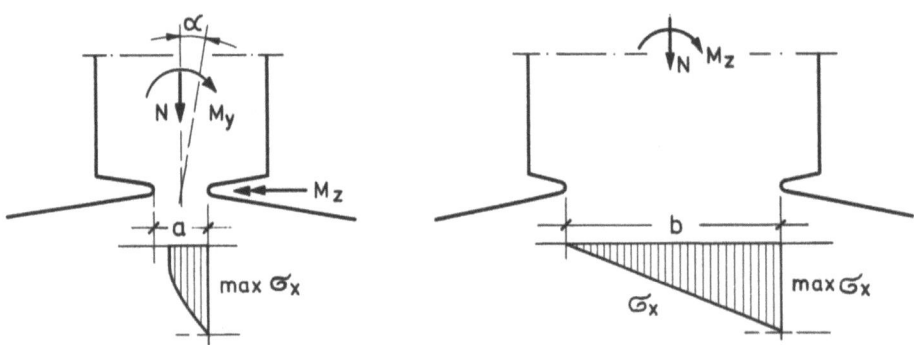

Bild 5.4 Spannungszustand in einem Gelenkhals bei gleichzeitig wirkendem Quermoment M_z

Für g r ö ß e r e Q u e r m o m e n t e kann man das Gelenk " p a n z e r n ", indem in den hoch beanspruchten Enden des Gelenkhalses dicke, glatte Stahlstäbe mit einer Festigkeit von etwa St 420/500 in der Gelenkachse angeordnet werden (Bild 5.5). Zur Einleitung der Kräfte in die Panzerstäbe muß an ihren Enden eine verstärkte Verbundwirkung herbeigeführt werden, z.B. durch Aufschneiden kräftiger Sägezahngewinde mit Muttern am Ende. Die Verbundzone sollte erst in einem Abstand etwa gleich der Länge a vom Gelenkhals beginnen und mit einer Wendelbewehrung gegen Verbund-Spaltkräfte gesichert werden. Die Panzerstäbe können auch zur Aufnahme von Zugkräften im Gelenk infolge M_z herangezogen werden. Bei gleichzeitig auftretenden größeren Drehwinkeln α in y-Richtung sollte man die Panzerstäbe auf eine gewisse Länge sich frei verbiegen lassen, indem ein Plastikrohr nach Bild 5.6 eingesetzt wird, so daß sie die Drehwinkel mit Biegespannungen unterhalb $0,8\ \beta_{0,2}$ mitmachen können.

Den Panzerstäben kann eine Druckkraft zugewiesen werden, die im Hinblick auf die hohen σ_x und die damit hohen ε_x mit etwa dem n = 10-fachen Stahlquerschnitt für eine Spannung von max $\sigma_x = \frac{N}{A_G} - \frac{M_z}{W_G}$ errechnet wird. Dabei ist W_G das Widerstandsmoment der Gelenkhalsfläche um die Querachse, also $W_G = \frac{a\ b^2}{6}$.

Bei Z u g b e a n s p r u c h u n g wird die Entlastung des Gelenkes für Gebrauchslast wegen der durch den Dehnungsverlauf

5.2 Bemessungsregeln nach Mönnig - Netzel

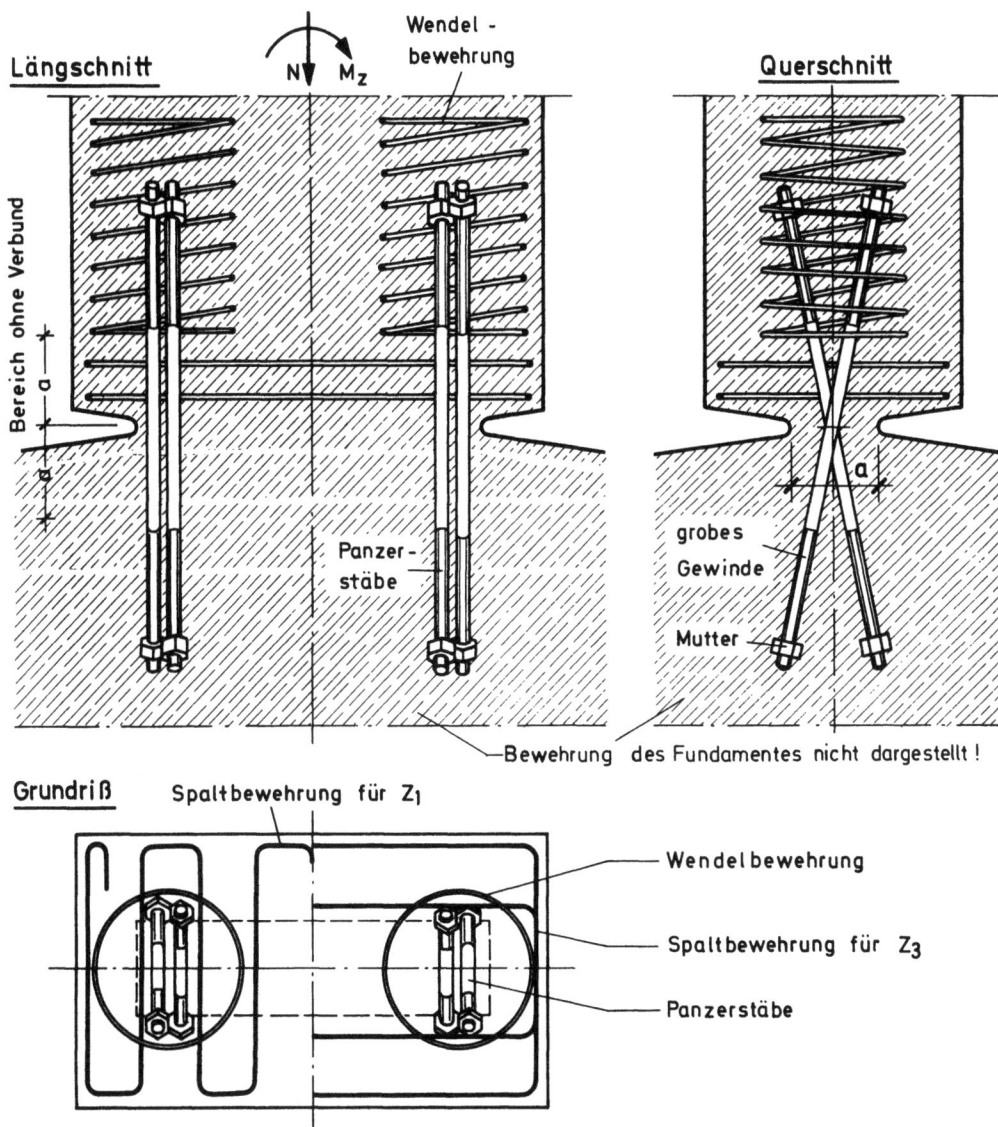

Bild 5.5 Panzerung eines Gelenkes zur Aufnahme großer Quermomente M_z

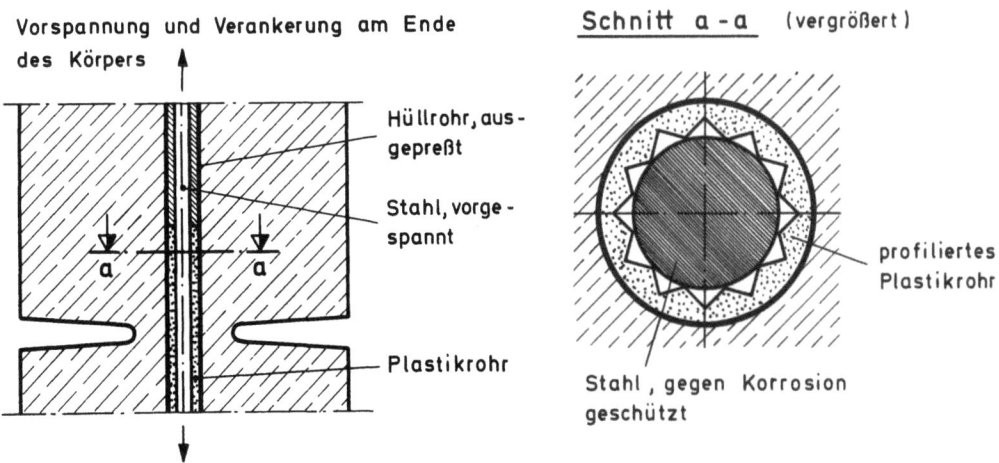

Bild 5.6 Aufnahme von Zugkräften bei Betongelenken durch Spannstäbe mit freier Biegelänge im Bereich des Gelenkhalses

der gedrückten Zone beschränkten Zugdehnungen gering sein. Die
Zugstäbe kommen erst beim Bruchsicherheitsnachweis zur Geltung.
Zugkräfte in Betongelenken, wie sie in Verankerungs-Pendelstützen vorkommen, werden am besten mit Spanngliedern aufgenommen,
die durch die Achse des Gelenkhalses durchgeführt werden
(Bild 5.6). Die Vorspannkraft ist dabei so zu bemessen, daß
im Gelenkhals bei 1,2-facher Zugkraft N noch keine Zugspannungen entstehen. Auch hier werden die Drehwinkel mit "biegefreien Strecken" ermöglicht, wobei Spannglieder aus Drahtbündeln
natürlich günstiger sind als dicke Stäbe.

5.2.2 Für Punktlager mit Drehbewegungen in beliebigen Richtungen

Die Gelenkhalsfläche sollte bei schiefwinklig oder wechselnd
gerichteten Drehbewegungen kreisförmig oder achteckig (Bild 5.7)
und ihr Durchmesser (a = 2 r) kleiner als 0,3 min d sein [75].
Die Spaltkräfte werden am besten mit einer Wendelbewehrung aufgenommen, die mindestens 0,7 d hoch sein soll. Der Querschnitt
A_{sw} [cm^2] des Wendelstabes ergibt sich zu

$$A_{sw} \approx \frac{1}{8} \frac{N}{d_k \; zul \; \sigma_s} s_w \qquad (5.5)$$

mit d_k = Achsdurchmesser der Wendel [cm], $d_k \approx 2,5\;a = 5\;r$

s_w = Ganghöhe der Wendel [cm].

Die Gelenkhalsfläche ist ausreichend groß, wenn die Gleichungen (5.1) befriedigt sind für eine rechteckige Ersatzfläche
(Bild 5.8)

$$A_G = 2,4 \; r^2 \; \text{mit} \; a = 2\;r \; \text{und} \; b = 1,2\;r$$

Dabei ist für $\lambda = (1,2 - 4 \frac{a}{d})$ stets das kleinste d des Gelenkkörpers unabhängig von der Drehrichtung einzusetzen.

Der zul. Drehwinkel α kann ebenfalls mit der Gleichung (5.2)
für die rechteckige Ersatzfläche berechnet werden.

5.2 Bemessungsregeln nach Mönnig - Netzel

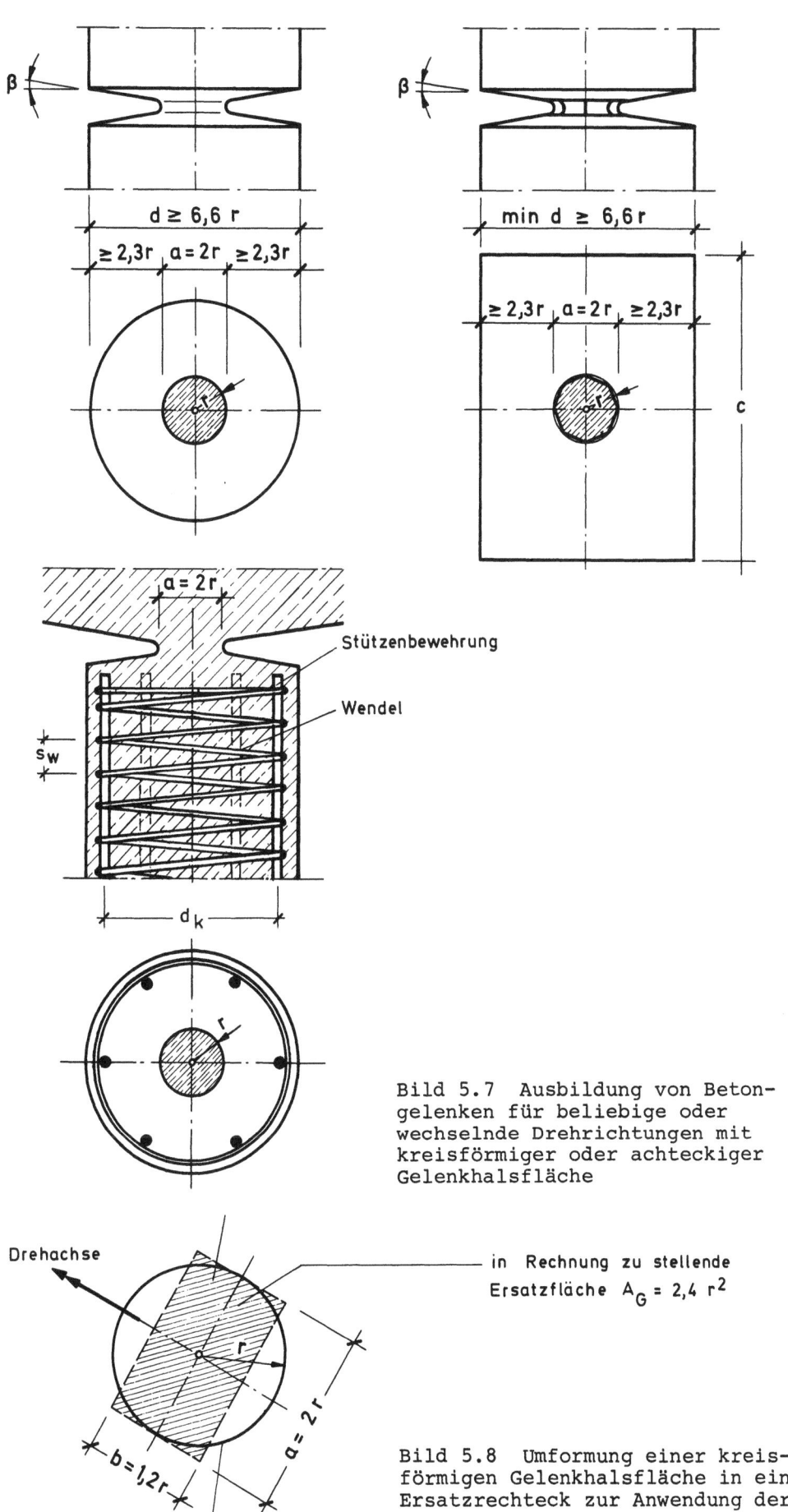

Bild 5.7 Ausbildung von Betongelenken für beliebige oder wechselnde Drehrichtungen mit kreisförmiger oder achteckiger Gelenkhalsfläche

Bild 5.8 Umformung einer kreisförmigen Gelenkhalsfläche in ein Ersatzrechteck zur Anwendung der Gl. (5.1) und (5.2)

6. Durchstanzen von Platten

6.1 Vorbemerkung

Die Gefahr des Durchstanzens besteht bei p u n k t f ö r -
m i g gestützten oder belasteten Platten. Tragverhalten und
Bruchart wurden in [1 a, Abschn. 5.5.3] beschrieben, auf das
dort wiedergegebene Bruchbild 5.26 wird besonders verwiesen.
Die Bemessung von Fundamentplatten gegen Durchstanzen durch
eine Stützenlast wurde in [1 b, Abschn. 16.3.1.3] zusammen
mit den Bewehrungsrichtlinien behandelt. Für die Biegebemessung finden sich Hinweise in [1 b, Abschn. 8.3.5]. Die von
H. Glahn und H. Trost [76] erarbeiteten Hilfsmittel sind im
Heft 240 des DAfStb. enthalten.

6.2 Stand der Kenntnisse

Für die Berechnung der Durchstanzlast gibt es noch keine voll
befriedigende und zuverlässige Theorie. Das bisher beste Bemessungsverfahren wurde von den Schweden S. Kinnunen und H. Nylander (K.-N.), Stockholm, [77, 78] auf Grund umfangreicher Versuche 1960 erarbeitet und wurde vom CEB übernommen. Die Arbeit
von W. Schaeidt, M. Ladner, A. Rösli, ETH Zürich, 1970 [79]
enthält eine verständliche Darstellung des Verfahrens K.-N.,
dessen Anwendung durch Diagramme für Hilfswerte erleichtert
wird. Für genauere Nachweise, die bei Schlankheiten $\ell/h < 30$
lohnend sind, wird diese Schrift empfohlen.

Die Arbeiten beziehen sich fast alle auf die Innenstütze einer
Plattendecke unter gleichförmiger Last - also ohne Ausmitte der
Deckenlast. Bei rahmenartiger Beanspruchung durch Horizontalkräfte ist daher Vorsicht am Platze. Rand- und Eckstützen, bei
denen die Durchstanzgefahr kritischer sein kann, wurden bisher
nur in wenigen Versuchen behandelt, ohne daß eine genügend ausgereifte Theorie oder Bemessungsregel entstanden ist (Ansätze
dazu in [95]).

Noch nicht endgültig geklärt ist der Einfluß von Aussparungen im Stützenbereich auf das Tragverhalten. In [96] wird über Durchstanzversuche an Flachdecken mit Aussparungen berichtet.

6.3 Modelle des Durchstanzvorganges ohne Schubbewehrung bei mittig belasteten Innenstützen

6.3.1 Allgemeines

Die Trajektorien der Hauptmomentenlinien für gleichförmige Belastung aller Felder (Bild 6.1) zeigen, daß im Bereich der Innenstützen von Plattendecken beide Hauptmomente negativ sind und radial und tangential verlaufen (m_r und m_t). Der Momenten-Nullpunkt der Radialmomente m_r liegt auf einem Kreis um den Stützenmittelpunkt mit einem Radius von etwa $r_r \approx 0{,}22 \ell$. Man kann daher einen Plattenausschnitt entlang diesem Kreis betrachten, an dessen Rand nur die Querkräfte $q_r = \dfrac{Q_r}{2\pi r_r}$ und kleine Tangentialmomente wirken. Zur Vereinfachung wird die ganze Last der Deckenplatte $V = Q_r$ gesetzt, also am Rand des Kreisausschnittes wirkend angenommen (Bild 6.2). Fast alle Versuche wurden mit diesem am Rand belasteten kreisförmigen Plattenausschnitt gemacht.

Bild 6.1 Hauptmomentenlinien einer Pilzdecke unter Gleichlast

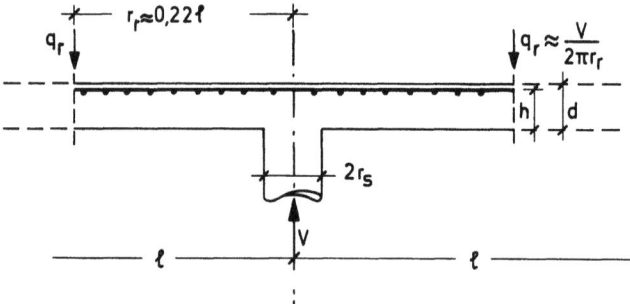

Bild 6.2 Bezeichnungen am betrachteten Plattenteil im Stützenbereich ($2 r_r \sim 0{,}44 \ell$)

6.3 Modelle des Durchstanzvorganges ohne Schubbewehrung bei mittig belasteten Innenstützen

Der Verlauf der m_r und m_t hängt in Stützennähe von der Verteilung des Stützendruckes ab. Von Versuchen mit Fundamentplatten (vgl. [1 b, Abschn. 16.3.1.3]) wissen wir, daß sich der Stützendruck am Rand der Stütze konzentriert, was eine Abnahme der Radialmomente und eine Zunahme der Tangentialmomente zur Folge hat (Bild 6.3). Die Querkräfte nehmen zur Stütze hin hyperbolisch zu (Bild 6.4), so daß sehr hohe q mit zweiachsig negativen Hauptmomenten zusammenfallen. Wir haben es also mit einer sehr ungünstigen Beanspruchung zu tun.

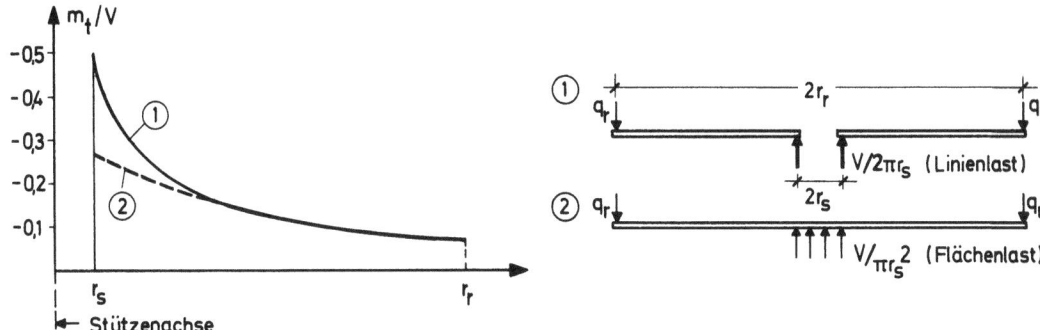

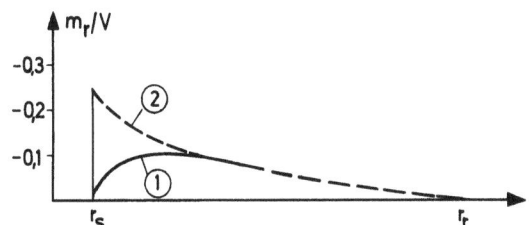

Bild 6.3 Biegemomente m_t und m_r isotroper Platten:
1) Kreisringplatte mit linienförmiger Stützung am Innenrand
2) Vollplatte mit gleichmäßiger Auflagerpressung über der Stütze

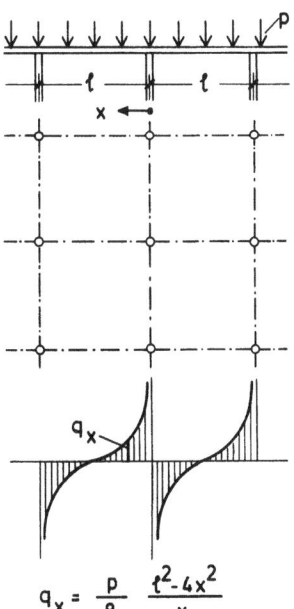

Bild 6.4 Verlauf der Querkraft in der Achse einer Pilzdecke

6. Durchstanzen von Platten

Die Versuche zeigten, daß entsprechend (und unabhängig von der Bewehrungsart) die Tangentialdehnungen ε_t zunächst größer sind als die radialen ε_r. Dadurch entstehen zuerst Radialrisse (Bild 6.5) und erst bei höheren Laststufen wenige kreisförmige Risse, von deren äußerstem sich die unter 30 bis 35° geneigte Schubrißfläche des Durchstanzkegels entwickelt. Dabei bleibt zunächst unten eine kegelschalenförmige Biegedruckzone rund um die Stütze erhalten, die dreiachsig beansprucht ist durch σ_r (radial), σ_t (tangential) und τ (vertikal). Die Schubspannungskomponente ergibt eine Neigung der Radialspannung. Die Druckdehnungen unten sind radial und tangential etwa gleich groß. Sobald die Ringrisse entstehen, wird in ihrem Bereich die Radialdehnung der Bewehrung (zweibahnig, orthogonal) größer als die tangentiale (Bild 6.6).

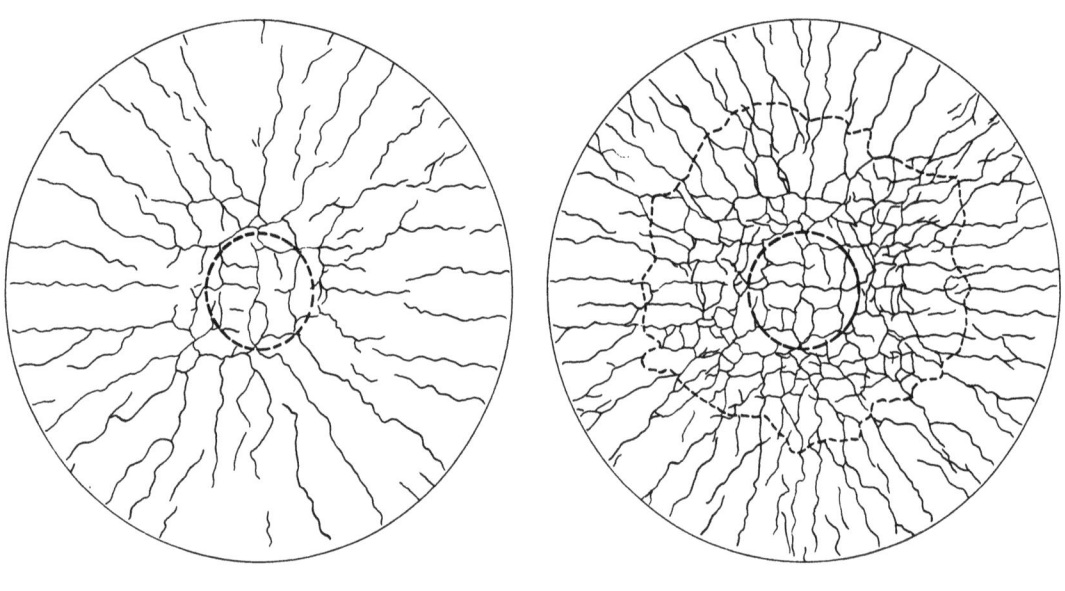

unter Gebrauchslast   kurz vor Bruchlast

Bild 6.5 Entwicklung der Risse im Bereich der Stütze

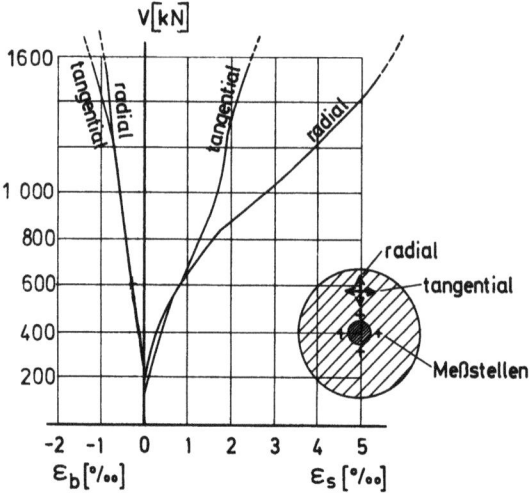

Bild 6.6 Dehnungen ε_s der Bewehrung und Dehnungen ε_b des Betons in der Druckzone

6.3 Modelle des Durchstanzvorganges ohne Schubbewehrung bei mittig belasteten Innenstützen

Aus diesen Vorgängen haben K.-N. für ihre rechnerischen Ansätze das in Bild 6.7 dargestellte Modell abgeleitet. Die Kreisplatte wird durch die Radialrisse und den flach geneigten Ringschubriß in radiale Sektorstücke zerlegt, die sich unten gegen eine dünne Kegelschale am Stützenkopf abstützen. An diesen Sektorstücken greifen außen die Last q_r, innen die Zugkräfte Z_r der Bewehrungsstäbe und unten die schräg aufwärts und tangential gerichteten Druckkräfte D_r an. Das Sektorelement wird in radialer Richtung als steif betrachtet, d.h. es werden außerhalb des Ring-Schubrisses keine ringförmigen Risse angenommen.

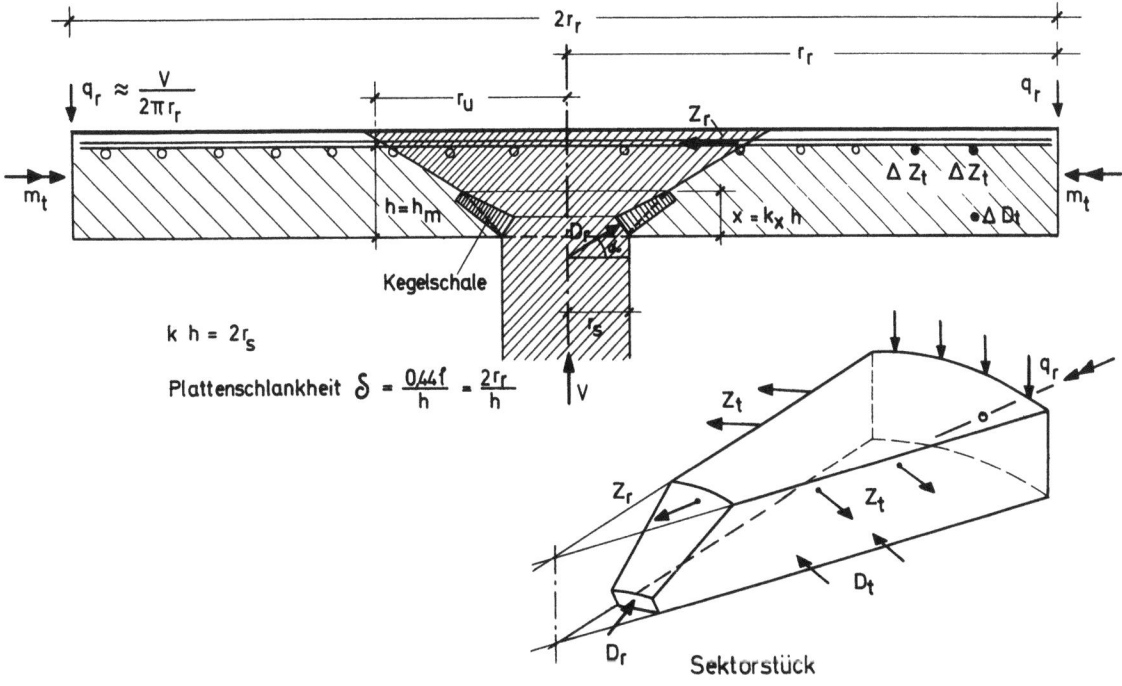

Bild 6.7 Mechanisches Modell (Sektorelement) kurz vor Eintritt des Bruches mit Angabe der darin wirkenden Kräfte

6.3.2 Durchstanzlast nach Kinnunen-Nylander (ohne Schubbewehrung)

Aus den geometrischen und den Gleichgewichtsbedingungen am Sektorelement (s. Bild 6.7) werden zwei Ausdrücke für die Durchstanzlast mit zunächst geschätzter Höhe $x = k_x h$ der Druckzone hergeleitet. Bei Versagen des Betons ist:

$$V_{u,1} = 1,1 \pi \, k \, h^2 \, k_x \, \frac{1 + \frac{2}{k} k_x}{1 + \frac{1}{k} k_x} \, \sigma_K \, f(\alpha) \qquad (6.1)$$

Darin ist 1,1 ein Korrekturfaktor für zweibahnige Bewehrung zur Anpassung an die Versuchsergebnisse.

$$k = \frac{2\,r_s}{h} = \text{Verhältnis des Stützendurchmessers zum Mittel-}$$
wert der Nutzhöhe der Platte im Stützenbereich;

für $\beta_W \geq 15$ [N/mm^2] gilt bei

$$k < 2 \quad \sigma_k = 82,5\ (0,35 + 0,3\ \frac{\beta_W}{15})\ (1 - 0,22\ k)$$

$$k \geq 2 \quad \sigma_k = 46,0\ (0,35 + 0,3\ \frac{\beta_W}{15})$$

σ_k = kritische Betondruckspannung beim Beginn des Durchstanzens

$$f(\alpha) = \frac{\tan\alpha\ (1 - \tan\alpha)}{1 + \tan^2\alpha}\ ,\ \text{wobei}\ \alpha\ \text{zu bestimmen ist aus}$$

$$\left[(\frac{2\,r_r}{h} - k)\tan\alpha - 1,8\right]\frac{1 - \tan\alpha}{1 + \tan^2\alpha} = 0,383\ (1 + \frac{0,3}{k})\ \ell_n \frac{2\,r_r/h}{k + 0,6}$$

$f(\alpha)$ kann für $2\,r_r = 0,44\,\ell$ dem Diagramm Bild 6.8 entnommen werden.

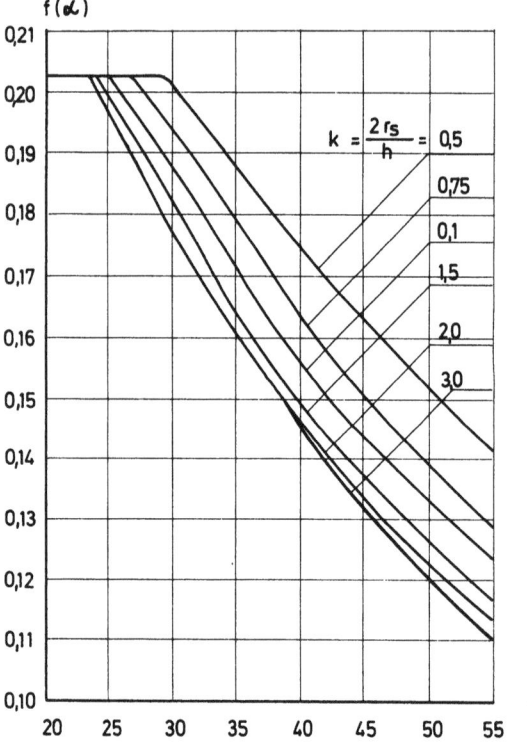

Bild 6.8 Graphische Darstellung der Funktion $f(\alpha)$ in Abhängigkeit von den Verhältnissen $k = 2\,r_s/h$ und ℓ/h [79]

Ein weiterer Ausdruck für V_u bringt den Einfluß des Bewehrungsgrades, wobei die Breite $2\,r_f$ der Zone, in der die Bewehrung zum Fließen kommt, eine Rolle spielt. r_f kann kleiner, gleich oder größer sein als r_u, der obere Radius des Bruchkegels, und ist

6.3 Modelle des Durchstanzvorganges ohne Schubbewehrung bei mittig belasteten Innenstützen

vom Neigungswinkel ψ des durchgebogenen Sektorelementes außerhalb des Bruchkegels kurz vor dem Bruch abhängig.

$$r_f = h \frac{E_s}{\beta_S} \psi (1 - k_x),$$

wobei für $k < 2$ $\quad \psi = 0{,}0035 \, (1 + \frac{k}{2\,k_x}) \, (1 - 0{,}22\,k)$

und für $k \geq 2$ $\quad \psi = 0{,}0019 \, (1 + \frac{k}{2\,k_x})\quad$ gesetzt wird.

Bei Zweibahnbewehrung wird der Radius des Durchstanzkegels angenommen zu

$$r_u = r_s + 1{,}8 \, h \qquad \text{(entspricht } \alpha \approx 30°\text{)}$$

Die Durchstanzlast bei Versagen des Stahls ist nun
für $r_r \geq r_f \geq r_u$

$$V_{u,2} = 1{,}1 \cdot 2\pi \mu \beta_S \, h^2 \, \frac{r_f}{r_r - r_s} \left[1 + \ell_n \left(\frac{r_r}{r_f} \right) \right] \left(1 - \frac{k_x}{3} \right) \qquad (6.2a)$$

und für $r_f < r_u$

$$V_{u,2} = 1{,}1 \cdot 2\pi \mu \beta_S \, h^2 \, \frac{r_f}{r_r - r_s} \left[1 + \ell_n \left(\frac{r_r}{r_u} \right) \right] \left(1 - \frac{k_x}{3} \right) \qquad (6.2b)$$

Darin ist neben den bereits verwendeten Bezeichnungen bei 2-bahniger Bewehrung $\mu = \frac{A_{sx}}{r_f \cdot h} = \frac{A_{sy}}{r_f \cdot h}$ mit A_{sx} bzw. A_{sy} = Stahlquerschnitt im Bereich des Kreises mit dem Radius r_f einzusetzen.

Der richtige Wert der Durchstanzlast V_u ergibt sich, wenn x, also k_x, so angenommen wurde, daß aus Gl. (6.1) und (6.2)

$$V_{u,1} = V_{u,2} = V_u$$

erhalten wird. Für die zulässige Last wird ein Sicherheitsbeiwert von $\gamma = 2{,}5$ empfohlen. Aus diesen Ansätzen sieht man, wie kompliziert dieses Verfahren ist. In der Praxis läßt es sich mit Diagrammtafeln vereinfachen, wie sie in [79] angegeben sind.

Trägt man die Durchstanzlast V_u nach Gl. (6.1) und (6.2), bezogen auf h^2, in Abhängigkeit vom Bewehrungsgrad μ für zwei Schlankheiten $\ell/h = 25$ und $\ell/h = 41$ auf, so ergeben sich die in Bild 6.9 gezeigten Kurven. Man erkennt, daß die Zunahme von V_u bei größerem μ nur noch gering ist. Zum Vergleich ist $V_u = 2{,}1$ zul V nach DIN 1045 ebenfalls angegeben. Der genauere Nachweis ist danach vor allem bei den weniger schlanken Platten oder für Stützen mit Kopfverstärkung vorteilhaft.

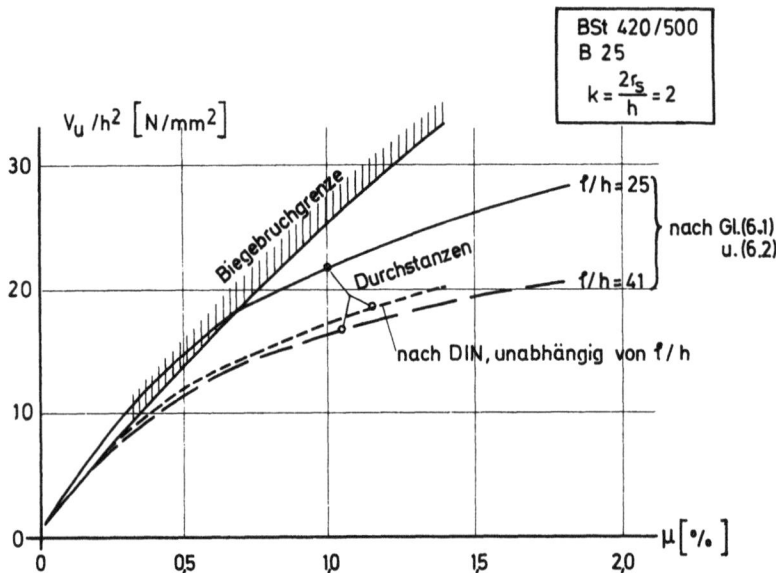

Bild 6.9 Zunahme der bezogenen Durchstanzlast V_u/h^2 einer zylindrischen Innenstütze in Abhängigkeit vom Bewehrungsprozentsatz μ in [%] nach Gl. (6.1) und (6.2) im Vergleich zu der nach DIN 1045 mit $\gamma = 2{,}1$ errechneten Grenzlast mit $2\,r_s/h = 2$

In den Ausdrücken für V_u kommt keine Schubspannung τ vor, was grundsätzlich richtig ist, weil das Versagen, verursacht durch das große Biegemoment am Stützenrand entweder durch Erreichen der Streckgrenze des Stahles oder durch Erreichen der "Schubdruckfestigkeit" des Betons eintritt. Die Wirkung der Schubspannung ist im Neigungswinkel α der radialen Druckspannung enthalten. Maßgebend ist also das Schubbruchmoment. Dennoch gehen bisher alle Bemessungsvorschriften von einem Rechenwert τ aus.

6.4 Durchstanzen bei Rand- und Eckstützen

Für die Unterstützung von Flachdecken an Rändern und Ecken mit Einzelstützen ist zunächst zu empfehlen, daß die Stützen nicht ganz an die Randkante gestellt, sondern wenigstens um das Maß d nach innen versetzt werden sollten, damit die Plattenbewehrung um die Stütze herumgeführt werden kann (Bild 6.10). Wenn am Rand sehr schlanke Stützen erwünscht sind, dann kann man diese durch Gelenke von Biegemomenten freihalten (Bild 6.11).

Bei Rand- und Eckstützen wird häufig die Tragfähigkeit durch die Biegemomente und nicht durch Querkräfte begrenzt. Man muß daher stets M und Q betrachten. Beide Schnittgrößen hängen von den Steifigkeitsverhältnissen zwischen der Platte und den Stützen ab, die rahmenartig zusammenwirken. Ist die Platte dick und biegesteif, dann können die Biegemomente in der Stütze kritisch

6.4 Durchstanzen bei Rand- und Eckstützen

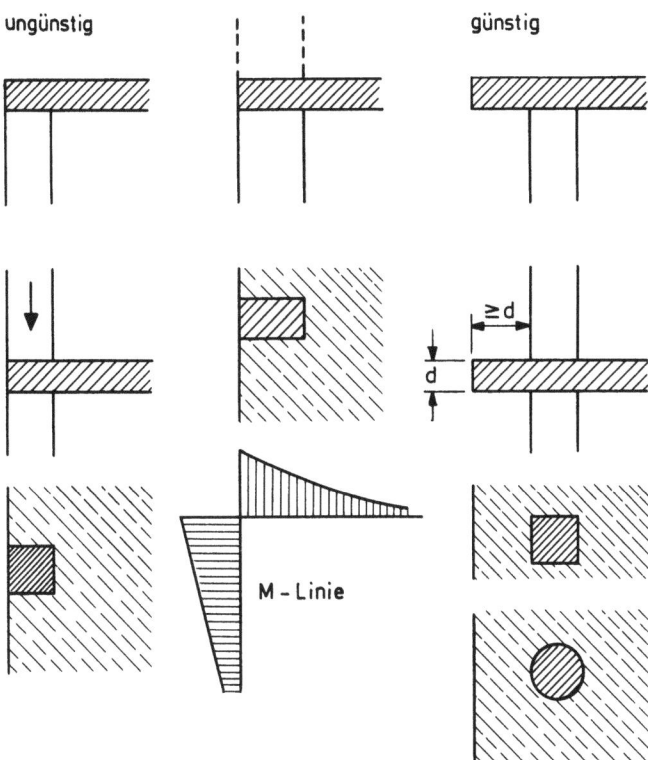

Bild 6.10 Günstige und ungünstige Stellung der Stützen an den Plattenrändern

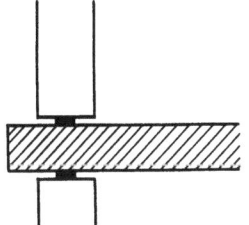

Bild 6.11 Bei schlanken Stützen in der Nähe von Plattenrändern werden zweckmäßig Gelenke angeordnet

werden, wenn diese schlank ist. Ist die Stütze kräftig und biegesteif, dann wird die Platte zuerst durch Biegemomente versagen. Die Bruchart variiert entsprechend. Beim Biegebruch der Platte ergeben sich Bruchflächen, wie sie in Bild 6.12 dargestellt sind. Je nach den Verhältnissen der Spannweiten und den Lastbildern greifen die Biegemomente M schiefwinklig an, so daß auch Torsion in Stützennähe wirkt. Bei der Bemessung genügt es jedoch, die Hauptmomente mit ihren abgeschätzten Richtungen anzusetzen und die Bewehrungen den etwaigen schiefwinkligen Richtungen anzupassen.

Zur Ermittlung der Schnittkräfte nimmt man Rahmen an, bei denen die Riegelsteifigkeit sich aus den mitwirkenden Breiten der Platte ergibt. Für die Aufteilung der Lasten auf die Stützen

6. Durchstanzen von Platten

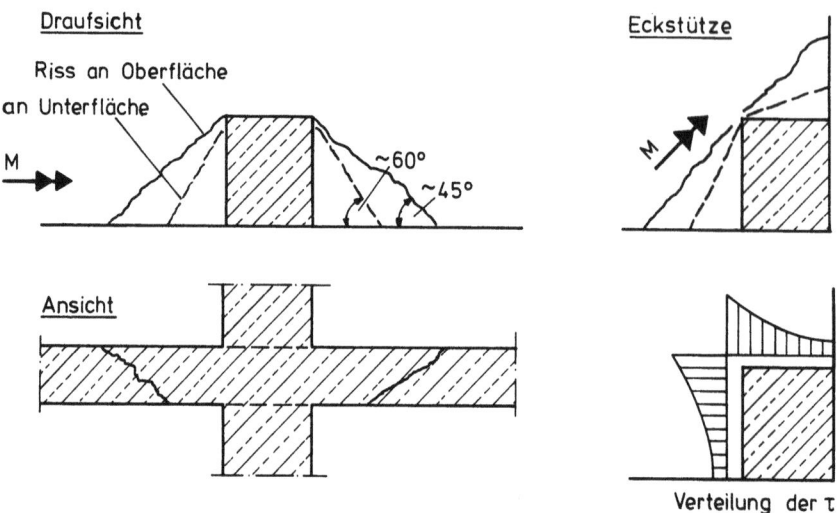

Bild 6.12 Mögliche Bruchflächen bei Rand- und Eckstützen

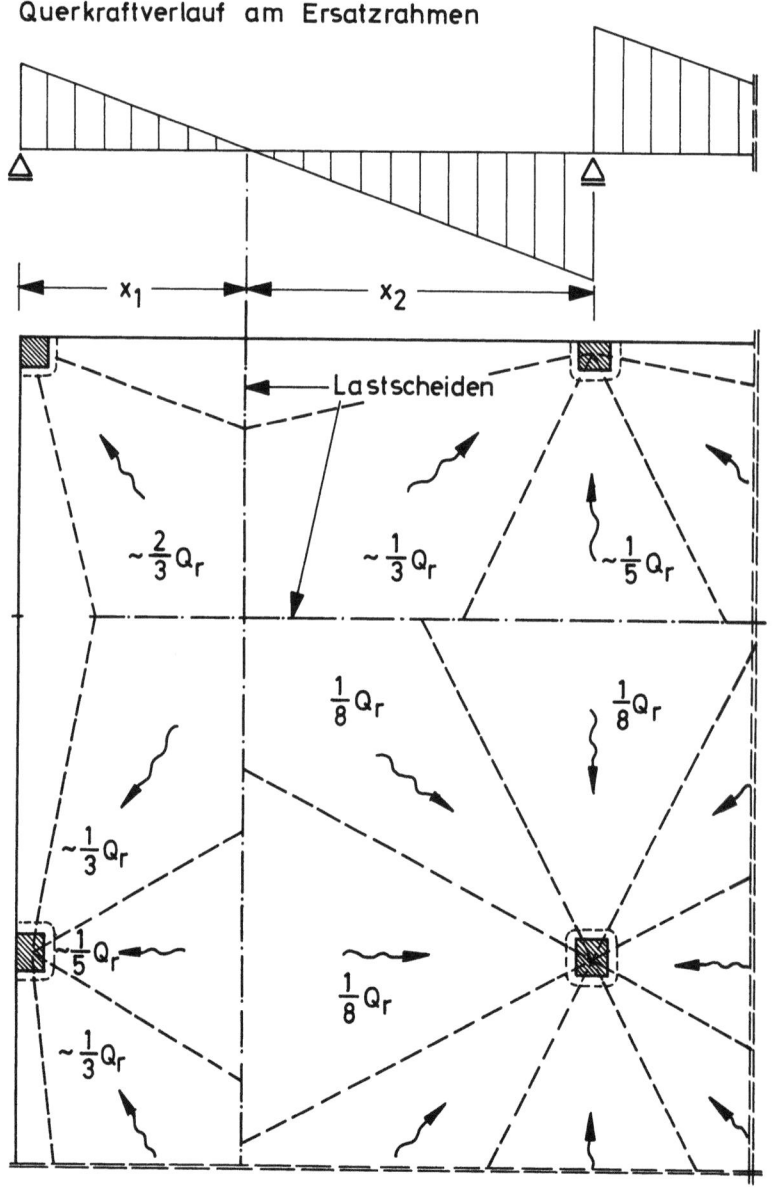

Bild 6.13 Lasteinzugsflächen für die Schubspannungsnachweise

6.5 Bemessungsregeln nach DIN 1045

nimmt man Lastscheiden an den Nullstellen des Querkraftverlaufs an (Bild 6.13). So ergeben sich die auf die Stützen entfallenden Querkräfte, für die die Sicherheit gegen Durchstanzen nachzuweisen ist.

Eine umfassende Darstellung der bisherigen Versuchsergebnisse über die Brucharten und Bruchlasten solcher Randstützen und daraus abgeleitete Bemessungsregeln ist im CEB-Bulletin Nr. 168 vom Januar 1985, Kapitel 5.4, gegeben. Eine umfassende wissenschaftliche Betrachtung der Probleme gab Shin Narui in seiner 1977 abgeschlossenen Dissertation (Universität Stuttgart) in englischer Sprache [80]. Im neueren deutschen Schrifttum sei auf die Arbeit [81] verwiesen.

6.5 Bemessungsregeln nach DIN 1045

6.5.1 Regelfall der Innenstützen

DIN 1045 (1978), Abschnitt 22.5, gibt Bemessungsregeln, die auf unveröffentlichten Karlsruher Versuchen beruhen und von G e b r a u c h s l a s t e n ausgehen. Der auf die Querkraft Q_r im Rundschnitt $d_r = d_{st} + h$ (Bild 6.14) bezogene Rechenwert der Schubspannung

$$\text{vorh } \tau_r = \frac{\max Q_r}{\pi d_r \cdot h} \qquad (6.3)$$

wird zur Berücksichtigung des Bewehrungsprozentsatzes

$$\mu_g = \frac{a_{sx} + a_{sy}}{2 \cdot h}$$

in % und der Stahlgüte mit Hilfswerten $\varkappa_1$ und $\varkappa_2$ den zul τ_o der üblichen Schubbemessung nach Tabelle 13 in DIN 1045 gegenübergestellt.

Es ist

$$\varkappa_1 = 1{,}3\,\alpha_s \sqrt{\mu_g} \qquad \text{mit } \alpha_s = 1{,}0 \text{ für BSt 220/340}$$
$$\varkappa_2 = 0{,}45\,\alpha_s \sqrt{\mu_g} \qquad\qquad\quad = 1{,}3 \text{ " BSt 420/500}$$
$$\qquad\qquad\qquad\qquad\qquad\qquad\quad = 1{,}4 \text{ " BSt 550/550}$$

Dabei ist μ_g mit $\leq 25\,\dfrac{\beta_{WN}}{\beta_S} \leq 1{,}5$ % in Rechnung zu stellen.

Ist nun $\tau_r \leq \varkappa_1 \cdot \tau_{o11}$, dann ist keine Schubbewehrung ererforderlich

Ist aber $\tau_r > \varkappa_1 \cdot \tau_{o11}$, dann muß eine Schubbewehrung für 0,75 max Q_r eingebaut werden.

Die obere Grenze ist $\tau_r \leq \varkappa_2 \cdot \tau_{o2}$.

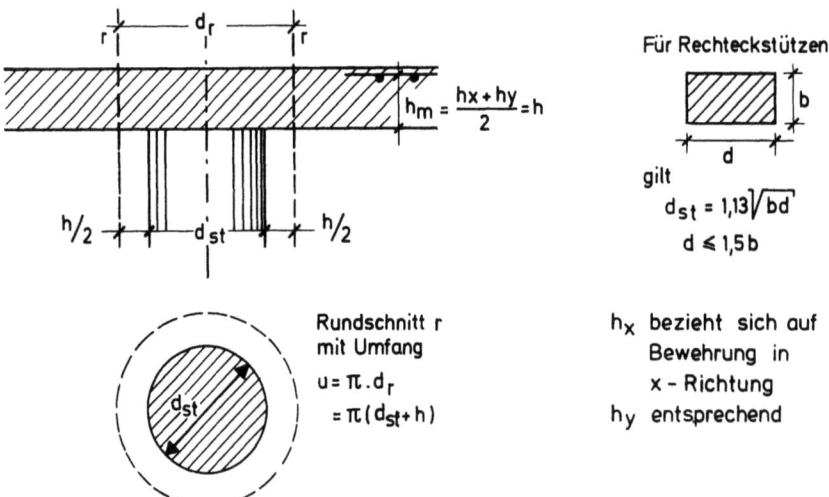

Bild 6.14 Lage und Größe des Rundschnittes zur Ermittlung von τ_r nach DIN 1045. Für Rechteckstützen mit $d > 1,5\ b$ liegen noch keine Angaben vor, weil Versuche fehlen. Empfohlen wird, nur $d = 1,5\ b$ in Rechnung zu stellen.

Führt die übliche Biegebewehrung zu $\tau_r > \varkappa_1 \tau_{o11}$, dann wird man zunächst μ_g und damit $\varkappa_1$ vergrößern, wobei das größere μ_g nur auf die Breite des Durchstanzkegels $(d_{st} + 3,6\ h)$ verlegt werden muß (Bild 6.15).

Genügt zul max μ_g nicht, dann muß die Platte an der Stütze dicker gemacht werden.

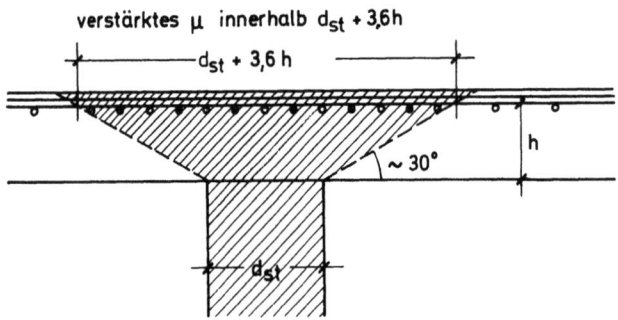

Bild 6.15 Verstärkte Bewehrung zur Erhöhung der Sicherheit gegen Durchstanzen muß im Bereich des Durchstanzkegels mit Durchmesser $d_{st} + 3,6\ h$ liegen

6.5 Bemessungsregeln nach DIN 1045

6.5.2 Zur Schubbewehrung nach DIN 1045

Die nach DIN 1045 erforderliche Menge der Schubbewehrung, die unabhängig vom Grad der Schubbeanspruchung für 0,75 Q_r zu bemessen ist, ist ziemlich groß. Sie ist nur wirksam, wenn sie nach den Regeln in [1 b, Abschn. 8.3.5.1] auf viele dünne Stäbe verteilt und gut verankert wird. Diese Bedingung erfüllen die von H.P. Andrä entwickelten Dübelleisten (s. Abschn. 6.6.1). Bei Platten mit d < 20 cm ist von Schubbewehrungen abzuraten, vielmehr ist d im Stützenkopfbereich zu vergrößern oder ein Stahlkragen (s. Abschn. 6.6.2) einzubauen.

6.5.3 Rand- und Eckstützen nach DIN 1045

Für Rand- und Eckstützen gilt der gleiche Nachweis wie in Abschn. 6.5.1, jedoch statt $u = \pi d_r$ mit reduziertem Umfang des Rundschnittes bei der Berechnung von τ_r in Gl. (6.3)

$$\text{bei Randstützen } u' = 0,6 \; \pi d_r$$
$$\text{bei Eckstützen } u'' = 0,3 \; \pi d_r$$

Diese Werte sind einzuführen, wenn kein Überstand der Platte über die Stützenkante vorhanden ist. Beträgt - in Abweichung von den Angaben in DIN 1045 - der Überstand 0,3 ℓ_x bzw. 0,3 ℓ_y (dort zu 0,5 ℓ_x angegeben), dann kann mit dem vollen Umfang des Rundschnittes $u = \pi d_r$ gerechnet werden. Bei geringerem Überstand darf geradlinig zwischen den zutreffenden Grenzwerten interpoliert werden. Außerdem ist bei Randstützen zur Berücksichtigung des Biegemomentes i.a. der errechnete Wert τ_r um 40 % zu erhöhen.

6.5.4 Deckendurchbrüche, Installationsaussparungen nach DIN 1045

Jeder Hohlraum innerhalb des ~30° geneigten Durchstanzkegels erhöht die Durchstanzgefahr, besonders wenn die Aussparung direkt an die Stütze anschließt und damit die Biegedruckzone schwächt. Deshalb bestehen in DIN 1045 strenge Beschränkungen für die Größe und Lage der Aussparungen, die in Bild 6.16 zusammengestellt sind.

$$\tau_r \text{ ist zu erhöhen mit dem Faktor } K = 1 + 0,5 \; \frac{\Sigma A_d}{0,25 \; A_{st}} \quad (6.4)$$

6.5.5 Stützenkopfverstärkungen, Pilzdecken

Mit Stützenkopfverstärkungen kann man den Durchmesser des etwaigen Durchstanzkegels um 2 ℓ_s vergrößern, wenn die Breite der Kopfverstärkung $\ell_s \leq h_s$ ist (Bild 6.17). Man führt dann den Nachweis so, als ob die ganze Stütze den Durchmesser $d_{st} + 2 \ell_s$ hätte.

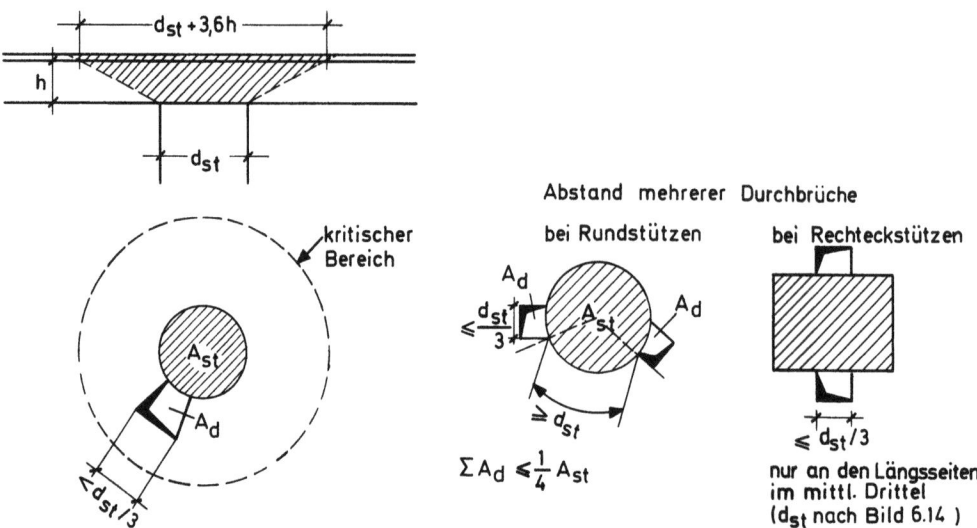

Bild 6.16 Regeln zur Beschränkung der Größe und der Lage von Deckendurchbrüchen neben Stützen

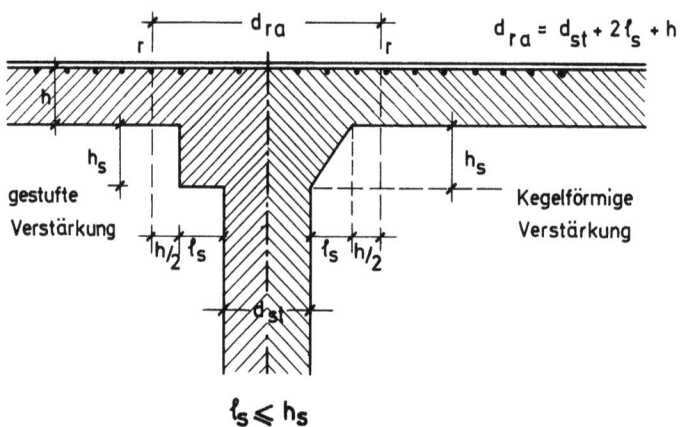

Bild 6.17 Lage und Größe des Rundschnittes zur Ermittlung von τ_r bei Stützenkopfverstärkungen mit $\ell_s \leq h_s$ (für Rechteckstützen s. DIN 1045).

Stützenkopfverstärkungen sollten so bemessen werden, daß im Rundschnitt mit d_{ra} (außerhalb der Verstärkung) ohne Schubbewehrung keine Durchstanzgefahr besteht. Bei $\ell_s > 1,5\ (h_s + h)$ ist ein zusätzlicher Nachweis in einem inneren Rundschnitt mit d_{ri} im Bereich der Verstärkung nach Bild 6.18 zu führen. Dabei sollte h_s so dick gewählt werden, daß auch dafür mit d_{ri} und h_{ri} das τ_r unter $\varkappa_1\ \tau_{011}$ bleibt. Bei kegelstumpfförmigen Kopfverstärkungen darf als wirksame Höhe nur das im Rundschnitt vorhandene h_{ri} nach Bild 6.18, rechts oben, angesetzt werden.

Ist $\ell_s > h_s$ aber $< 1,5\ (h_s + h)$, dann hat der maßgebende Rundschnitt die Größe $d_r = d_{st} + 2h_s + h$. Liegt er außerhalb der Verstärkung, dann gilt zur Bestimmung von τ_r die Nutzhöhe h der Platte; fällt dieser Rundschnitt in die Verstärkung, dann soll-

6.6 Konstruktive Sonderlösungen zur Sicherung gegen Durchstanzen

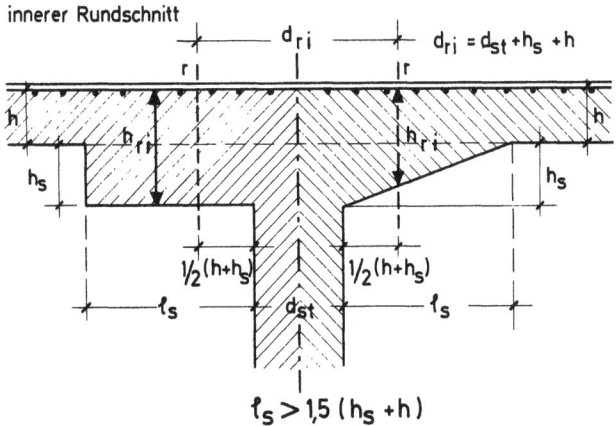

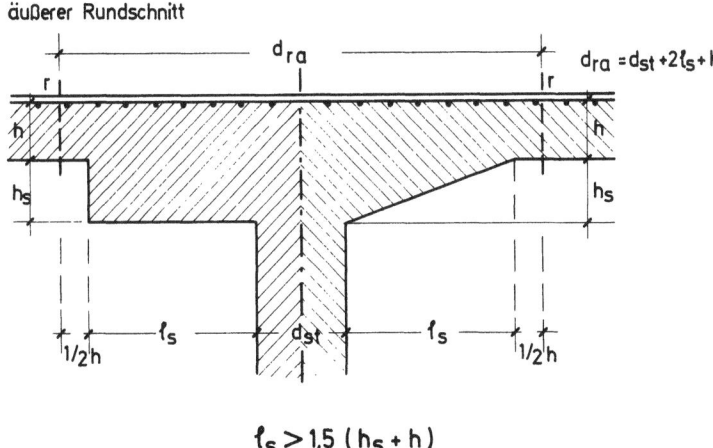

Bild 6.18 Bei Stützenkopfverstärkungen mit $\ell_s > 1,5\,(h_s + h)$ müssen die Spannungswerte τ_r in 2 Rundschnitten mit Durchmessern d_{ri} und d_{ra} nachgewiesen werden.

te die Nutzhöhe vom eingeschriebenen Kegel (vgl. Bild 6.18 rechts oben) aus gemessen werden dürfen. Ein weiterer Nachweis mit d_{ra} wie in Fällen mit $\ell_s > 1,5\,(h_s + h)$ ist aber nötig.

6.6 Konstruktive Sonderlösungen zur Sicherung gegen Durchstanzen

6.6.1 Kopfbolzen-Dübelleisten

Kopfbolzen-Dübelleisten sind kammartige Bewehrungselemente, deren Rücken aus einer Flachstahlleiste aus RSt 37-2 oder aus zwei Betonstählen BSt 420 S bestehen, an die Kopfbolzen aus St 44-2 mit 10 bis 24 mm Durchmesser mit großen kegelförmigen Köpfen angeschweißt sind (Bild 6.19).

6. Durchstanzen von Platten

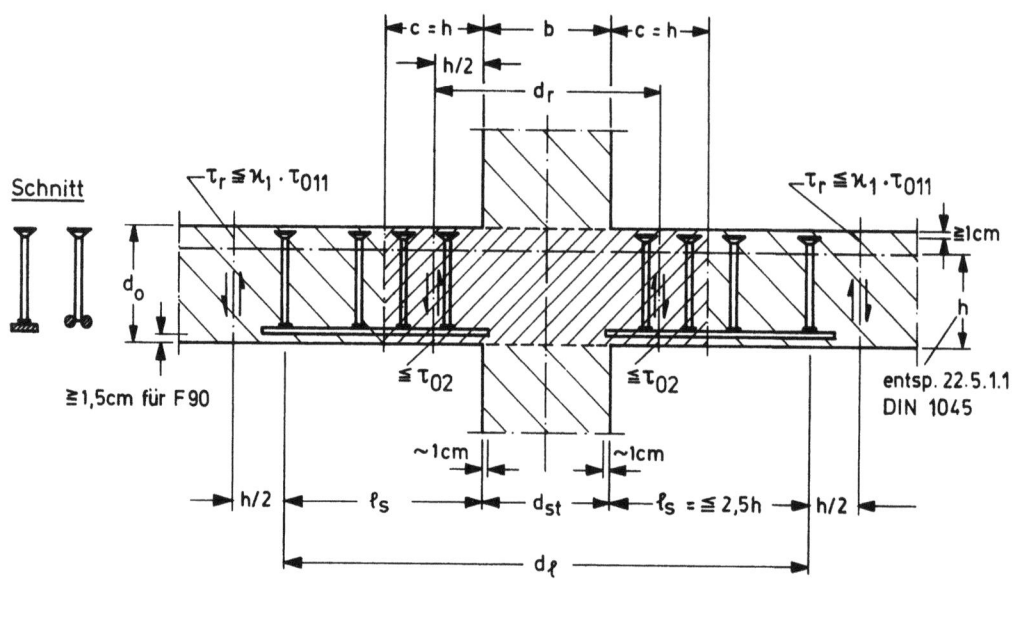

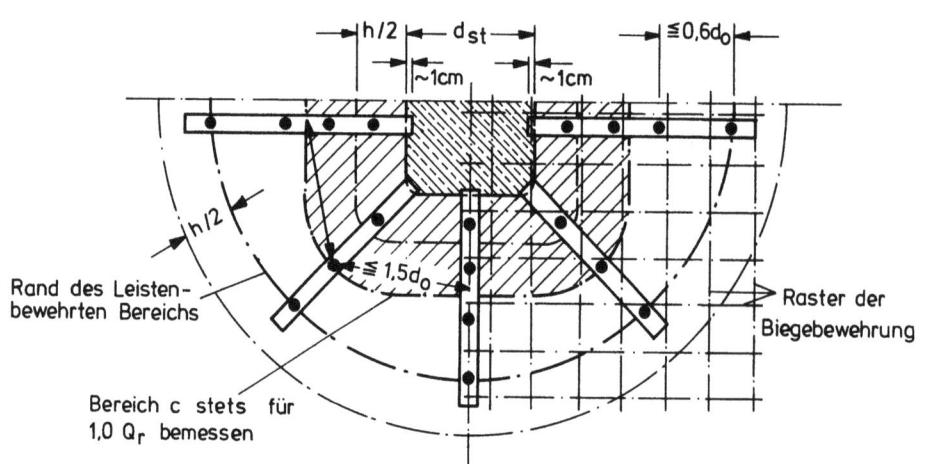

Bild 6.19 Anordnung und Abmessungen der Dübelleisten

Ihre Wirkungsweise ergibt sich aus der Fachwerkanalogie, die Bolzen sind die Zugpfosten, gegen die sich die Druckstreben kraftschlüssig abstützen. Die Dübelköpfe liegen knapp über dem oberen Bewehrungsnetz (Bild 6.20). Die Dübelleisten werden strahlenförmig um die Stützen herum angeordnet.

Bei Verwendung von Dübelleisten darf laut Zulassung die rechnerische Schubspannung im Rundschnitt im Abstand von 0,5 h vom Stützenrand die Grundwerte τ_{02} nach DIN 1045, Tabelle 13, Zeile 2, erreichen; die Abminderung dieser Grundwerte nach Abschnitt 22.5.2 der DIN 1045 entfällt. Die zulässige Steigerung der Tragkraft gegenüber einer Schubbewehrung nach DIN 1045 beträgt mindestens 40 % (Bild 6.21).

6.6 Konstruktive Sonderlösungen zur Sicherung gegen Durchstanzen

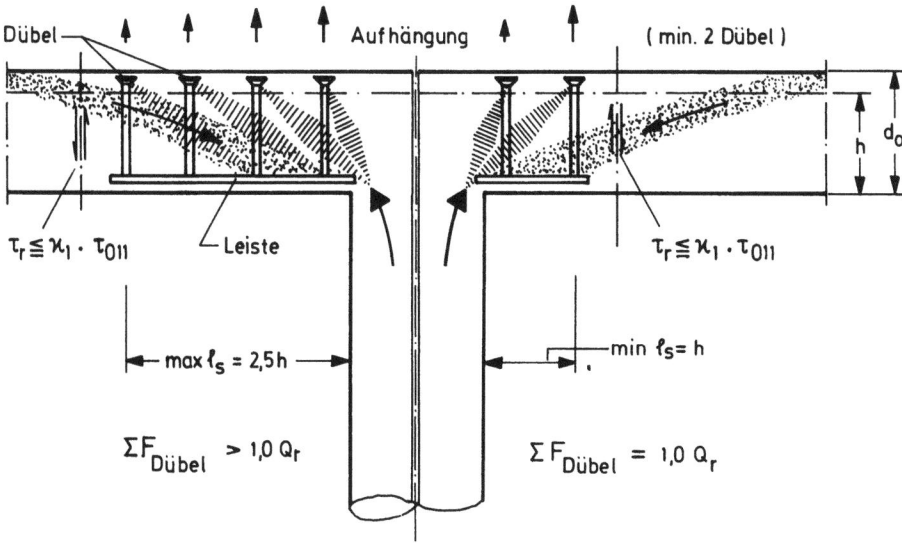

Bild 6.20 Modell der Wirkungsweise der Dübelleisten

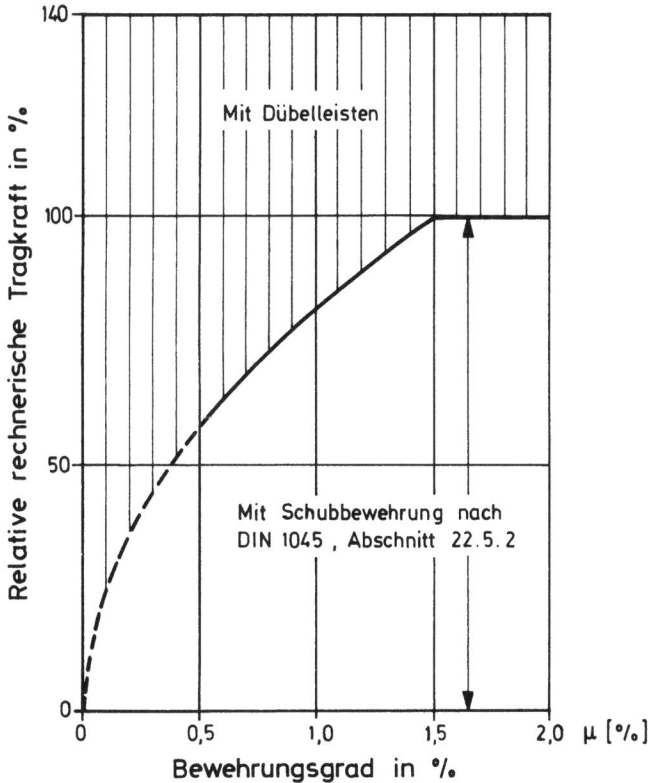

Bild 6.21 Die mit Dübelleisten erreichbare zulässige Tragkraft liegt weit über den Werten mit Bewehrung nach DIN 1045

Abweichend von DIN 1045 wird im Stützenbereich der Mindestbewehrungsgrad von 0,5 % nicht gefordert; die notwendige Duktilität zum Abbau der Momentenspitze wird hier durch die Dübelleisten bewirkt. Auch außerhalb des leistenbewehrten Stützenkopfes wird keine Mindestbewehrung von 0,5 % verlangt.

Die Verbindungslinie zwischen den äußersten Kopfbolzen aller Dübelleisten soll etwa auf einem Kreis mit dem Durchmesser d_f liegen. Der Abstand ℓ_s des äußersten Dübels vom Stützenrand beträgt

$$\ell_s = \frac{1}{2}(d_f - d_{st})$$

Für den Abstand ℓ_s gilt:

$$2,5\, h \geq \ell_s \geq h$$

Die Kopfbolzen werden nach dem in Bild 6.20 skizzierten Fachwerkmodell bemessen. Die Belastung aus der Platte infolge Eigengewicht und Verkehr stützt sich zunächst über eine Druckschale (punktierte Fläche) auf die Leisten ab. Die Leisten werden mit den Bolzen im oberen Bereich der Platten aufgehängt, von wo aus die Aufhängekraft über die Druckstreben in die Stütze geleitet wird.

Bei entfernt liegenden Kopfbolzen ($\ell_s > h$) kann sich keine direkte Druckstrebe zwischen Kopf und Stütze mehr ausbilden, ihr Anteil wird über die Fachwerkwirkung an die inneren Kopfbolzen weitergegeben. Die gesamte, von den Kopfbolzen zu übertragende Zugkraft wird nach folgender empirischer Formel berechnet:

$$\Sigma F_{Bolzen} = 0,5\, Q_r \left(1 + \frac{\ell_s}{h}\right) \geq 1,0\, Q_r$$

Dabei ist Q_r die maximale Querkraft im Rundschnitt mit Durchmesser d_r bei Gebrauchslast.

Die zulässige Tragkraft je Bolzen mit der Querschnittsfläche A_B ist:

$$\text{zul } F_B = A_B \cdot \sigma_B \text{ mit } \sigma_B = 150 \text{ N/mm}^2$$

Mit der zulässigen Tragkraft je Bolzen beträgt die Bolzenzahl n_B mindestens:

$$n_B = \frac{\Sigma F_{Bolzen}}{\text{zul } F}$$

sofern sich aus den geometrischen Abstandkriterien nach Bild 6.19 keine größere Anzahl ergibt.

Der Querkraftanteil, der von einer Dübelleiste übertragen wird, entspricht der Summe der Kräfte in den jeweils ersten beiden

6.6 Konstruktive Sonderlösungen zur Sicherung gegen Durchstanzen   151

Kopfbolzen. Damit ergibt sich eine Mindestanzahl an Leisten

$$n_L = \frac{Q_r}{2 \text{ zul } F}$$

Wenn die Querkraft offensichtlich ungleichmäßig längs des Stützenumfangs verteilt ist, so sind die Dübelleisten vorzugsweise in den Bereichen mit großer Querkraftbeanspruchung anzuordnen, bei eckigen Stützen in der Regel an den Ecken. Die Führung des Rundschnittes um die Stütze weicht hier von DIN 1045 ab. Es wird nicht mehr von einer flächengleichen Stütze mit Kreisquerschnitt ausgegangen. In Anlehnung an den CEB Model Code 1978 kann der Schnitt im Abstand h/2 um die Stütze geführt werden (Bild 6.22). Diese Festlegung erscheint nicht nur wegen der Anordnung der Dübelleisten sinnvoll, sie bietet auch die Möglichkeit einer einigermaßen wirklichkeitsgetreuen Anpassung an alle vorkommenden Stützenformen. Auch die Verhältnisse bei Rand- und Eckstützen sowie der Einfluß von Deckendurchbrüchen lassen sich so besser erfassen.

Die Rundschnitte für die Schubspannungsnachweise werden gegebenenfalls durch Plattenränder oder Aussparungen begrenzt. Die Schubspannungsnachweise sind in der tatsächlich vorhandenen Schnittfläche der Rundschnitte zu führen. Bei stützennahen Aussparungen innerhalb eines Abstandes von 5h vom Stützenrand sind von den Rundschnittlängen diejenigen Abschnitte abzuziehen, die durch die Tangenten vom Stützenmittelpunkt an die Aussparungen begrenzt werden.

Die Wirkung einer nicht rotationssymmetrischen Belastung ist durch eine näherungsweise Erfassung der tatsächlichen Verteilung der am Stützenumfang anlaufenden Querkraft zu berücksichtigen, wenn die mittlere Schubspannung am inneren Rundschnitt 60 % von τ_{02} überschreitet. An freien Rändern müssen die normal zum Plattenrand gerichteten Horizontalkomponenten der geneigten Druckstreben durch Bewehrung aufgenommen werden. Die Zulassung ermöglicht eine Anwendung der Kopfbolzen-Dübelleisten auch für nicht vorwiegend ruhende Lasten, wenn nachgewiesen wird, daß der durch häufige Lastwechsel verursachte Querkraftanteil ΔQ nicht mehr als 30 % der größten Querkraft beträgt.

Werden die in Bild 6.19 angegebenen Betondeckungen eingehalten (oben 1 cm, unten 1,5 cm), gilt die Tragkonstruktion als feuerbeständig (F 90), wenn die Anforderungen nach DIN 4102 im übrigen erfüllt sind. Ausführliche Hinweise über Konstruktion und Tragverhalten werden in [82] und [83] gegeben.

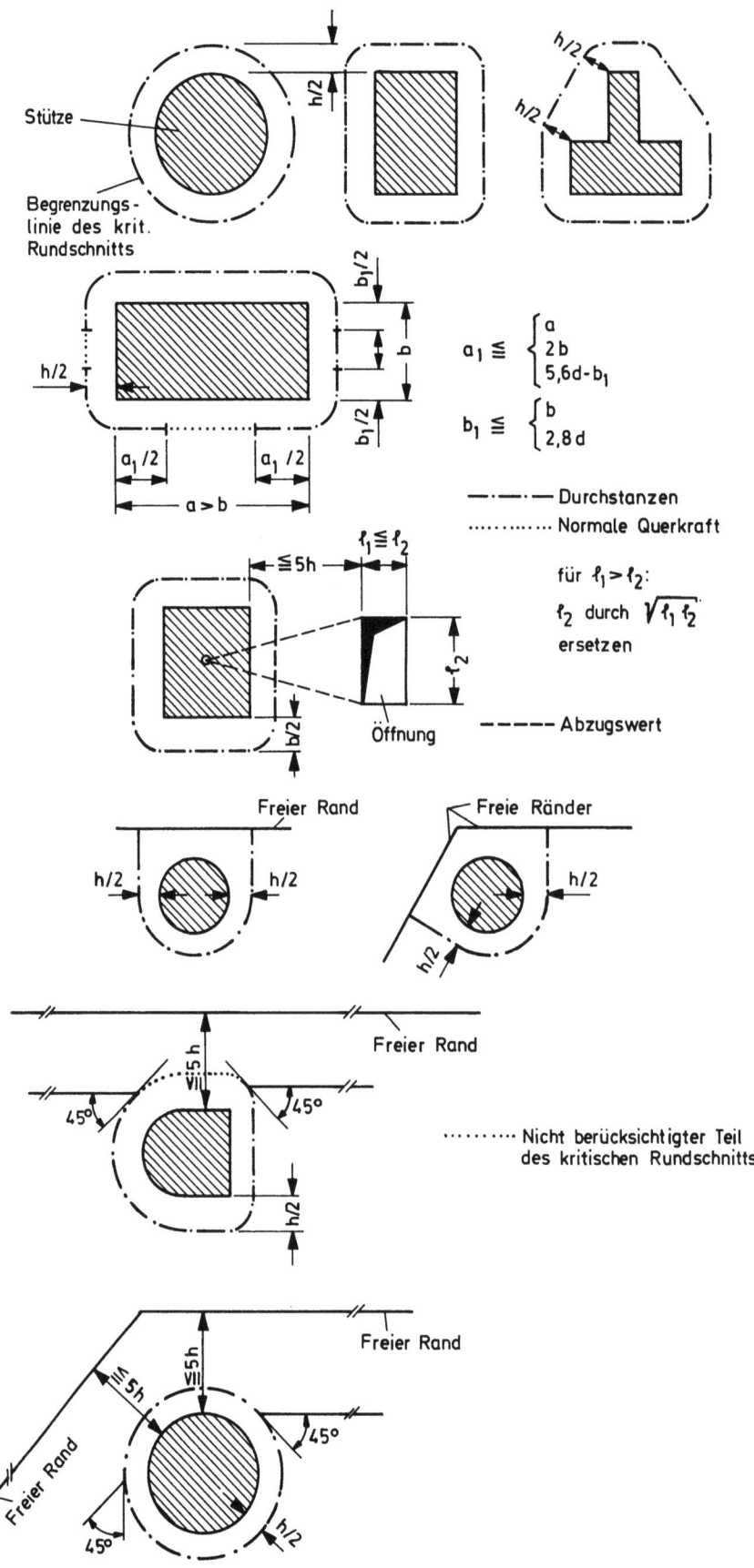

Bild 6.22   Rundschnittführung nach CEB

6.6 Konstruktive Sonderlösungen zur Sicherung gegen Durchstanzen

6.6.2 Stahlkragen

Mit Stahlkragen (Bilder 6.23 und 6.24) kann die Flachdecke innerhalb der Plattendicke d so verstärkt werden, daß der Durchstanzbruch nicht an der Stütze, sondern rund um den Stahlkragen eintritt. Dabei kann der Nachweis analog zur Rechteckstütze geführt werden, als ob die Stützenfläche der Stahlkragenfläche entspräche (Nachweis durch EMPA-Versuche für Geilinger Stahlbau 1973). Der Stahlkragen muß für die angreifende Linienlast $q_r = \dfrac{Q_r}{u}$ bemessen werden. Für den Bewehrungsgrad μ darf nur die auf die Breite der Durchstanzfläche vorhandene und außerhalb des oberen Durchstanzrandes voll verankerte Bewehrung angesetzt werden. Stahlkragen erlauben ziemlich große Deckendurchbrüche, deren Größe nicht unter die Beschränkungen nach 6.5.4 fällt.

Die Stahlkragen können an Stahlstützen angeschweißt (Bild 6.23) oder auf Stahlbetonstützen aufgesetzt werden (Bild 6.24). Zur Lastübertragung auf die Stahlbetonstütze wird eine dicke Stahlplatte benützt, die mit einigen Löchern versehen sein sollte, damit sich beim Betonieren unter der Platte keine Wasser- oder Luftblasen bilden.

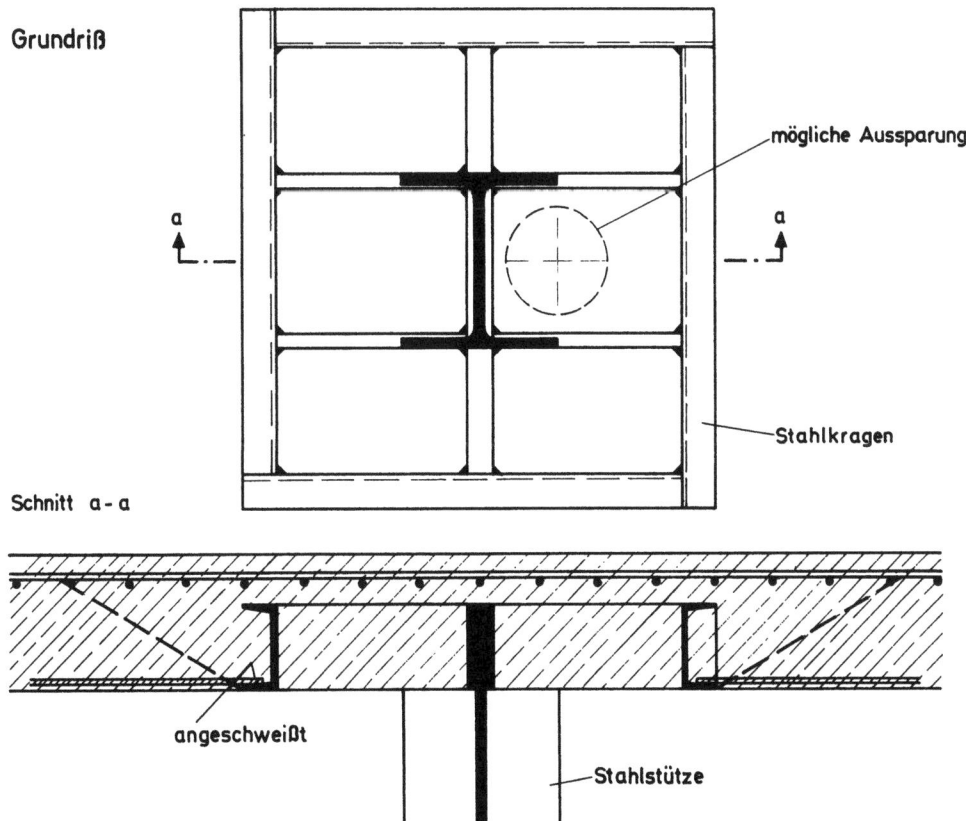

Bild 6.23 Stahlkragen aus Profilträgern (Geilinger Stahlbau) an einer Stahlstütze

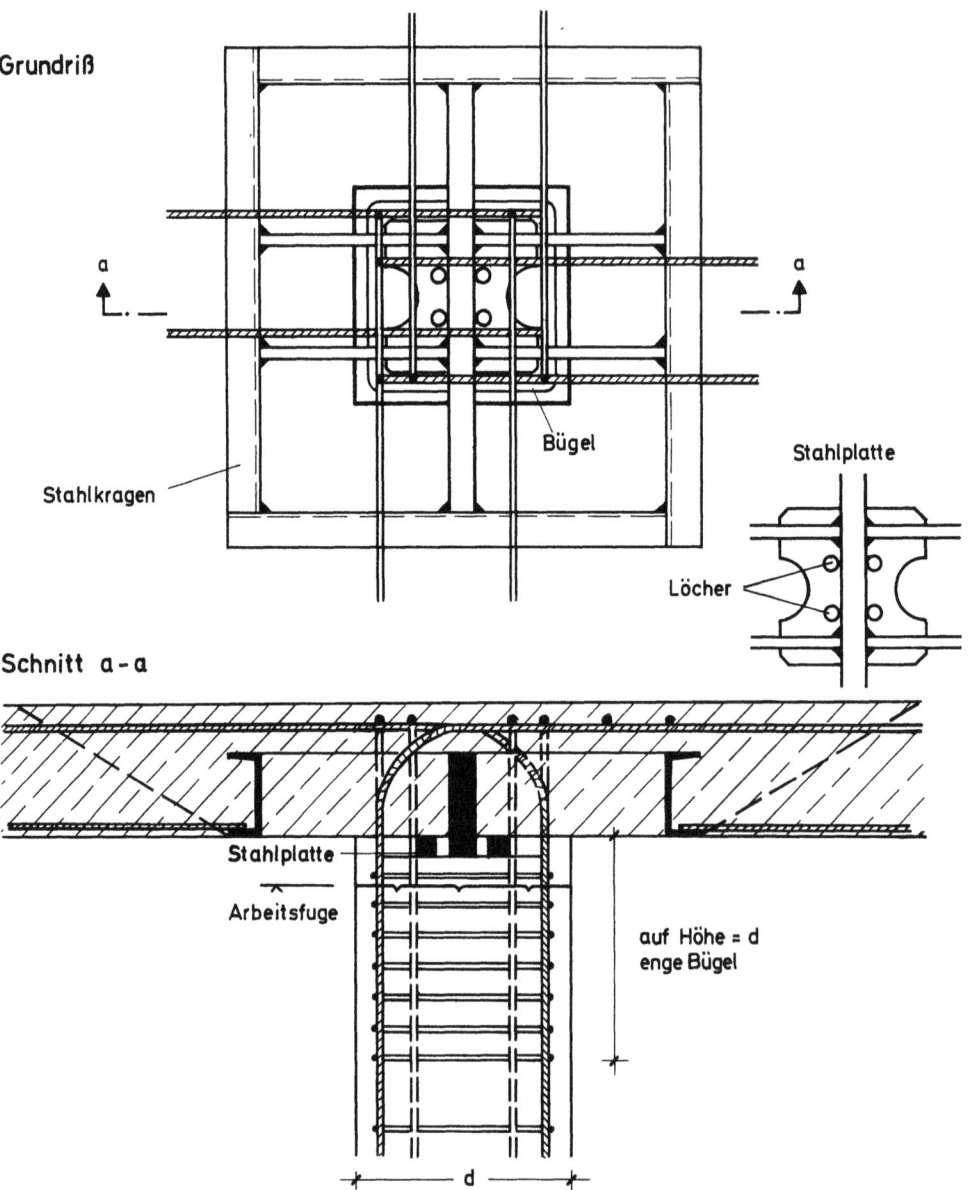

Bild 6.24 Stahlkragen aus Profilträgern (Geilinger Stahlbau) an einer Betonstütze (Plattenbewehrung nicht vollständig dargestellt).

6.6.3 Erhöhter Durchstanz-Widerstand durch Vorspannung ohne Verbund

In USA und in der Schweiz wurden Flachdecken schon etwa seit 1955 bzw. 1970 mit Litzen-Spanngliedern ohne Verbund hergestellt. Die Litzen aus 7 Drähten ∅ 5 mm liegen in Korrosions-Schutzfett eingebettet in Polyäthylenrohren. In der Schweiz wurden eingehende Versuche angestellt [84] und [85]. DIN 4227, Teil 6, behandelt die Regeln, nach denen in der Bundesrepublik Deutschland Vorspannung ohne Verbund anzuwenden ist. E. Wölfel hat in [86] ausführlich darüber berichtet und weiteres Schrifttum angegeben. Gute Beispiele sind in [87] zu finden.

6.6 Konstruktive Sonderlösungen zur Sicherung gegen Durchstanzen

Bei der Vorspannung von Flachdecken ohne Verbund werden die Spannglieder vorzugsweise in schmalen "Stützenstreifen" angeordnet und hängewerkartig geführt, so daß die Platte im Feld durch die nach oben gerichteten Umlenkkräfte entlastet wird. Eine dieser Entlastung entsprechende Belastung wird durch die auf den Durchstanzkegel mit einem Durchmesser d_{st} + h beschränkten Gegenkrümmung direkt auf die Stütze abgegeben (Bild 6.25). Die für das Durchstanzen maßgebende Querkraft Q_r wird also um die Umlenkkraft der im Stützenbereich liegenden Spannglieder entlastet (Bild 6.26). Das Berechnen von vorgespannten Platten mit Umlenkkräften ist in [1 d, Kap. 16.3.3.2] ausführlich dargestellt.

Diese Bauart lohnt sich nur bei Flachdecken mit über etwa 7 m Feldweiten und Plattendicken über 25 cm, so daß ein genügend großer Durchhang der Spannglieder möglich ist. Man bemißt die Vorspannung so, daß die Umlenkkräfte etwa dem Eigengewicht + 10 bis 20 % der Verkehrslasten entsprechen. Die Mehrzahl der Spannglieder wird in den Stützenstreifen konzentriert, einige Spannglieder werden in der Regel im Feld verlegt – sie tragen natürlich nicht zur Verminderung der Durchstanzkraft bei (Bild 6.27).

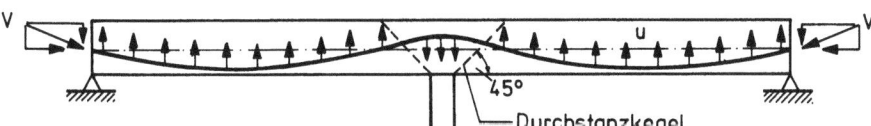

Bild 6.25 Umlenk- und Längskräfte aus Vorspannung

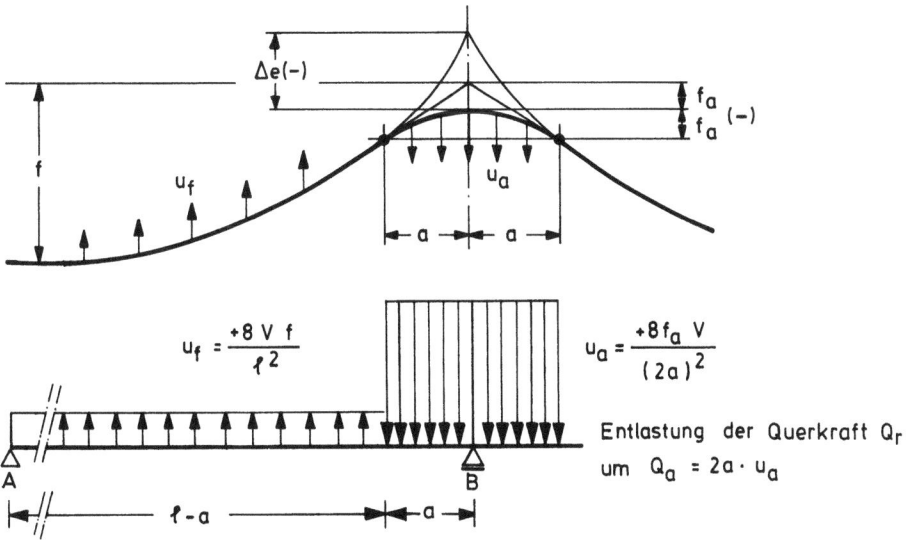

Bild 6.26 Lotrechte Komponenten u der Umlenkkräfte

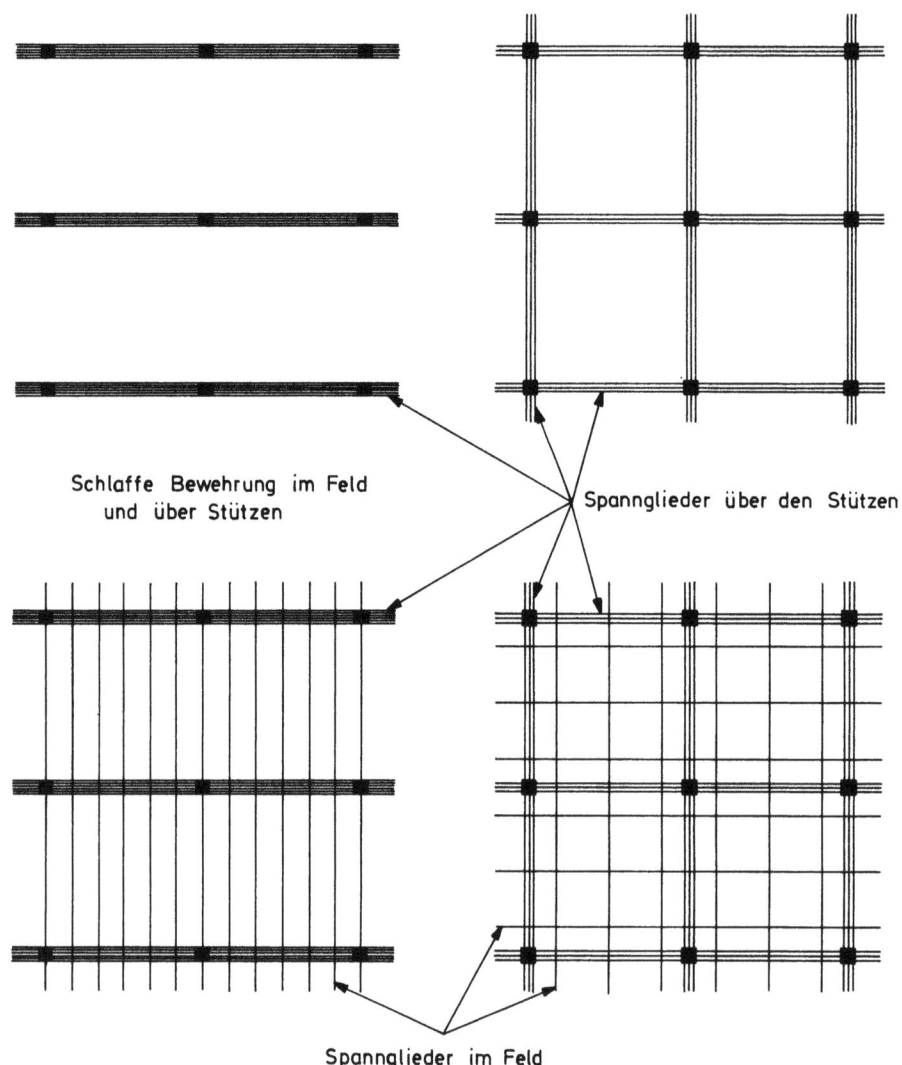

Bild 6.27 Mögliche Spanngliedanordnungen

Die Spannglieder werden meist in Gruppen von zwei bis drei Monolitzen zusammengelegt, um dazwischen Rüttellücken zu schaffen. Der mögliche Durchhang f ist in x-Richtung größer als in y-Richtung, weil die Spannglieder über den Stützen sich kreuzend in zwei Lagen angeordnet werden (Bild 6.28 und 6.29).

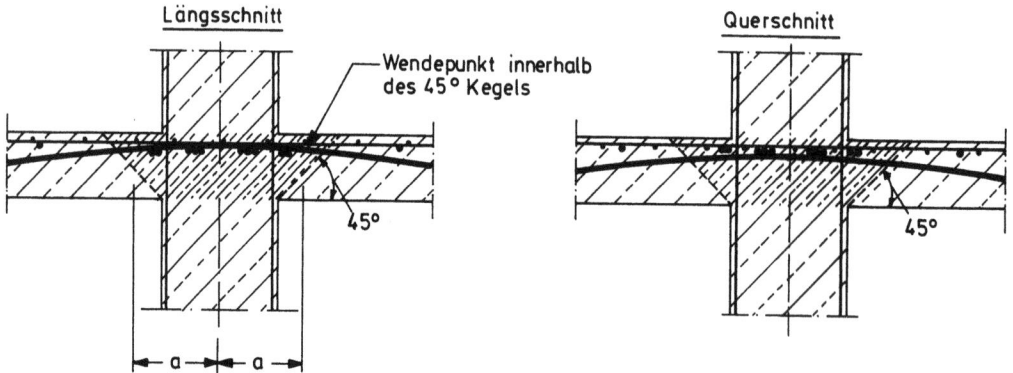

Bild 6.28 Anordnung der über dem Stützkegel sich kreuzenden Spannglieder

6.6 Konstruktive Sonderlösungen zur Sicherung gegen Durchstanzen

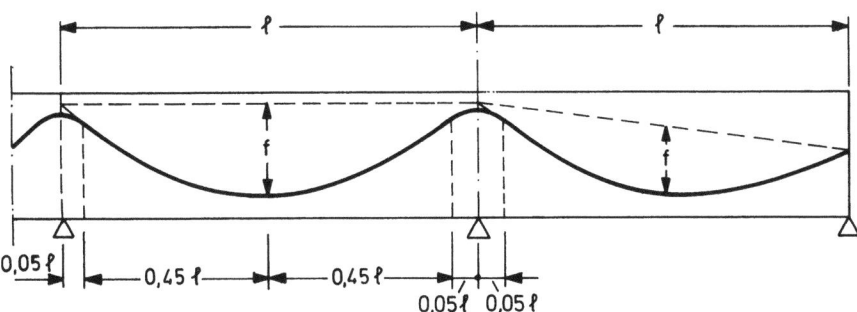

in Längsrichtung: Innenfeld   Randfeld
Spannglieder an Stütze oben liegend

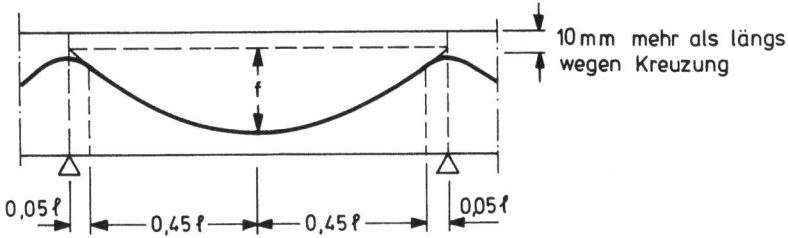

in Querrichtung: Innenfeld, Spannglieder an Stütze unten liegend

Bild 6.29 Spanngliedverlauf in Längs- und Querrichtung. Man beachte den Höhenunterschied an der Kreuzungsstelle der Spannglieder, überhöht gezeichnet.

Da Spannglieder ohne Verbund beim Übergang zur Grenzlast der Tragfähigkeit nur einen geringen Spannungszuwachs aufweisen, wurde in DIN 4227 die zulässige Stahlspannung beim Vorspannen auf zul $\sigma_z = 0{,}75\ \beta_z$ oder $0{,}85\ \beta_{0,2}$ festgesetzt.

Der Vorteil dieser Bauart liegt nicht nur in der Verminderung der Durchstanzgefahr, sondern auch in der Verminderung der Durchbiegungen, insbesondere der Durchbiegungen durch Kriechen und Schwinden, und in der Verminderung der Rißbildung. Eine ausreichend starke schlaffe Bewehrung ist jedoch für das Erreichen der geforderten Traglast nötig, weil die Spannglieder dabei nur mit der Vorspannkraft nach Schwinden und Kriechen mitwirken.

7. Bemessung bei schwingender oder sehr häufiger Belastung – Ermüdungsfestigkeit

7.1 Grundregeln

Für "schwingende oder dynamische Belastung" (nach DIN 1055 "nicht vorwiegend ruhende Belastung") fehlen in den DIN-Vorschriften für Lastannahmen (DIN 1055) und des Stahlbetons (DIN 1045) noch genaue Definitionen und verbindliche Regeln. Im folgenden wird daher versucht, Regeln zu entwickeln, die die gewohnten Anforderungen an Bauwerke mit Sicherheit erfüllen.

S c h w i n g e n d e (dynamische) B e l a s t u n g (oscillating or fatigue loading) muß bei der Bemessung nur dann von "vorwiegend ruhender Belastung" unterschieden werden, wenn Belastungsanteile p_F, die zusammen mit Eigengewicht g mehr als 50 % der zulässigen statischen Gebrauchslast (g + p) ausmachen, sehr oft oder schwingend wirken. "Sehr oft" bedeutet, daß wenigstens 500.000 Lastwiederholungen innerhalb der erwarteten Lebensdauer des Tragwerkes auftreten. Man muß daher zunächst klären, ob und welche Nutzlastanteile p_F unter diese Voraussetzungen fallen. Im Hochbau kommt eine solche schwingende Belastung fast nur in Industriebauten mit schweren schwingenden Maschinen vor. Im Brückenbau sind bei Straßenverkehr höchstens 30 bis 50 % der vollen Lasten nach DIN 1072, bei Eisenbahnverkehr je nach Art und Dichte der Zugfolgen 50 bis 60 % der max. Lastenzüge als schwingend zu betrachten. Für Hofkellerdecken in Fabrik- oder Lagereinfahrten gilt das gleiche wie für Straßenbrücken, nicht jedoch für Decken, die nur g e l e g e n t l i c h durch Lkw oder Feuerwehrfahrzeuge belastet werden. Wohl aber sind Fahrspuren von Parkgaragen für die Pkw-Lasten als schwingend belastet zu betrachten [88]. Zu beachten ist, daß der Beton, der Stahl und der Verbund unterschiedliche Widerstände gegen schwingende Beanspruchungen aufweisen und daß diese Beanspruchungen in allen Elementen der Stahlbetonbauteile (z.B. sowohl in der Längsbewehrung wie in Bügeln) auftreten. Die Bundesbahn hebt bei Eisenbahnbrücken auf die Betriebsfestigkeit ab, der gewisse Lastkollektive zugrunde gelegt werden [89].

7. Bemessung bei schwingender oder sehr häufiger Belastung - Ermüdungsfestigkeit

Die schwingende Belastung darf weder die T r a g f ä h i g -
k e i t noch die G e b r a u c h s f ä h i g k e i t gefährden. Die Tragfähigkeit von Stahlbetontragwerken wird
durch schwingende Belastung stark vermindert, das Minimum
wird nach etwa $4 \cdot 10^6$ Lastwechseln erreicht (Wöhler-Linien).
Die Sicherheit gegen Ermüdungsbruch oder gegen Versagen durch
Dauerschwinglast kann niedriger angesetzt werden als bei ruhender Last. Lastfaktoren von 1,2 bis 1,3 genügen je nach
Schadensumfang beim Versagen.

Bei den Sicherheitsüberlegungen ist zu beachten, daß ein zunächst schwingend geprüftes Tragwerk, das dabei nicht versagte, bei einmaliger weiterer Laststeigerung die statische Traglast in der Regel ohne wesentliche Einbuße erreicht.

Auf der Baustoffseite ist die S c h w e l l f e s t i g -
k e i t d e s B e t o n s (vgl. [1 a, Abschn. 2.8.1.6])
zu beachten und dazu ein Sicherheitsbeiwert von 1,3 bis 1,4
anzusetzen. Nach letztem Stand der Forschung [90] sinkt die
Schwellfestigkeit auch nach $2 \cdot 10^6$ Lastspielen noch weiter
ab und endet fast unabhängig von der Grundspannung bei
$2 \sigma_a = 0,4 \beta_p$. Dies wird am besten mit Wöhler-Linien nach
Bild 7.1 dargestellt.

Die S c h w e l l f e s t i g k e i t d e s e i n b e -
t o n i e r t e n B e w e h r u n g s s t a h l s hängt
von Stahlart, Stahlgüte, Rippenform, evtl. Schweißknoten
und an Krümmungen vom Biegerollendurchmesser ab (vgl. [1 a,
Abschn. 3.5.6]). Sie schwankt zwischen $2 \sigma_a = 250$ und 100 N/mm^2
und ist mit einem Sicherheitsbeiwert von 1,1 bis 1,2 zu belegen. Die Art des Stahls und seine Verarbeitung müssen also
sorgfältig ausgewählt werden, wenn hohe, schwingende Beanspruchung vorliegt.

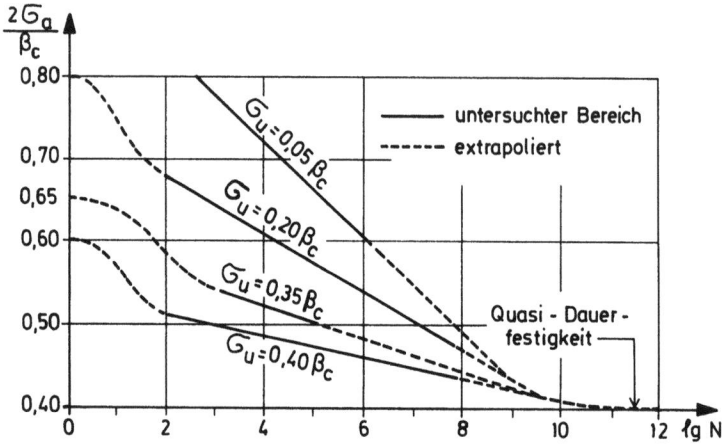

Bild 7.1 Mittlere Wöhler-Linien für Beton bei verschiedenen
Unterspannungen, nach [90]

Die S c h w e l l f e s t i g k e i t d e s V e r b u n d e s ist die schwächste Stelle des Stahlbetons bei schwingender Belastung, sie liegt ähnlich niedrig wie die Schwellfestigkeit des Betons ([90]) und beeinträchtigt vor allem die G e b r a u c h s f ä h i g k e i t , weil die Rißbreiten dabei merkbar zunehmen und leicht das zulässige Maß überschreiten. Schwingend beanspruchte Stahlbetontragwerke müssen daher grundsätzlich mit kleinen Stababständen für kleine Rißbreiten bewehrt werden (vgl.[1 c]).

Die Gebrauchsfähigkeit kann auch noch durch vergrößerte Verformungen (z.B. Durchbiegungen) beeinträchtigt werden. Schwingende Beanspruchung beschleunigt gewissermaßen die Kriechverformungen.

Versuche von S. Soretz, Wien, 1974 [91] ergaben für Rippentorstahl St 420/500 in Balken aus B 32 mit praxisgerechter Bemessung und Anordnung der Bewehrung Schwellfestigkeiten, die wesentlich über den von G. Rehm festgestellten Werten liegen und bei den derzeitigen Gebrauchslastspannungen keinen Dauerbruch erwarten lassen, wenn die Bewehrung gerippt ist und für kleine Rißbreiten entworfen wurde.

Bei stark schwingender Beanspruchung wird empfohlen, Vorspannung, also Ausführung mit Spannbeton, zu wählen, der bei einwandfreier Konstruktion und Bauausführung eine hervorragend gute Dauerschwingfestigkeit aufweist.

7.2 Bemessungsregeln

1. E r m i t t l e oder w ä h l e den Nutzlastanteil p_F, der voraussichtlich mehr als 500.000 mal auftritt.

2. Berechne nach Abschn. 7.3 die Schwingbreiten der unter Gebrauchslast auftretenden Spannungen

$$2\sigma_{aL} = \sigma_{g+p_F} - \sigma_g \qquad (7.1)$$

3. Prüfe für B e t o n und S t a h l und V e r b u n d , ob

$$\gamma_L \cdot 2\sigma_{aL} \leq \frac{2\sigma_{aM}}{\gamma_M} \qquad (7.2)$$

ist, wobei $2\sigma_{aM}$ die S c h w e l l f e s t i g k e i t des Betons oder des Stahles oder des Verbundes für die Schwingbreite $2\sigma_{aL}$ bei der unteren Spannung σ_g und der oberen Spannung σ_{g+p_F} ist.

162

7. Bemessung bei schwingender oder sehr häufiger Belastung - Ermüdungsfestigkeit

γ_L ist der Last-Sicherheitsbeiwert 1,2 bis 1,3
γ_M ist der Material-Sicherheitsbeiwert
für Beton   1,3 bis 1,4
für Stahl   1,1 bis 1,2.

Wenn diese Bedingung nicht erfüllt ist, dann müssen die Querschnitte vergrößert werden oder die Schwingbreite der Spannungen durch Vorspannung vermindert werden.

4. Prüfe, ob für Eigengewicht + volle Nutzlast die Sicherheitsbedingungen für ruhende Last nach den in [1 a] gegebenen Regeln erfüllt sind.

Diese Regeln sind sowohl auf die Biegezugbewehrung und den Beton in der Druckzone als auch auf die Querbewehrung für Querkraft und Torsion anzuwenden.

Zur Anordnung der Bewehrung ist die ermittelte erforderliche Bewehrungsmenge so in Stäbe mit kleinem Abstand aufzuteilen, daß die Rissebeschränkungsregeln nach [1 c] erfüllt sind. Dabei sollten nicht die den DIN-Regeln zugrunde liegenden groben Näherungen benützt werden, sondern die Formel für max $w_{90\%}$ mit den k-Beiwerten, wobei zur Berücksichtigung des Einflusses der Lastwiederholungen bei dynamischer Beanspruchung $k_5 = 1,4$ einzusetzen ist.

7.3 Ermittlung von Spannungen unter Gebrauchslasten

Die Regeln des Abschn. 7.2 verwenden die Größen der S p a n n u n g e n im Beton und im Stahl unter Gebrauchslasten, während beim Nachweis der Tragfähigkeit bzw. bei der Bemessung nach Abschn. 7 in [1 a] nur Grenzdehnungen dieser Baustoffe unter γ-facher Gebrauchslast in die Rechnungen eingehen. Da keine Proportionalität zwischen Lasten und Spannungen infolge der nicht linearen σ-ε-Beziehungen der Baustoffe besteht, können Gebrauchslastspannungen nicht ohne weiteres aus den Ergebnissen der Traglastbemessung abgeleitet werden.

Dies sei an einem Beispiel gezeigt. Das Traglastmoment eines Stahlbetonquerschnitts mit rechteckiger Betondruckzone bei Dehnungen $\varepsilon_{su} = +5$ ‰ und $\varepsilon_{bu} = -3,5$ ‰ beträgt $M_u =$
$= 1,75 \cdot M_{g+p} = 0,276\ b\ h^2\ \beta_R$ mit $\gamma = 1,75$. Die zugehörige Bewehrung hat den Querschnitt erf $A_s = 0,333\ b\ h\ \beta_R/\beta_S$.
Der gleiche Querschnitt erfährt unter dem Gebrauchslastmoment

7.3 Ermittlung von Spannungen unter Gebrauchslasten

M_{g+p} jedoch Dehnungen von nur

$$\varepsilon_s = 1,1 \text{ \textperthousand} \ (= \frac{1}{4,55} \varepsilon_{su}) \text{ und } \varepsilon_b = -0,73 \text{ \textperthousand} \ (= \frac{1}{4,79} \varepsilon_{bu}).$$

Für die Ermittlung dieser Dehnungen unter Gebrauchslast gelten im Prinzip die gleichen Regeln wie bei der Bemessung: Ebenbleiben der Querschnitte, Gleichgewicht $\Sigma N = 0$ und $\Sigma M = 0$. Für den Betonstahl kann die gleiche σ-ε-Beziehung wie bei der Bemessung verwendet werden (vgl. Bild 7.5 in [1 a]). Es zeigt sich, daß in den praktisch vorkommenden Fällen ε_s immer im elastischen Bereich liegt, daß also $\sigma_s = \varepsilon_s \cdot E_s$ gilt. Für den Beton ist es jedoch nicht richtig, zur Ermittlung von Spannungen unter Gebrauchslasten vom Parabel-Rechteck-Diagramm der Spannungsverteilung in der Druckzone nach Bild 7.3 in [1 a] auszugehen, weil hierin plastische Zeiteinflüsse (Kriechen) und Abzüge für die 5%-Fraktile der Festigkeit enthalten sind.

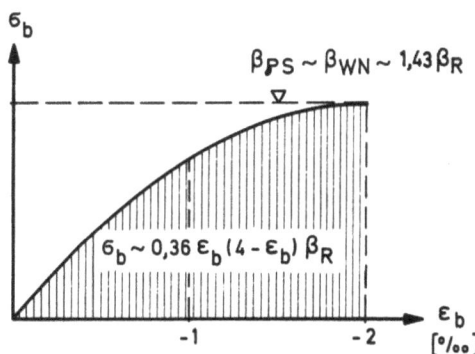

Bild 7.2 σ-ε-Diagramm des Betons, das für Spannungsnachweise unter Gebrauchslasten verwendet werden sollte

Es wird deshalb vorgeschlagen, eine rein parabolische Verteilung der Betondruckspannungen nach Bild 7.2 anzunehmen mit dem Größtwert $\varepsilon_b = -2,0$ \textperthousand. Gleichzeitig kann der Scheitelwert auf die mittlere Prismenfestigkeit - also "Serienfestigkeit" ε_{PS} - angehoben werden. Näherungsweise wird hier einheitlich für alle Betongüten der Scheitelwert der σ-ε-Linie des Betons aus folgenden Beziehungen abgeleitet:

$$\beta_{PS} = 0,85 \beta_{WS}; \quad \beta_{WS} = \beta_{WN} + 5 \text{ N/mm}^2, \quad \beta_R = 0,7 \beta_{WN}$$

Für die Betongüten B 15 bis B 35 wird daraus vereinfacht

$$\beta_{PS} \approx \frac{1}{0,7} \beta_R = 1,43 \beta_R \qquad (7.3)$$

mit β_R nach DIN 1045 bzw. Bild 7.3 in [1 a]. Auch für höhere Betongüten ist dieser Ansatz brauchbar und auf der sicheren Seite. Aus den mit den Gleichgewichtsbedingungen errechneten

7. Bemessung bei schwingender oder sehr häufiger Belastung - Ermüdungsfestigkeit

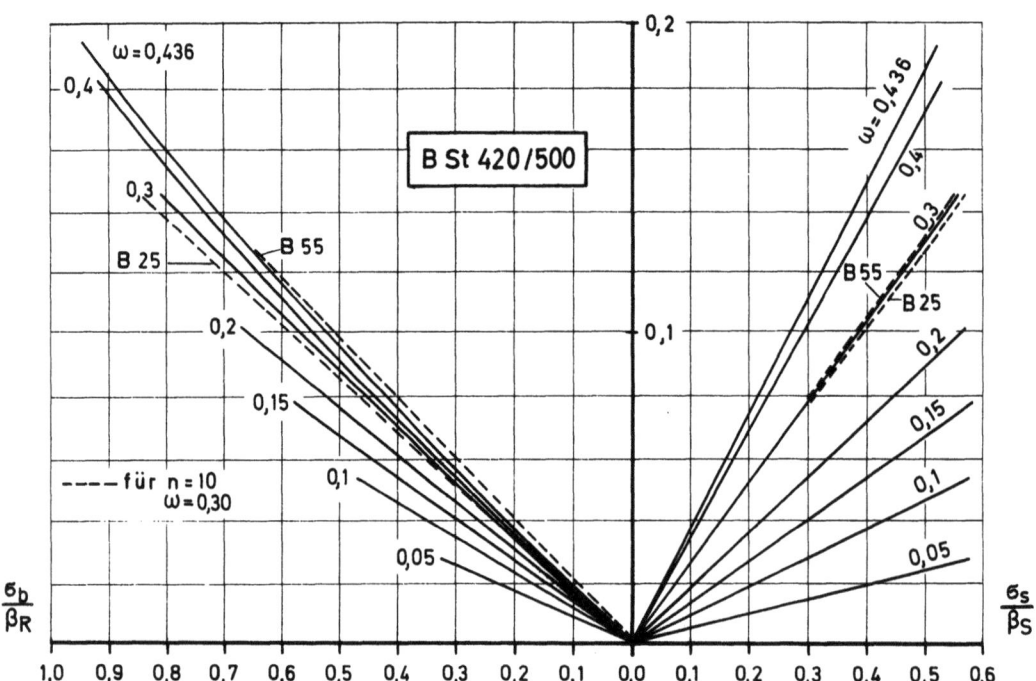

Bild 7.3 Diagramm zur Ermittlung der bezogenen Beton- und Stahlspannungen unter dem Gebrauchslastmoment M_{g+p} in Abhängigkeit vom mechanischen Bewehrungsgrad ω für Rechteckquerschnitte mit BSt 420/500 ($\omega = A_s/b\,h \cdot \beta_S/\beta_R$)

Dehnungen ε_b folgt damit nach Bild 7.2 die Betonspannung

$$\sigma_b = \frac{1}{4} \cdot \frac{1}{0{,}7} \beta_R\, \varepsilon_b (4 - \varepsilon_b) = 0{,}36\, \varepsilon_b (4 - \varepsilon_b)\, \beta_R \qquad (7.4)$$

Für das obige Beispiel erhält man bei B 25, BSt 420/500 unter M_{g+p} die Spannungen $\sigma_s = 1{,}1 \cdot 210 = 231$ N/mm² ($= 1/1{,}82\, \beta_S$) und $\sigma_b = 0{,}36 \cdot 0{,}73 (4 - 0{,}73) \cdot 17{,}5 = 15$ N/mm² ($= 1/1{,}17\, \beta_R$), also beim Beton wesentlich höhere Werte als aus dem Lastverhältnis M_{g+p}/M_u erwartet würde.

Bei konsequenter Anwendung dieser Grundlagen zur Spannungsermittlung müßten für den praktischen Gebrauch neue Rechenhilfen aufgestellt werden, um langwierige Berechnung (mit Iterationen) zu vermeiden. Einen Vorschlag dafür zeigt Bild 7.3, das es erlaubt, für Querschnitte mit rechteckiger Betondruckzone und Stahldehnungen ε_{su} unter γ-facher Last über 3,0 ‰ ($\gamma = 1{,}75$) aus dem bezogenen Gebrauchslastmoment

$$m = \frac{M_{g+p}}{bh^2 \beta_R} \quad \text{und dem mechanischen Bewehrungsgrad } \omega = \frac{A_s}{b \cdot h} \cdot \frac{\beta_S}{\beta_R}$$

die bezogenen Gebrauchslastspannungen σ_s/β_S und σ_b/β_R sofort abzulesen.

7.4 Nachweise bei schwingender Belastung nach DIN 1045

Mit einem solchen Diagramm können in einfacher Weise aus dem schwingenden Anteil ΔM des Gebrauchslastmomentes die zugehörigen Spannungsschwankungen $2\,\sigma_{aL} = \sigma_{g+p_F} - \sigma_g$ ermittelt werden.

7.4 Nachweise bei schwingender Belastung nach DIN 1045

Im Abschn. 17.1.3 DIN 1045 ist anstelle der genaueren Nachweise nach Abschn. 7.2 und 7.3 eine Näherung zugelassen, bei der nur die im Stahl auftretende Schwingbreite $2\,\sigma_a$ berücksichtigt zu werden braucht und eine geradlinige Verteilung der Betonspannungen in der Druckzone angenommen werden darf. Diese Annahme führt zu dem früher üblichen Rechnungsgang des n-Verfahrens, wobei $n = E_s/E_b$ von der Lasthöhe unabhängig ist. Die Dehnungs- und Spannungsverteilung zeigt Bild 7.4, aus dem sich ohne Schwierigkeit die Gleichungen (7.5) bis (7.8) für einfach bewehrte Querschnitte mit rechteckiger Druckzone ableiten lassen.

$$x = \frac{n \cdot A_s}{b} \left[-1 + \sqrt{1 + \frac{2\,b\,h}{n \cdot A_s}} \right] \quad (7.5) \qquad \sigma_s = \frac{M}{z \cdot A_s} \quad (7.7)$$

$$z = h - \frac{x}{3} \quad (7.6) \qquad \sigma_b = \frac{2\,M}{b\,z\,x} \quad (7.8)$$

Während die Stahlspannungen hiernach annähernd in gleicher Größe wie nach Abschn. 7.3 erhalten werden, sind die so errechneten Betonspannungen wenig realistisch und z.B. für n = 7 (mit E_b für B 25) bis 20 % größer als in Bild 7.3.

Für Querschnitte mit Druckbewehrung und für Fälle von Biegemoment mit Längskraft sind im Heft 220 des DAfStb weitere Gleichungen angegeben.

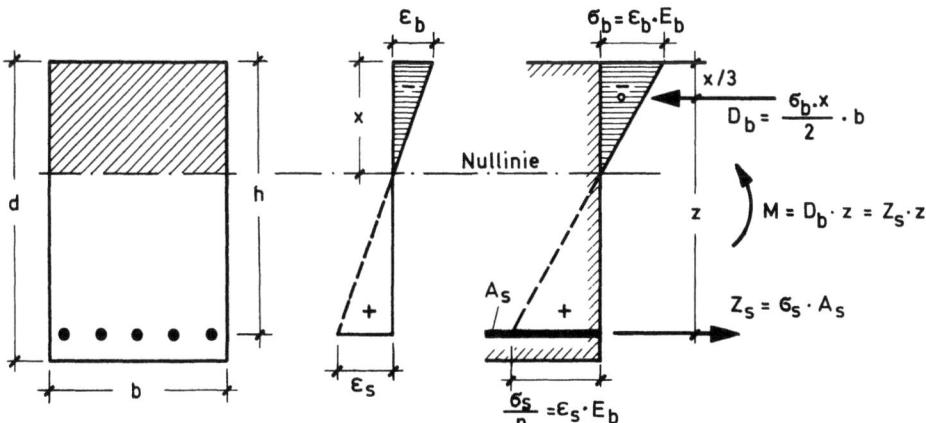

Bild 7.4 Geometrie, Spannungen und Schnittgrößen in Querschnitten mit rechteckiger Betondruckzone bei Biegung ohne Längskraft unter Gebrauchslasten (n-Verfahren)

7. Bemessung bei schwingender oder sehr häufiger Belastung - Ermüdungsfestigkeit

Zur weiteren Vereinfachung gestattet es DIN 1045, bei diesen Rechnungen für alle Betongüten den einheitlichen Wert n = 10 zu verwenden. Von besonderer Bedeutung ist Gl. (7.7) zur Ermittlung der Stahlspannungen σ_s, die auch in folgender Form für Biegung mit Längskraft und mit dem Hebelarm z aus der Traglastbemessung (vgl. [1 a, Abschn. 7]) verwendet werden darf:

$$\sigma_s = \frac{1}{A_s} \left(\frac{M_s}{z} + N \right)$$

$$M_s = M - N \cdot z_s \qquad (7.7a)$$

Nach DIN 1045 dürfen unter "nicht vorwiegend ruhender Belastung" - vgl. DIN 1055, Bl. 3 - nur solche Betonstahlsorten verwendet werden, deren Eignung nachgewiesen ist. Hierauf ist insbesondere bei geschweißten Betonstahlmatten zu achten (bes. Zulassung erforderlich!)

Für Betonstahl BSt 220/340 GU brauchen keine Nachweise erbracht zu werden.

Für Betonstahl BSt 420/500 darf unter Gebrauchslast die Schwingbreite $2\sigma_a$ folgende Werte nicht überschreiten:

in geraden oder mit $d_{br} \geq 25\, d_s$
gebogenen Stäben $\qquad\qquad\qquad\qquad 2\sigma_a \leq 180\ \text{N/mm}^2$

in stärker gekrümmten Stäben und
Bügeln $\qquad\qquad\qquad\qquad\qquad\qquad 2\sigma_a \leq 140\ \text{N/mm}^2$.

Bei geschweißten Betonstahlmatten
aus anerkannten Lieferwerken gilt $\qquad 2\sigma_a \leq 80\ \text{N/mm}^2$.

Da bei Biegung ohne Längskraft gemäß Gl. (7.7) σ_s proportional zu M ist, genügt bei Verwendung von BSt 420/500 anstelle einer Spannungsberechnung der Nachweis, daß der durch den häufigen Lastwechsel verursachte Momentenanteil ΔM bei geraden Stäben $\leq 0{,}75$ max M und bei gekrümmten Stäben $\leq 0{,}6$ max M eingehalten ist. Für Bügel kann entsprechend zur Vereinfachung der Nachweis erbracht werden, daß ΔQ infolge häufiger Lastwechsel $\leq 0{,}6$ max Q bleibt.

7.4 Nachweise bei schwingender Belastung nach DIN 1045

Nach den in DIN 1045 gegebenen Regeln sind bei nicht vorwiegend ruhender Belastung noch folgende Einschränkungen zu beachten:

"Verminderte Schubdeckung" darf nicht angewandt werden (diese Forderung ist sachlich nicht berechtigt, da die Spannungen der Schubbewehrungen bei Gebrauchslast unterproportional sind, d.h. niedriger sind als sich aus M_{g+p_F}/M_u ergeben würde);

der Nachweis zur Beschränkung der Rißbreite (vgl. dazu [1 c]) muß erbracht werden.

In [92] sind wertvolle Anregungen zur wirklichkeitsnahen Berechnung des Tragverhaltens von dynamisch hoch beanspruchten Stahlbetonbauteilen gegeben worden.

Schrifttumverzeichnis

1 a	Leonhardt, F.;	Mönnig, E.: Vorlesungen über Massivbau. Teil 1: Grundlagen zur Bemessung im Stahlbetonbau. 3. Aufl., Berlin, Springer, 1983
b	Leonhardt, F.;	Mönnig, E.: Vorlesungen über Massivbau. Teil 3: Grundlagen zum Bewehren im Spannbetonbau. 3. Aufl., Berlin, Springer, 1977
c	Leonhardt, F.;	Mönnig, E.: Vorlesungen über Massivbau. Teil 4: Nachweis der Gebrauchsfähigkeit. 2. Aufl., Berlin, Springer, 1978
d	Leonhardt, F.:	Vorlesungen über Massivbau. Teil 5: Spannbeton. Berlin, Springer, 1980
2	Schlaich, J.;	Schäfer, K.: Konstruieren im Stahlbetonbau. Betonkalender 1984
3	Suenson, E.:	Eisenbetonbewehrung unter einem Winkel mit der Richtung der Normalkraft. Beton und Eisen 21 (1922), H. 10, S. 145 - 149
4	Leitz, H.:	Eisenbewehrte Platten bei allgemeinem Biegungszustand. Die Bautechnik 1 (1923), H. 16, S. 155 - 157; H. 17, S. 163 - 167
5	Leitz, H.:	Bewehrung von Scheiben und Platten. Intern. Kongr. f. Beton u. Eisenbeton, Berlin, 1930
6	Flügge, W.:	Statik und Dynamik der Schalen. 1. Aufl., Berlin, Springer, 1934
7	Scholz, G.:	Zur Frage der Netzbewehrung von Flächentragwerken. Beton- und Stahlbetonbau 53 (1958), H. 10, S. 250 - 255
8	Peter, J.:	Zur Bewehrung von Scheiben und Schalen für Hauptspannungen schiefwinklig zur Bewehrungsrichtung. Diss. TH Stuttgart, 1964 und: Die Bautechnik 43 (1966), H. 5, S. 149 - 154, H. 7, S. 240 - 248
9	Ebner, F.:	Über den Einfluß der Richtungsabweichung der Bewehrung von der Hauptspannungsrichtung auf das Tragverhalten von Stahlbetonplatten. Diss. TH Karlsruhe, 1963
10	Ebner, F.:	Zur Bemessung von Stahlbetonplatten mit von der Richtung der Hauptzugspannung abweichender Bewehrungsrichtung. in: Aus Theorie und Praxis der Stahlbetonbaus, Berlin, W. Ernst u. Sohn, 1969, S. 127 - 134
11	Lenschow, R.J.	und Sozen, M.A.: A yield criterion for reinforced concrete under biaxial moments and forces. Civ. Eng. Studies, Struct. Research Series No. 311, University of Illinois, Juli 1966, und: A yield criterion for reinforced concrete slabs. Journ. ACI, Proc. Vol. 64 (1967), No. 5, p. 266 - 273 Disc. by Cardenas, A. in Vol. 64, No. 11, p. 783 - 784
12	Wästlund, G.;	Hallbjörn, L.: Beitrag zum Studium der Durchbiegung und des Bruchmomentes von Stahlbetonplatten mit schiefer Bewehrung. in: Aus Theorie und Praxis des Stahlbetonbaus, Berlin, W. Ernst u. Sohn, 1969, S. 135 - 138
13	Baumann, Th.:	Tragwirkung orthogonaler Bewehrungsnetze beliebiger Richtung in Flächentragwerken aus Stahlbeton. DAfStb., H. 217, Berlin, W. Ernst u. Sohn, 1972
14	Baumann, Th.:	Zur Frage der Netzbewehrung von Flächentragwerken. Der Bauingenieur 47 (1972), H. 10, S. 367 - 377

15	Franz, G.:	Konstruktionslehre des Stahlbetons. Band I, Teil B. 4. Aufl., Berlin, Springer, 1983
16	Franz, G.:	Nochmals: Schiefe Biegung. Der Bauingenieur 59 (1984), S. 49 - 52
17	Girkmann, K.:	Flächentragwerke. 6. Aufl., Wien, Springer, 1963
18	Dischinger, F.:	Beitrag zur Theorie der Halbscheibe und des wandartigen Balkens. Abhandl. IVBH, Bd. I, Zürich, 1932
19	Bay, H.:	Wandartige Träger und Bogenscheibe. Stuttgart, Konrad Wittwer, 1960
20	Zienkiewicz, O.C.; Cheung, Y.L.:	The finite element method in structural and continuum mechanics. London, Mc Graw-Hill, 1967
21	Cervenka, V.:	Inelastic finite element analysis of reinforced concrete panels under inplane loads. Thesis Univ. Colorado, 1970
22	Müller, R.K.:	Handbuch der Modellstatik. Berlin, Springer, 1971
23	Schleeh, W.:	Die Rechteckscheibe mit beliebiger Belastung der kurzen Ränder. Beton- u. Stahlbetonbau 56 (1961), H. 3, S. 72 - 83
24	Schleeh, W.:	Ein einfaches Verfahren zur Lösung von Scheibenaufgaben. Beton- u. Stahlbetonbau 59 (1964); H. 3, S. 49 - 56; H. 4, S. 91 - 94; H. 5, S. 111 - 119
25	Schleeh, W.:	Die statisch unbestimmt gestützte durchlaufende Scheibe. Beton- u. Stahlbetonbau 60 (1965), H. 2, S. 25 - 34 und Ergänzung H. 7, S. 180
26	Schleeh, W.:	Die Randstörungen in der technischen Biegelehre. Beton- u. Stahlbetonbau 61 (1966), H. 1, S. 10 - 19
27	Leonhardt, F.; Walther, R.:	Wandartige Träger. DAfStb., H. 178, Berlin, W. Ernst u. Sohn, 1966
28	El-Behairy, S.:	Spannungszustand wandartiger Träger mit im Innern angreifenden Einzelkräften. Beton- u. Stahlbetonbau 63 (1968), H. 10, S. 228 - 230
29	Linse, H.:	Wandartige Träger mit Pfeilervorsprüngen. Die Bautechnik 38 (1961), H. 6, S. 191 - 197; H. 8, S. 264 - 268
30	Rosenhaupt, S.:	Beitrag zur Berechnung von Scheiben mit seitlichen Versteifungen. Die Bautechnik 41 (1964), H. 2, S. 48 - 51
31	Bay, H.:	Die Schubkräfte im randversteiften wandartigen Träger. Der Bauingenieur 39 (1964), H. 10, S. 406 - 408
32	Thon, R.:	Beitrag zur Berechnung und Bemessung durchlaufender wandartiger Träger. Beton- u. Stahlbetonbau 53 (1958), H. 12, S. 297 - 306
33	Pfeiffer, G.:	Beitrag zur Berechnung und Bemessung von über den Auflagern verstärkten wandartigen Durchlaufträgern. Diss. TH Hannover, 1965
34	Schütt, H.:	Über das Tragvermögen wandartiger Stahlbetonträger. Beton- u. Stahlbetonbau 51 (1956), H. 10, S. 220 - 224 (s. auch Diss. TH Hannover, 1953)
35	Nylander, H.; Nylander, J.O.:	Högar balkar (deep beams) Divis. of Building Statics, Royal Inst. Technology, Stockholm, Bullt. No. 64, 65, 66, 68, 69 (1967)
36	Franz, G.; Niedenhoff, H.:	Die Bewehrung von Konsolen und gedrungenen Balken. Beton- u. Stahlbetonbau 58 (1963), H. 5, S. 112 - 120
37	Mehmel, A.; Freitag, W.:	Tragfähigkeitsversuche an Stahlbetonkonsolen. Der Bauingenieur 42 (1967), H. 10, S. 362 - 369
38	Hagberg, T.:	Zur Bemessung der Konsole. Beton- u. Stahlbetonbau 61 (1966), H. 3, S. 68 - 72
39	Franz, G.:	Stützenkonsolen. Beton- u. Stahlbetonbau 71 (1976), H. 4, S. 95 - 102
40	Jyengar, K.T.S.R.; Prabhakara, M.K.:	A three-dimensional elasticity solution for rectangular prism under end loads. Zeitschr. f. angew. Mathem. u. Mechn. (ZAMM) 49 (1969), H. 6, S. 321 - 332

41	Jyengar, K.T.S.R.;	Yogananda, C.V.: A three-dimensional stress distribution problem in the anchorage zone of a post-tensioned concrete beam. Mag. Concre. Res., Vol. 18 (1966), No. 55, p. 75 - 84
42	Jyengar, K.T.S.R.;	Prabhakara, M.K.: Anchor zone stresses in prestressed concrete beams. Proc. ASCE, Struct. Div., Vol. 97 (1971), No. ST 3, p. 807 - 824
43	Guyon, Y.:	Contraintes dans les pièces prismatiques soumises à des forces appliquées sur leurs bases, au voisinage de ces bases. Abh. IVBH XI (1951), S. 165 - 226
44	Douglas, D.J.;	Trahair, N.S.: An examination of the stresses in the anchorage zone of a post-tensioned prestressed concrete beam. Mag. Concr. Res., Vol. 12 (1960), No. 34, p. 9 - 18
45	Jyengar, K.T.S.R.:	Der Spannungszustand in einem elastischen Halbstreifen und seine technischen Anwendungen. Diss. TH Hannover, 1960 und: Two-dimensional theories of anchorage zone stresses in post-tensioned prestressed concrete beams. Journ. ACI, Proc. Vol. 59 (1962), No. 10, p. 1443 - 1466
46	Buchhardt, F.:	Anmerkungen zum räumlichen Problem der Lasteinleitung. Beton- u. Stahlbetonbau 73 (1978), H. 6, S. 140 - 145
47	Tesar, V.:	Détermination expérimentale des tensions dans les extrémités des pièces prismatiques munies d'une semi-articulation. Abh. IVBH I (1932), S. 497 - 506
48	Sargious, M.:	Beitrag zur Ermittlung der Hauptzugspannungen am Endauflager vorgespannter Betonbalken. Diss. TH Stuttgart, 1960 und: Hauptzugkräfte am Endauflager vorgespannter Betonbalken. Die Bautechnik 38 (1961), H. 3, S. 91 - 97
49	Hiltscher, R.;	Florin G.: Darstellung der Spaltzugspannungen unter einer konzentrierten Last (Druckplatte) nach Guyon-Jyengar und nach Hiltscher und Florin. Die Bautechnik 47 (1967), H. 6. S. 196 - 200
50	Hiltscher, R.;	Florin G.: Spalt- und Abreißzugspannungen in rechteckigen Scheiben, die durch eine Last in verschiedenem Abstand von einer Scheibenecke belastet sind. Die Bautechnik 40 (1963), H. 12, S. 401 - 408
51	Hiltscher, R.;	Müller, R.K.: Bemessung der Bewehrung von Stahlbetonkonstruktionen mit Hilfe des spannungsoptischen Modellversuches. Beton- und Stahlbetonbau 54 (1959), H. 11, S. 263 - 271
52	Yettram, A.L.;	Robbins, K.: Anchorage zone stressed in axially post-tensioned members of uniform rectangular section. Mag. Concr. Res., Vol. 21 (1969), No. 67, S. 102 - 112
53	Müller, R.K.;	Gaupp, M.: Rechnergestützte Auswertung spannungsoptischer Modellversuche mit der digitalen Bildverarbeitung. VDI-Berichte Nr. 514, 1984
54	Sautner, M.:	Ein Beitrag zur Entwicklung der Mikrobetonbautechnik. Berichte des Instituts für Modellstatik der Universität Stuttgart, Heft. Nr. 7, 1983
55	Leonhardt, F.;	Reimann, H.: Betongelenke, Versuchsbericht und Vorschläge zur Bemessung und konstruktiven Ausbildung. DAfStb., H. 175, Berlin, W. Ernst u. Sohn, 1965
56	Mörsch, E.:	Über die Berechnung der Gelenkquader. Beton u. Eisen 23 (1924), H. 12, S. 156 - 161
57	Hawkins, H.J.:	The bearing strength of concrete loaded through rigid plates. Mag. Concr. Res., Vol. 20 (1968), No. 62, p. 31 - 40 und: The bearing strength of concrete loaded through flexible plates. Mag. Concr. Res., Vol. 20 (1968), No. 63, p. 95 - 102
58	Schleeh, W.:	Die Rissesicherheit in den Randzonen periodisch vorgespannter Scheiben. Beton- u. Stahlbetonbau 55 (1960), H. 4, S. 93 - 95
59	Sargious, M.;	Tadros, G.S.: Stresses in prestressed concrete stepped cantilevers under concentrated loads. Beitrag z. 6. Kongreß FIP (Prag 1970) und: Step and loads effect on stresses in prestressed concrete short brackets. Journ. ACI, Proc. Vol. 69 (1971), No. 11, p. 861 - 866

60	Zahlten, N.:	Spannungszustände in Scheiben im Einleitungsbereich konzentrierter Lasten. Diss. TH Hannover, 1964
61	Leonhardt, F.; Lippoth, W.:	Folgerungen aus Schäden an Spannbetonbrücken. Beton- u. Stahlbetonbau 65 (1970), H. 10, S. 231 - 244 u. 66 (1971), H. 3, S. 72
62	Müller, R.K.; Schmidt, D.W.:	Zugkräfte in einer Scheibe, die durch eine zentrische Einzellast in einer rechteckigen Öffnung belastet wird. Die Bautechnik 41 (1964), H. 5, S. 174 - 176
63	Eibl, J.; Ivanyi, G.:	Spanngliedverankerungen im Inneren eines Trägersteges. Beitrag z. 6. Kongreß FIP (Prag 1970) und: Innenverankerungen im Spannbetonbau. DAfStb., H. 223, Berlin, W. Ernst u. Sohn, 1973
64	Plähn, J.; Kröll, K.:	Der Spannungszustand im Eintragungsbereich des Spannbettbalkens. Beitrag z. 7. Kongreß FIP (New York 1974)
65	Yettram, A.L.; Robbins, K.:	Anchorage zone stresses in post-tensioned uniform members with eccentric and multiple anchorages. Mag. Concr. Res., Vol. 22 (1970), No. 73, p. 209 - 218
66	Kammenhuber, J.; Schneider J.:	Arbeitsunterlagen für die Berechnung vorgespannter Konstruktionen. Ra-Verlag, Rapperswil, 1974
67	Hiltscher, R.; Florin, G.:	Spaltzugspannungen in kreiszylindrischen Säulen, die durch eine kreisförmige Flächenlast zentral-axial belastet sind. Die Bautechnik 49 (1972), H. 3, S. 90 - 94
68	Bauschinger, J.:	Mitteilungen aus dem Mech. Techn. Laboratorium München, H. 6 (1976)
69	Bach, C.; Baumann, R.:	Elastizität und Festigkeit. 9. Aufl. Berlin, Springer, 1924
70	Spieth, H.:	Das Verhalten von Beton unter hoher örtlicher Pressung. Beton- u. Stahlbetonbau 56 (1961), H. 11, S. 257 - 263 und Das Verhalten von Beton unter hoher örtlicher Pressung und Teilbelastung unter besonderer Berücksichtigung von Spannbetonverankerungen. Diss. TH Stuttgart, 1959
71	Pohle, W.:	Lastübertragung auf Stahlpfähle. Der Bauingenieur 26 (1951), H. 9, S. 257 - 259 und: Konzentrierte Lasteintragung im Beton. DAfStb., H. 122, Berlin, W. Ernst u. Sohn, 1957
72	Laechler, W.:	Beitrag zum Problem der Teilflächenpressung bei Beton am Beispiel der Pfahlkopfanschlüsse. Baugrundinstitut Stuttgart, Mitteilung 8, 1977
73	Kuyt, B.:	De bezwijklast von partieel belaste oplegblokken van ongewapend beton. Cement 21 (1969), H. 7, S. 316 - 320 und: Breuksterkte van oplegblokken. Cement 23 (1971), H. 7, S. 321 - 323
74	Fessler, E.O.:	Die EMPA-Versuche an armierten Betongelenken für den Hardturm-Viadukt. Schweiz. Bauzeitung 85 (1967), H. 34, S. 623 - 630
75	Mönnig, E.; Netzel, D.:	Zur Bemessung von Betongelenken. Der Bauingenieur 44 (1969), H. 12, S. 433 - 439
76	Glahn, H.; Trost, H.:	Zur Berechnung von Pilzdecken. Der Bauingenieur 49 (1974), H. 4, S. 122 - 132
77	Kinnunen, S.; Nylander, H.:	Punching of concrete slabs without shear reinforcement. Transact. Roy. Inst. of Techn., Stockholm, Nr. 158, 1960, Civ. Engin. 3
78	Kinnunen, S.:	Punching of concrete slabs with two-way reinforcement. Transact. Roy. Inst. of Techn., Stockholm, No. 198, 1963, Civ. Engin. 6
79	Schaeidt, W.; Ladner, M.; Rösli, A.:	Berechnung von Flachdecken auf Durchstanzen. Techn. Forschg.- u. Beratungsstelle d. Schweiz. Zementindustrie, Wildegg, 1970. Lizenz: Beton-Verlag, Düsseldorf
80	Narui, S.:	Tragfähigkeit von Flachdecken an Rand- und Eckstützen. Diss. Universität Stuttgart, 1977

Schrifttumverzeichnis

81 Pöllet, L.: Untersuchung von Flachdecken auf Durchstanzen im Bereich von Eck- und Randstützen.
Diss. RWTH Aachen, 1983

82 Andrä, H.-P.; Baur, H.; Stiglat, K.: Zum Tragverhalten, Konstruieren und Bemessen von Flachdecken.
Beton- u. Stahlbetonbau 79 (1984), H. 10, S. 258 - 263, H. 11, S. 303 - 310, H. 12, S. 328 - 334

83 Andrä, H.-P.: Zum Tragverhalten von Flachdecken mit Dübelleisten-Bewehrung im Auflagerbereich.
Beton- u. Stahlbetonbau 76 (1981), H. 3, S. 53 - 57, H. 4, S. 100 - 104

84 Ritz, P.; Marti, P.; Thürlimann, B.: Versuche über das Biegeverhalten von vorgespannten Platten ohne Verbund.
Nr. 7305-1, Basel, Stuttgart, Birkhäuser, 1975

85 Ritz, P.: Biegeverhalten von Platten mit Vorspannung ohne Verbund.
Nr. 80, Basel, Stuttgart, Birkhäuser, 1978

86 Wölfel, E.: Flachdecken mit Vorspannung ohne Verbund.
Der Bauingenieur 55 (1980), S. 185 - 195

87 VSL, Bern: Vorgespannte Decken.
Copyright 1981 by Losinger AG, Bern/Schweiz

88 König, G.; Marten, K.: Festlegen von Berechnungslasten und Kombinationsregeln.
in: Sicherheit von Betonbauten, Arbeitstagung, Berlin, Wiesbaden, Deutsch. Beton-Verein, 1973

89 Pelikan, W.: Eine Betrachtung über die Größe der Betriebslasten von Eisenbahn- und Straßenbrücken und ihre Auswirkung auf die Bemessung dieser Bauwerke.
Der Bauingenieur 43 (1968), H. 6, S. 207 - 214

90 Müller, F.P.; Keintzel, E.; Charlier, H.: Dynamische Probleme im Stahlbetonbau, Teil I: Der Baustoff Stahlbeton unter dynamischer Beanspruchung.
DAfStb., H. 342, Berlin, 1983

91 Soretz, S.: Beitrag zur Ermüdungsfestigkeit von Stahlbeton.
Tor-Isteg-Steel-Corporation
Luxembourg, Heft 57, Wien, Okt. 1974

92 Stangenberg, F.: Berechnung von Stahlbetonbauteilen für dynamische Beanspruchungen bis zur Tragfähigkeitsgrenze.
Konstruktiver Ingenieurbau-Berichte, H. 16, Essen, Vulkan-Verlag, 1973

93 Utescher, G.; Herrmann, H.: Versuche zur Ermittlung der Tragfähigkeit im Beton eingespannter Rundstahldollen.
DAfStb, Heft 346, Berlin, 1983

94 Rasmussen, B.H.: Betonindstobte tvaer belastede boltes og dornes baereevne.
Bygningstatiske Meddelser, Kopenhagen, 1963
Auszug in: Halász, R. v.: Industrialisierung der Bautechnik.
Düsseldorf, Werner-Verlag, 1966, S. 216 - 218

95 Brändli, W.: Durchstanzen von Flachdecken bei Rand- und Eckstützen.
Bericht Nr. 146, März 1985, Basel, Stuttgart, Birkhäuser, 1985

96 Müller, F.X.; Muttoni, A.; Thürlimann, B.: Durchstanzversuche an Flachdecken mit Aussparungen.
Bericht Nr. 7305-5, Dez. 1984, ETH Zürich,
Basel, Stuttgart, Birkhäuser, 1984

97 Breitschaft, G.; Bub, H.; Reuter, K. und Wagner, O.: Bauaufsichtliche Zulassungen, Band IV
Ernst Schmidt Verlag, Berlin

98 Lang, G.; Seghezzi, H.D.: Betrachtungen zum Tragverhalten von Hinterschnitt- und Spreizdübeln.
Der Bauingenieur 59 (1984), S. 205 - 212

99 Eligehausen, R.: Wechselbeziehungen zwischen Befestigungstechnik und Stahlbetonbauweise.
Fortschritte im konstruktiven Ingenieurbau, W. Ernst u. Sohn, Berlin 1984

100 Fischer, A.: Befestigen mit Hinterschnittankern.
Fortschritte im konstruktiven Ingenieurbau, W. Ernst u. Sohn, Berlin 1984

101 Sell, R.: Tragfähigkeit von mit Reaktionsharzmörtelpatronen versetzten Betonankern und deren Berechnung.
Die Bautechnik 50 (1973), H. 10, S. 333 - 340

102 Eligehausen, R.; Mallée, R.; Rehm, G.: Befestigungen mit Verbundankern.
Betonwerk + Fertigteil-Technik, 1984

103 Fuchs, W.: Tragverhalten von Befestigungsmitteln unter Querzugbeanspruchung. Werkstoffe und Konstruktion - Institut für Werkstoffe im Bauwesen der Universität Stuttgart und FMPA Baden-Württ., 1984

104 Klingner, R.E.; Mendonca, J.A.; Malik, J.B.: Effect of reinforcing details on the shear resistance of short anchor bolts under reversed cyclic loading.
ACI Journal, Proc. V. 79, No. 1, Jan. - Feb. 1982

105 Eligehausen, R.; Rehm, G.: Einfluß der modernen Befestigungstechnik auf die konstruktive Gestaltung im Stahlbetonbau.
Betonwerk + Fertigteiltechnik, 1984

F. Leonhardt
Vorlesungen über Massivbau

Teil 1
F. Leonhardt, E. Mönnig

Grundlagen zur Bemessung im Stahlbeton

3., völlig neubearbeitete und erweiterte Auflage. 1984. 317 Abbildungen. XXVIII, 361 Seiten. Broschiert DM 48,-.
ISBN 3-540-12786-0

Inhaltsübersicht: Einführung. – Beton. – Betonstahl. – Verbundbaustoff Stahlbeton. – Tragverhalten von Stahlbetontragwerken. – Grundlagen für die Sicherheitsnachweise. – Bemessung für Biegung mit Längskraft. – Bemessung für Querkräfte. – Bemessung für Torsion. – Bemessung von Stahlbeton-Druckgliedern. – Bemessung von Bauteilen aus Leichtbeton und Stahlleichtbeton. – Schrifttumsverzeichnis.

Teil 3
F. Leonhardt, E. Mönnig

Grundlagen zum Bewehren im Stahlbetonbau

3. Auflage. 1977. 327 Abbildungen. X, 246 Seiten.
Broschiert DM 42,-. ISBN 3-540-08121-6

Inhaltsübersicht: Allgemeines über Entwurf und Konstruktion. – Schnittgrößen. – Allgemeines zum Bewehren. – Verankerungen der Bewehrungsstäbe. – Stoßverbindungen der Bewehrungsstäbe. – Umlenkkräfte infolge Richtungsänderungen von Zug- und Druckgliedern. – Zur Bewehrung in biegebeanspruchten Bauteilen. – Platten. – Balken und Plattenbalken. – Rippendecken, Kassettendecken und Hohlplatten. – Rahmenecken. – Wandartige Träger oder Scheiben. – Konsolen. – Druckglieder. – Krafteinleitungsbereiche. – Fundamente. – Schrifttumverzeichnis.

Teil 4
F. Leonhardt

Nachweis der Gebrauchsfähigkeit

Rissebeschränkung, Formänderungen, Momentenumlagerung und Bruchlinientheorie im Stahlbetonbau

2. Auflage. 1978. 172 Abbildungen. XVI, 194 Seiten.
Broschiert DM 40,-. ISBN 3-540-08625-0

Inhaltsübersicht: Nachweise für Gebrauchsfähigkeit. – Rissebeschränkung, Begrenzung der Rißbreiten. – Formänderungen der Betontragwerke. – Allgemeines. – Verformungen durch Längskraft, Dehnsteifigkeit. – Verformungen durch Biegung, Biegesteifigkeit – ohne Schubverformung und ohne Längskraft. – Verformungen durch Querkraft, Schubverformungen, Schubsteifigkeiten. – Verformungen durch Torsion, Torsionssteifigkeiten. – Formänderungen im plastischen Bereich (Zustand III). – Bruchlinientheorie für Flächentragwerke, vorzugsweise für Platten (Yield line theory).

Springer-Verlag
Berlin Heidelberg New York
London Paris Tokyo

F. Leonhardt
Vorlesungen über Massivbau

Teil 6

F. Leonhardt

Grundlagen des Massivbrückenbaues

Berichtigter Nachdruck 1979. 344 Abbildungen. IX, 227 Seiten. Broschiert DM 44,-. ISBN 3-540-09035-5

Inhaltsübersicht: Schrifttum. - Begriffe und Zeichen. - Zur Geschichte des Brückenbaues. - Baustoffe der Massivbrücken. - Wie entsteht der Entwurf einer Brücke? - Tragwerksarten der Massivbrücken. - Bauverfahren. - Wahl des Querschnittes der Brücken. - Randausbildung der Brücken. - Stützung der Brücken. - Zu den Bemessungsgrundlagen, Vorspanngrad und Mindestbewehrungen. - Bemessung und Konstruktion von Plattenbrücken. - Bemessung und Konstruktion von Plattenbalkenbrücken. - Bemessung und Konstruktion von Kastenträgerbrücken. - Arbeits- und Koppelfugen. - Brückenlager. - Fahrbahnübergänge. - Entwässerung. - Schrifttumverzeichnis.

Teil 5

F. Leonhardt

Spannbeton

Mit Beiträgen über Nachweise der Schwind- und Kriecheinflüsse von D. Schade
Grenznachweise mit der Plastizitätstheorie von R. Walther

1980. 219 Abbildungen, 5 Tafeln, 9 Tabellen. XI, 296 Seiten. Broschiert DM 48,-. ISBN 3-540-10070-9

Inhaltsübersicht: Besondere Zeichen im Spannbetonbau. - Schrifttum und Vorschriften. - Grundgedanke und Begriffe. - Geschichtliches. - Baustoffe und Bauteile. - Verbund. - Tragverhalten von Spannbetonträgern. - Wahl des Vorspanngrades. - Beständigkeit der Spannbetontragwerke gegen Korrosion. - Ermüdungs- und Betriebsfestigkeit der Spannbetontragwerke. - Verankerungen und Stöße der Spannstähle und Spannglieder. - Spannverfahren und ihre Wahl. - Spannweisen und Spanngeräte. - Spannglieder in Gleitkanälen, Reibung und Aufbau. - Das Vorspannen, Spannweg-Berechnung und Herstellen des nachträglichen Verbundes. - Aufzählung der erforderlichen Nachweise. - Schnittkräfte und Spannungen infolge Vorspannung. - Ermittlung der Vorspannkräfte. - Bemessung für die Tragfähigkeit. - Bemessung für die Gebrauchsfähigkeit. - Verformungen und Umlagerung von Schnittkräften. - Konstruktive Regeln. - Bemerkungen zur Bauausführung und zur Bauüberwachung. - Grundlagen für die Schwind- und Kriecheinflüsse. - Nachweis des Grenzzustandes der Tragfähigkeit mit dem Traglastverfahren. - Schrifttumverzeichnis.

Springer-Verlag
Berlin Heidelberg New York
London Paris Tokyo

MIX
Papier aus verantwortungsvollen Quellen
Paper from responsible sources
FSC® C105338

If you have any concerns about our products,
you can contact us on
ProductSafety@springernature.com

In case Publisher is established outside the EU,
the EU authorized representative is:
**Springer Nature Customer Service Center GmbH
Europaplatz 3, 69115 Heidelberg, Germany**

Printed by Libri Plureos GmbH
in Hamburg, Germany